AIGC时代

AIGC ERA

游戏美术设计与AI绘画应用从入门到精通

于国辉 编著

北京大学出版社
PEKING UNIVERSITY PRESS

内 容 提 要

本书以当前AI绘画领域热门的AI绘画工具Stable Diffusion和Midjourney为例，全面系统地讲述了它们的应用方法、绘画技巧，以及在游戏美术设计领域中的实战应用。

全书共分11章，第1～4章介绍了游戏美术设计和AI工具原理方面的基础知识；第5～9章介绍了Stable Diffusion和Midjourney的基础操作和使用方法，包括Stable Diffusion的安装使用和Midjourney的注册、登录与订阅流程，Stable Diffusion的插件与模型训练，Stable Diffusion和Midjourney生成图像的操作步骤；第10章通过一个游戏实战项目，讲解了Stable Diffusion和Midjourney在游戏创意、刻画、设计阶段的应用；第11章为扩展部分，介绍了Stable Diffusion和Midjourney等AI绘画工具与其他工具的搭配使用。

本书适合视觉艺术工作者、AI绘画爱好者、独立游戏开发者阅读，也适合文案、短视频、漫画等内容创作者学习。此外，本书还可以作为中、高职及本科院校相关专业的教材。无论读者是否具备专业背景，都能从本书中得到AI绘画方面的全面指导和创意灵感启发。

图书在版编目(CIP)数据

AIGC时代：游戏美术设计与AI绘画应用从入门到精通 / 于国辉编著. -- 北京：北京大学出版社，2024. 9. -- ISBN 978-7-301-35371-4

Ⅰ. TP317.6；TP391.413

中国国家版本馆CIP数据核字第202481Z0L5号

书　　名　AIGC时代：游戏美术设计与AI绘画应用从入门到精通
AIGC SHIDAI：YOUXI MEISHU SHEJI YU AI HUIHUA YINGYONG CONG RUMEN DAO JINGTONG

著作责任者　于国辉　编著

责 任 编 辑　王继伟　刘羽昭

标 准 书 号　ISBN 978-7-301-35371-4

出 版 发 行　北京大学出版社

地　　址　北京市海淀区成府路205号　100871

网　　址　http://www.pup.cn　　新浪微博：@北京大学出版社

电 子 邮 箱　编辑部 pup7@pup.cn　总编室 zpup@pup.cn

电　　话　邮购部 010-62752015　发行部 010-62750672　编辑部 010-62570390

印 刷 者　北京宏伟双华印刷有限公司

经 销 者　新华书店

787毫米×1092毫米　16开本　14.5印张　349千字

2024年9月第1版　2024年9月第1次印刷

印　　数　1-3000册

定　　价　89.00元

前　言 PREFACE

▣ 本书出版缘由

随着科技的飞速发展，人工智能（AI）已经深入我们生活的方方面面，特别是在游戏美术设计领域，AI绘画（利用AI进行绘画，是AI生成内容的典型应用场景之一）给设计师打开了一扇创新的大门，让他们能够以前所未有的方式展现创意。

首先，AI绘画工具在游戏美术设计中扮演着越来越重要的角色。它能够快速、准确地生成高质量的图像，大大提高设计师的工作效率。同时，AI绘画工具还可以根据设计师的创意和需求，生成独特的艺术创作，为游戏美术设计带来无限的可能。

其次，AI绘画工具可以打破传统游戏美术设计的局限。传统游戏美术设计往往受到制作成本、时间和技术的限制，而AI绘画工具则可以突破这些限制，让设计师能够更加自由地发挥自己的想象力。

最后，AI绘画工具代表了未来游戏美术设计发展的趋势。随着AI绘画工具的不断进步，它将在游戏美术设计中发挥更大的作用，甚至可能会取代一些重复、烦琐的工作，让设计师能够更加专注于设计本身。

为此，我们编写了本书，以帮助从事游戏美术设计或相关设计行业的读者掌握这一新兴技术。

▣ 本书有哪些特点

本书内容全面且严谨，讲解由浅入深，先从游戏美术相关的基础知识入手，逐步引导读者掌握Stable Diffusion和Midjourney的基础知识和操作方法，再结合实战案例帮助读者深入理解并应用这些知识和方法。书中不仅包含具体的技术操作指导，而且涵盖游戏美术设计和AI绘画的基本原理。本书的整体特点包括以下几个方面。

（1）零基础入门，快速上手：本书从零开始，讲解浅显易懂，即使读者没有任何艺术基础也可以快速上手。

（2）学习前沿技能，保持竞争力：本书力争将时下主流的AI绘画工具使用方法介绍给读者，确保读者掌握前沿的AI绘画技能。

（3）知识系统，层层递进：本书从基础的原理知识讲起，逐步深入到Stable Diffusion和Midjourney的操作方法，全面覆盖理论知识和基础操作，并引导读者进行实战演练，最终让读者能够熟练地使用Stable Diffusion和Midjourney来进行游戏美术设计。

（4）注重实践操作：以丰富的实战案例全面而深入地介绍AI绘画技术在游戏美术设计中的应用。这些案例涵盖了从简单的图像生成到复杂的艺术风格复制等内容，可操作性强，且具有参考性。

（5）巧用温馨提示，帮助读者少走弯路：除了常规讲解，本书还在适当位置精心安排了“温馨提示”，对当前讲解内容进行提示和补充，为读者答疑解惑，帮助读者少走弯路。

▣ 内容安排

本书内容安排如下。

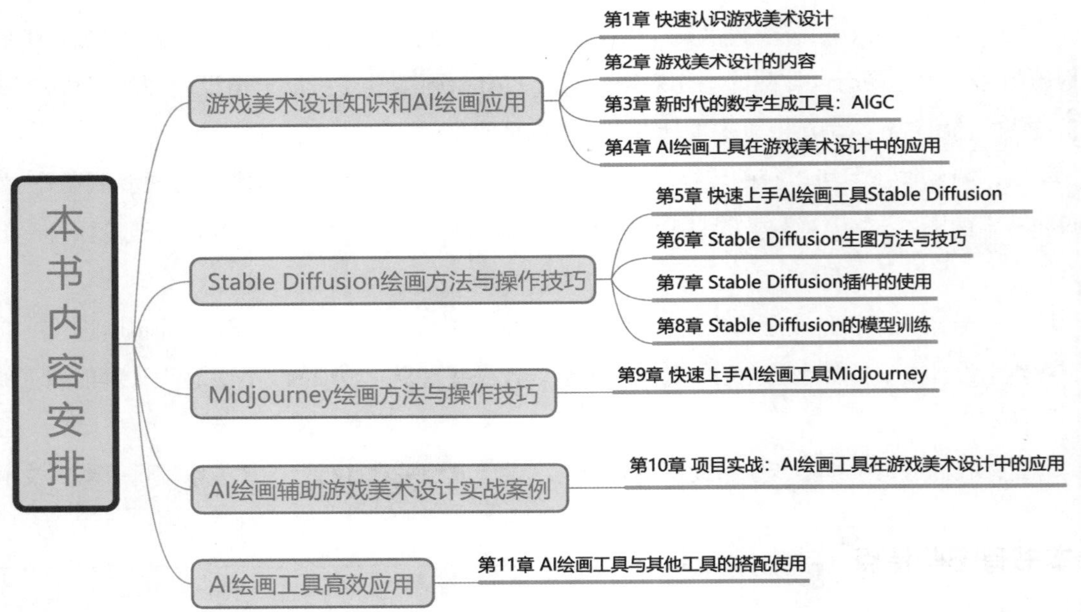

▣ 学习建议

学习任何一项新技能都需要保持耐心、进行大量实践，学习Stable Diffusion和Midjourney亦不例外。

对于初次接触AI绘画工具和没有掌握美术基础知识的读者来说，可以从前面几章的基础知识开始学习，为后续实践操作打下理论基础。在应用部分，建议读者按照书中的知识点和操作方法进行实践，以深刻体会Stable Diffusion和Midjourney的应用方法并积累使用经验。除了书中的案例，读者也可以结合工作或学习需求进行实践操作。学习初期效果不尽如人意时不必急躁，学习是一个需要反复摸索，通过发现错误来不断纠正方向的过程。随着学习的深入和实践积累，相信您一定能熟练掌握Stable Diffusion和Midjourney的使用技巧。

对于已掌握Stable Diffusion和Midjourney基础知识的读者来说，则可根据需求直接选择感兴趣的章节进行学习，通过实践操作来积累使用经验，填补知识空白，学习以前理解得不深入的内容。

Stable Diffusion和Midjourney的使用效果和难度不同，Stable Diffusion更为专业细致，但复杂晦涩；Midjourney相对容易入门，但对生成内容的把控较难，两者都需要通过持续学习、大量练习来积累经验。同时，建议读者加入Stable Diffusion和Midjourney的相关社区，与其他创作者积极交流，互相学习。衷心希望本书能帮助您掌握Stable Diffusion和Midjourney的使用方法，创作出令人惊叹的作品。相信通过持续的学习和实践，您必将成为一位优秀的创作者！

▣ 学习资源

本书为读者准备了以下学习资源。

（1）与书中讲解内容同步的重点操作视频教程。

（2）制作精美的PPT课件。

（3）Midjourney指令速查表。

（4）Midjourney参数速查表。

（5）“Photoshop完全自学教程”视频教程。

温馨提示

以上资源，请用微信扫描右侧二维码关注公众号，输入本书77页的资源下载码，获取下载地址及密码。

本书由凤凰高新教育策划，于国辉执笔编写。于国辉从事游戏原画设计10余年，曾在光宇游

戏等多家国内一线游戏公司任职。他精通Stable Diffusion和Midjourney等主流AI绘画工具，并利用AI完成了多个商业美术设计项目，形成了多套可行的落地方案。

最后，感谢广大读者选择本书。由于计算机技术发展非常迅速，书中存在不足之处在所难免，欢迎广大读者及专家批评指正。

目录

01 第1章 快速认识游戏美术设计

02 第2章 游戏美术设计的内容

第3章 新时代的数字生成工具：AIGC

第4章 AI绘画工具在游戏美术设计中的应用

第5章 快速上手AI绘画工具Stable Diffusion

第6章 Stable Diffusion生图方法与技巧

07 第7章 Stable Diffusion 插件的使用

08 第8章 Stable Diffusion 的模型训练

09 第9章 快速上手 AI 绘画工具 Midjourney

第10章 项目实战：AI绘画工具在游戏美术设计中的应用

第11章 AI绘画工具与其他工具的搭配使用

第1章

快速认识游戏美术设计

● 本章导读

目前，AI绘画技术正迅速在全球掀起热潮，艺术、科技和商业领域都对其展开了广泛讨论。AI绘画是人工智能技术与艺术的交叉领域，能够让计算机创作出逼真、富有创意的艺术作品。

利用AI绘画工具可以快速高效地生成数字美术产品，以较低的生产成本极大地提升画面表现力。在游戏美术设计领域，AI绘画工具也得到了广泛应用，它能够为游戏美术设计师提供全新的创作思路和工作流程。即便是不擅长绘画的人，也可以借助AI绘画工具制作项目所需的美术内容。

然而，由于目前AI绘画工具在生成方式上的随机性和高度依赖使用者的指导等因素，使得AI生成内容难以达到理想的效果。为了让非美术专业的读者快速掌握AI绘画的理论基础，本章将简要介绍美术设计的一些基本原理，以及游戏美术设计的发展历程和当前的行业概况。

1.1 美术设计的基本原理

美术是一种历史悠久的艺术表现形式，通过视觉形式来表达想法、情感和人类精神。在人类文明的发展过程中，相继出现了素描、油画、水彩画、雕塑、建筑等不同类型的美术作品。

美术作品可以呈现生活中的各种美好、丑恶及人类的情感，让我们感受艺术的魅力和意义。经过数千年的积累和总结，如今美术领域已形成相当成熟的审美原则。

1.1.1 美术设计中的构图

构图是创作者表现画面内容主题的设计手法之一，它是指通过利用线条、形状、空间等把画面中的元素恰当地组合在一起，使得画面看上去美观、合理，符合内容主题。在构图时需要考虑画面元素之间的关系，如大小、位置、角度、方向等。

合理的构图可以引导观众的视线，让他们更容易理解创作者所要表达的内容。常见的构图方式有以下几种。

1. 平衡

平衡是指使画面中各个元素的大小、形状、颜色、质地等达到平衡状态，产生整体协调的效果。平衡感是人类在长期观察自然中形成的一种视觉习惯和审美，因此拥有平衡感的作品通常能使人感到和谐。例如，绘画中常用的黄金分割线构图法，就是平衡画面的手法之一，如图1-1所示，画面中位于黄金分割线位置的男性精灵姿态更突出，色彩更浓重，使得画面重心偏向右侧，于是创作者将另外两名姿态和色彩不突出的角色安排在了画面左侧，从而达成了画面的平衡。

图1-1

温馨提示

黄金比例是一种比例关系，通常用符号Φ表示，其值约等于0.618。黄金分割线指将事物在黄金比例位置分割成两部分，使较大部分长度与全长之比等于较小部分长度与较大部分长度之比。黄金比例常被应用在绘画、摄影、建筑、平面设计等领域中。黄金比例给人视觉上的和谐美感，被认为是一种经典的比例。

2. 重复

重复的事物往往会给人带来秩序感、统一感，在设计中适当重复某些元素，能增强画面的整体连贯性，营造出更加稳定的视觉效果。但过多的重复会使画面因缺少变化而显得缺乏冲突变化的美感，因此在构图时需平衡画面的整体表现。图1-2所示的图像中都运用了重复的构图方式。

图 1-2

3. 对比

对比广泛存在于我们的生活中，对比的形式也是多种多样的，有大小对比、长短对比、明暗对比、冷暖对比等。在设计中使用对比的构图方式，不仅能增强艺术感染力，而且能鲜明地反映和升华主题。对比的构图方式运用画面中元素之间的对比关系，可以让画面充满趣味性和表现力。恰当的对比关系还可以突出画面的中心元素，使其更加引人注目。如图 1-3 所示，画面中人物与环境、建筑物的大小对比，形成了巨大的视觉落差，突出了整个场景的宏伟感，也给人一种强烈的视觉冲击力。

图 1-3

4. 节奏

运用节奏的构图方式可以使画面形成类似音乐节奏般的韵律效果。该构图方式通过合理的布局和颜色配置打造出一种相对稳定的韵律感，让画面更加生动有趣。如图1-4所示，创作者利用树木的远近、疏密、大小关系，构成了递进的节奏。

图1-4

5. 重点

在画面中设置重点，可以使观众更加容易理解画面所表达的内容主题，同时让画面更富有感染力。例如，通过场景中的角色、物品、标识等来引导观众的视线，使画面在视觉上有所侧重。这种构图方式被广泛应用于电影、漫画和海报中。如图1-5所示，画面以士兵剪影为背景，突出了位于黄金分割线位置的士兵，让整个画面有了重点。

图1-5

1.1.2 色彩与光影

色彩与光影是美术作品中非常重要的设计语言。与文学作品通过文字描述来营造氛围不同，美术作品主要通过色彩与光线来营造氛围，表达创作者想要传递的主题信息。

1. 色彩

美术中的色彩表达，是指利用色彩来表现作品的情感、氛围、人物刻画等，是主要的表达手法。色彩本身是一种绘画设计语言（例如，红色常被用来表示激情和爱情，绿色代表平静或生命力），具有极强的感染力，可以赋予画面生命力和情感。

创作者通过色彩表达，使用不同的色调、不同色彩的搭配比例和不同的色彩明暗度可以向观众传达特定的内容，表达创作者的感情。例如，可以使用明亮的红色和黄色来表现兴奋感和活力。如图1-6所示，游戏《糖豆人：终极淘汰赛》的关卡中就大量使用了这些明亮的色彩，符合多人欢乐闯关的游戏玩法。

在描绘场景时，使用蓝色和绿色可以表现出宁静和平静的感觉，让观众感受到自然的气息。如图1-7所示，蓝色和绿色的搭配让游戏《奥日与黑暗森林》中的森林场景充满了寂静和神秘感。

图1-6

在肖像画中，使用不同的色彩同样也可以表现人物的性格、气质和情感。如图1-8所示，左侧的作品中大量使用了橙色、黄色和红色等暖色，使人物看起来温和友好，而右侧的作品中大量使用了紫色、蓝色、灰色等冷色，使人物呈现出内敛、神秘的感觉。

图1-7

综上所述，在色彩的运用上需要考虑情感（如欢乐、悲伤、平静、愤怒等）、文化（色彩在不同文化中的含义可能不同）和不同绘画主题的需要。色彩表达是美术创作中极为重要的一部分，可以使作品更具感染力、艺术性和表现力。

2. 光影

光影表达是指通过光线照射被画物体，传递被画物体的信息，它在创作中起着桥梁和媒介的作用。例如，被画物体的形状、体积、色彩、质感、空间感、影调、层次等信息，都需要通过光影才能更好地表现出来。不同的光影能营造不同的画面氛围，尤其是在影视作品和电子游戏中，光影被大

图1-8

量运用，是增强画面故事感、临场体验感的关键元素。如图1-9所示，左侧的海报中借助从铁窗之外照射进来的光线，表达出主人公身陷黑暗却心向光明的主题；右侧的海报借助门外投射进来的暖色光线和地面上的影子，表达出父母与子女之间的真挚情感。

图1-9

又如在冒险类游戏中经常出现的旅店和小酒馆，玩家通常是刚刚结束危机四伏的野外冒险来到这些场景，因此这些场景中通常使用温暖柔和的光线（如图1-10所示），来营造出轻松、温馨的氛围，使游戏节奏张弛有度。

图1-10

光影也是美术设计中表现立体感的重要元素。可以通过改变光线的角度、强度，以及阴影和高光来表现对象的物理形态和位置。在游戏美术中，阴影和高光通常用于增强角色和物体的体积感和真实感。运用光影不仅可以为游戏场景增添层次感和节奏感，而且可以强化画面的故事感和临场体验感，让游戏场景中想要展现的内容更具吸引力。如图1-11所示，游戏《内部》就通过大量使用光影成功展现出一个光怪陆离、充满神秘感的世界。

图1-11

总之，色彩和光影是美术设计的基础元素，正确运用它们能够提升作品的质量和美感。

1.1.3 风格和细节

绘画风格是指绘画创作者在实践中形成的艺术风格，它由作品的色彩、构图、线条、笔触等因素构成，反映了创作者的个人风格和不同时期文化的艺术特点。下面介绍几种有代表性的绘画风格。

（1）印象派：注重瞬间感受，强调光影变化和色彩变化，如图1-12所示。

（2）表现主义：用夸张、变形等手法表现对现实社会的批判和反叛，如图1-13所示。

图1-12

图1-13

（3）立体主义：以对立、破碎和重叠的方式表现三维世界的几何构成，如图1-14所示。

（4）超现实主义：从潜意识和幻想中汲取灵感，通过夸张、变形等手法将超现实的世界呈现在画布上，如图1-15所示。

（5）新古典主义：注重对古希腊和古罗马艺术的继承和发扬，强调精湛的技艺、细致的描绘、美的神圣和普遍性，如图1-16所示。

图1-14

图1-15

图1-16

1.2 商业美术的发展

19世纪初，随着工业革命和商品经济的兴起，商业美术的概念开始兴起。商业美术本质上是服务于工业产品，帮助其吸引顾客的重要手段。广告和海报是最常见的商业美术形式。

1.2.1 工业时代的美术

进入工业时代后，随着商业化的需求的不断增长，艺术家开始广泛进行广告、海报、商标、包装等专门服务于工业产品的美术创作，统称为商业美术。从一开始的简单的宣传海报到如今新兴的数字技术广告，商业美术逐渐成为现代商业领域中不可或缺的一部分，并不断革新，始终保持着独特的魅力，给后者带来了无限的机会和发展空间。

商业美术的发展自20世纪初开始加速。随着工业技术的进步，越来越多的商家开始利用广告、海报等来宣传产品和服务。这些广告和海报通常使用明亮鲜艳的色彩和夸张的图像来吸引顾客。

1.2.2 商业插画的出现

商业插画泛指所有与商业活动和商品相关的插画，市场上比较常见的有招贴插画、产品包装插画、报纸插画等。商业插画起源于15世纪的欧洲，当时印刷技术的推广使得艺术家开始在宣传和广告中使用插图。18世纪末，得益于工业革命带来的生产效率飞跃，商业活动规模不断扩大，加上印刷技术的革新，使得插画的商业化需求越来越多，于是商业插画在18世纪末迎来了前所未有的快速发展。商家和广告商为了争夺市场份额，开始利用插画吸引顾客的注意力，以提高商品销量。随着商业插画需求量的不断增加，欧洲和美国出现了一批批才华出众的商业插画师，其中最著名的当属法国画家朱尔斯·谢雷特（Jules Cheret）。他使用新技术以较低的成本印刷了大量高品质的海报，并将其用于巴黎市政府、歌剧院和其他商业机构的宣传推广活动中。如图1-17所示，左侧是朱尔斯·谢雷特创作的剧院演出海报，右侧是一则缓解咳嗽的药品广告。

图1-17

20世纪初，随着广告业和传媒的发展，广告与艺术的融合达到高峰。一些知名的艺术家和设计师纷纷为商家服务，使插画的质量和风格进一步得到完善。特别是阿尔丰斯·穆夏（Alphonse Mucha）的商业插画的创作风格对后来的商业插画产生了深远的影响，如图1-18所示。

20世纪20年代至60年代，美国商业插画进入鼎盛时期。许多知名的艺术家，如诺曼·洛克威尔（Norman Rockwell）和马科斯菲尔德·帕里斯（Maxfield Parrish）等，受雇于广告公司和出版社进行插画设计，并创造出了经典的作品。20世纪80年代至今，科技迅速发展，数码技术引领了商业插画的发展方向。随着传媒的进一步发展和新型广告的兴起，商业插画进入全新的数字化阶段，应用范围不断扩大。

图1-18

总的来说，商业插画的出现主要是出于商业推广的需要，同时也催生出插画艺术这一全新的艺术领域。商业插画的发展，使传统绘画出现了许多全新的应用方向。

1.2.3 工业设计是什么

工业设计是传统美术的一个分支，它包含艺术设计和工程技术两个方面，要求设计师同时具备较为深厚的工程技术知识和艺术设计能力。它主要涉及对工业产品的外观、功能和实用性进行设计、研发、改进等，从而创造出满足人们需求的商业产品，如图1-19所示。

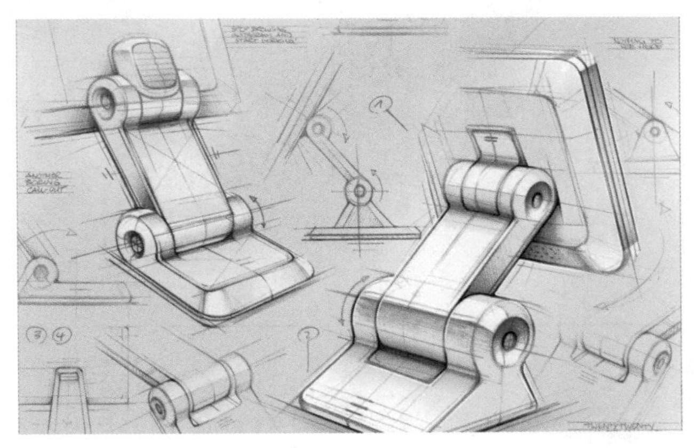
图1-19

在工业设计的过程中，设计师需要从多个维度考虑产品的设计，包括产品外形的美感、产品功能的实用性、人体工程学等物理因素，同时和制造商、经营者等进行合作，从而设计出具有市场竞争力的产品。

（1）工艺美术时期：在20世纪初期，德国、奥地利和英国的学校开始将工业设计作为一门独立的学科进行研究，工业设计也开始注重产品的外观和美学设计。在这一时期，产品设计开始考虑产品的外形、材料和美学风格，以增加产品的价值，提升产品的竞争力。

（2）工业设计师时期：从20世纪30年代开始，工程技术和艺术设计知识的融合使得工业设计师职业出现。设计师开始推崇更为现代化的设计风格，创建了当时最具代表性的工业设计规范。

（3）工业设计量产时期：20世纪50年代以后，工业领域内容大量涌现。为降低成本并提高效率，工业设计开始引入标准化和模块化设计。1976年，电影《星球大战》开拍，导演乔治·卢卡斯（George Lucas）希望在电影中运用大量真实可信的视觉效果和机械设计，为此专门成立了工业光魔特效公司，并启用了不少工业设计师来为电影定制逼真的影视道具。之后电影大获成功，对后来的好莱坞电影工业产生了极为深远的影响。图1-20所示就是电影中一艘宇宙飞船的设计画稿。从图中可以看到，设计者十分了解机械运作结构方面的专业知识，在追求美感的同时，也充分考虑了设计的合理性。

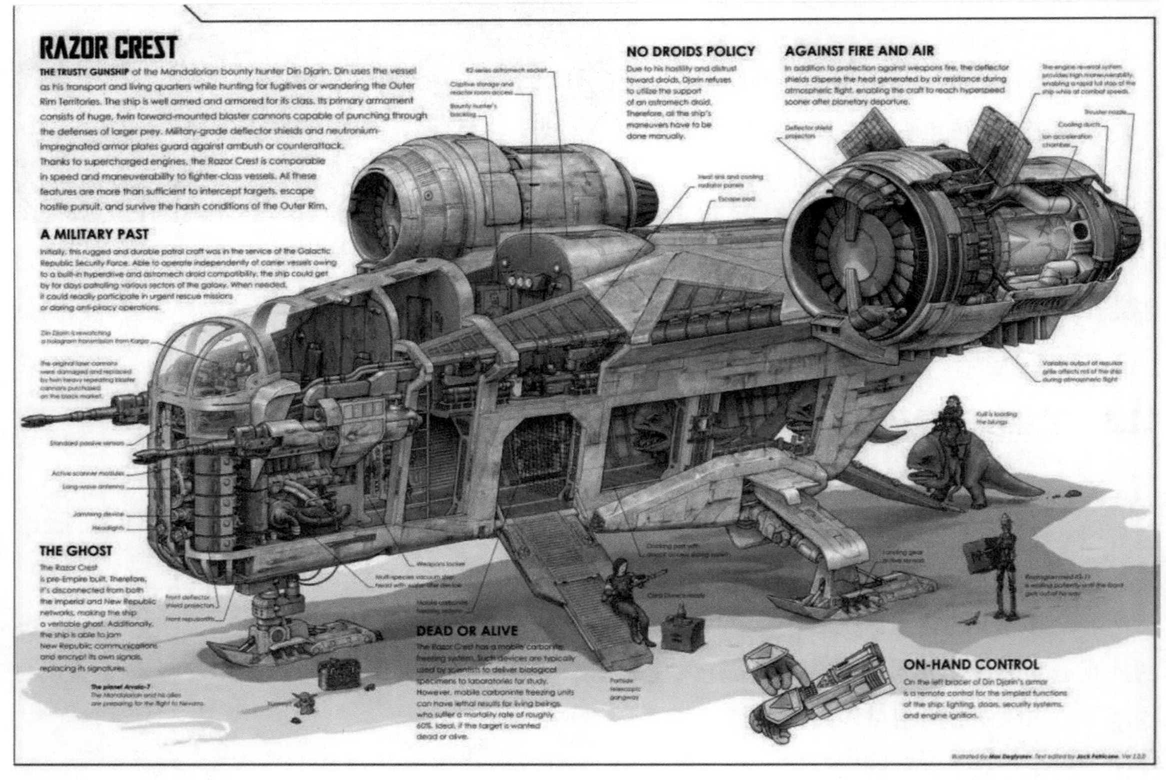

图1-20

（4）数字化和智能化工业设计时期：随着技术的进步和市场的变化，工业设计不断迎来新的发展机遇，数字化和智能化也逐渐成为当代工业设计的重要发展方向。3D打印、虚拟现实和人工智能等技术的应用极大地拓宽了工业设计的边界和未来发展空间。

在这一时期，数字技术和数码工具迅速发展。例如，现代设计工作者广泛使用的Photoshop，为绘画艺术家提供了更加多元化的创作工具，丰富了绘画的媒介，让绘画更加便捷高效，激发了数字美术产品的爆发式增长。借助Photoshop强大的图像处理功能，创作者几乎可以随心所欲地创作带有个人风格的数字美术作品，如图1-21所示。我们所熟知的游戏美术设计，正是介于商业插画与工业设计之间的一种商业美术形式，它服务于计算机科学所衍生的新产业——电子游戏产业。

图1–21

1.3 游戏产业的兴起

电子游戏，是指借助计算机设备（如电脑、游戏机、手机、平板等），通过让玩家与编写好的计算机程序进行互动来实现娱乐目的的电子产品。例如，在电子游戏中，人们可以扮演虚拟角色，进入虚拟世界体验故事剧情，通过完成对话、解决难题或战斗等方式进行游戏，获得乐趣。

1.3.1 电子游戏的前身

最早的电子游戏可以追溯到20世纪50年代早期。1952年，亚历山大·S. 道格拉斯（Alexander S. Douglas）在剑桥大学开发了世界上第一款电子游戏——井字棋游戏。这款游戏被视为早期电子游戏设计和人机交互的样板，如图1–22所示。它的问世标志着电子游戏时代的开始。

图1–22

在接下来的几十年中，电子游戏得到了快速的发展。1962年，美国学生史蒂夫·拉塞尔（Steve Russell）开发了首款计算机游戏——《太空大战》，如图1–23所示。这款游戏使用大型计算机作为平台，让玩家控制飞船在虚拟太空中与对手进行对战。

1972年，美国雅达利公司开发了游戏市场上的第一款家用游戏机——奥德赛，如图1–24所示。这款游戏机风靡全球，促进了游戏机的大量生产和销售。

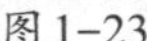
图 1-23

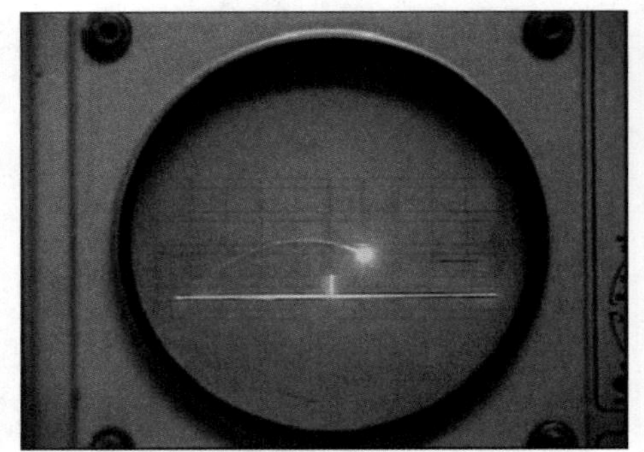
图 1-24

1.3.2 游戏产业的发展

电子游戏的商业化可以追溯到20世纪70年代末至80年代初。当时，一些充满新奇趣味的游戏产品开始受到大众的追捧，引起了商业公司的注意。为了迎合大众喜好，它们开始将电子游戏机作为商品来生产和销售，电子游戏因此迎来大规模发展，其影响力也越发深远。

过去，游戏机主要是在游戏厅玩的，但随着游戏厂商的推广，越来越多的家庭开始购买游戏机和各种游戏软件。随着技术的不断发展，电子游戏的内容和玩法不断创新，图像和音效质量不断提高，吸引了越来越多的人参与到游戏当中。中国音像与数字出版协会数据显示，2023年，中国游戏市场实际销售收入达到3029.64亿元，游戏用户数量达到6.68亿人。可见，电子游戏已成为当今最受欢迎的娱乐活动之一。

总之，电子游戏的商业化是随着软硬件技术的进步而演变的。如今的电子游戏已经发展出了角色扮演、动作冒险、模拟经营、即时策略等多种类型。

1.3.3 网络游戏产业

网络游戏简称网游，它的特点是具有高度互动性、社交性，使得玩家可以在虚拟游戏世界中享受到丰富的社交体验。

网络游戏最早可以追溯到20世纪80年代，当时互联网还处于发展初期，一些计算机科学家和游戏开发者尝试将电子游戏连接到互联网上，为不同区域的互联网用户提供联网游戏体验。于是，1991年，第一款网络游戏《无冬之夜》诞生了，这款游戏首次采用了多人在线游戏的模式，玩家可以通过互联网连接到游戏服务器，与来自世界各地的其他玩家一起游玩，如图1-25所示。

此后，网络游戏的发展速度越来越快。1993年，《毁灭战士》推出了多人在线FPS（第一人称射击）游戏模式，这一创新在技术上取得了重大突破，并在市场上获得了空前的成功。此后数十年间，人们所熟知的《传奇》《魔兽世界》《英雄联盟》《绝地求生》（如图1-26所示）等网络游戏陆续上市。目前网络游戏已成为电子游戏中备受欢迎的游戏类型之一，众多游戏公司和开发者纷纷涉足这一领域。

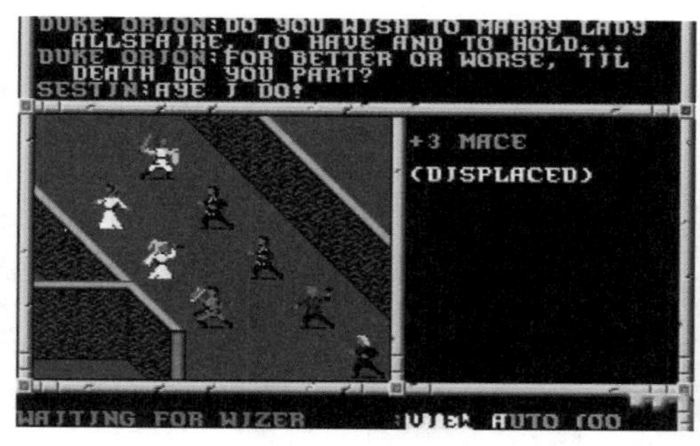

图 1-25

图 1-26

得益于游戏产业的快速发展，与之相关的行业也空前繁荣，相关的从业者不断涌入。

1.4 游戏美术师

游戏的画面作为游戏的核心内容载体之一，随着时代的发展变得越来越精美。当今的电子游戏已不再局限于描绘几何图形，而是进入了追求技术解放，让游戏创作者尽情释放自己创造力的新时代。

1.4.1 游戏美术师的诞生

从早期的游戏画面中可以看出，当时计算机运算和存储能力有限，只能表现极为简单的图形，所以当时的游戏主要是由少量程序员负责开发，画面几乎不需要进行打磨。

但随着游戏市场需求扩大和计算机硬件性能的提升，游戏产业的竞争日益激烈，促使游戏内容开始向深度和广度两个方面发展，游戏画面也成为吸引玩家的主要途径之一，于是专门负责游戏视觉设计的工作者——游戏美术师——应运而生，并逐渐成为游戏开发团队中不可或缺的成员。如图1-27所示，一位游戏美术师正在规划游戏场景。

图 1-27

游戏美术师凭借出众的审美鉴赏力、优秀的设计能力和高超的表达技巧，在游戏视觉领域发挥着重要作用。为了打造丰富有趣的游戏视觉内容来吸引玩家，游戏公司纷纷雇用大量游戏美术师。

1.4.2 游戏美术师的职业分工

鉴于游戏产品的工业化属性，可以将游戏美术师细分为以下几种。

(1)游戏角色原画师：主要用2D数字绘画的方式来设计游戏中各种角色的外观，如图1-28所示。

图1-28

(2)游戏场景原画师：设计游戏中的场景和物件，如图1-29所示。

图1-29

(3)游戏UI(用户界面)设计师：设计游戏界面和道具ICON(图标)，如图1-30所示。

图1-30

(4)游戏模型师：对游戏角色、场景或物件进行3D建模，如图1-31所示。

图1-31

（5）游戏地图编辑师：简称地编，是更高级的游戏模型师，负责场景资源和地形建模，同时还要把控各类3D模型资源在游戏地图中的整体呈现效果，如图1-32所示。

图1-32

（6）游戏动画师：为游戏中的可动角色制作3D或2D动作表现，如图1-33所示。

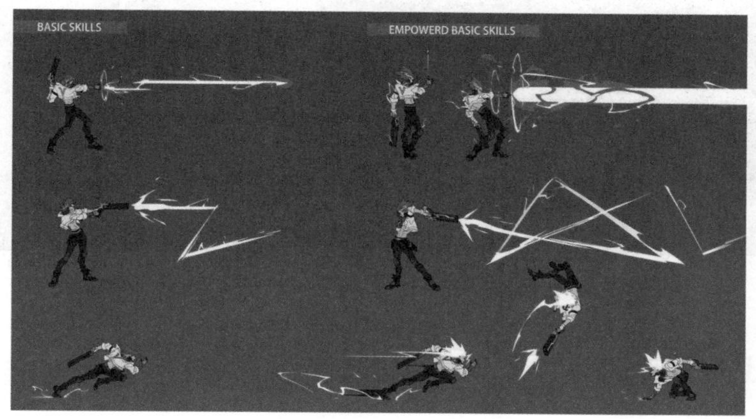

图1-33

（7）游戏特效师：负责游戏中各种粒子特效的视觉呈现，如图1-34所示。

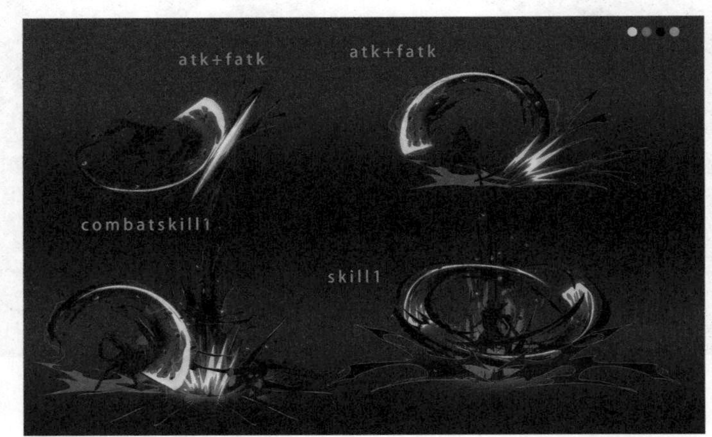

图1-34

（8）游戏技术美术师：简称TA，职责是编写并优化美术资源，在项目需求下实现游戏视觉效果与程序代码的协调配合，需要熟悉游戏图形算法，具备一定的程序编写能力。如图1-35所示，游戏技术美术师正在改写着色器（Shader）的渲染方式，将写实风格变为漫画风格。所谓渲染，是指经过计算机处理后，图像呈现的视觉效果。编写着色器可以改变渲染方式，使游戏画面具有定制化的美术风格。

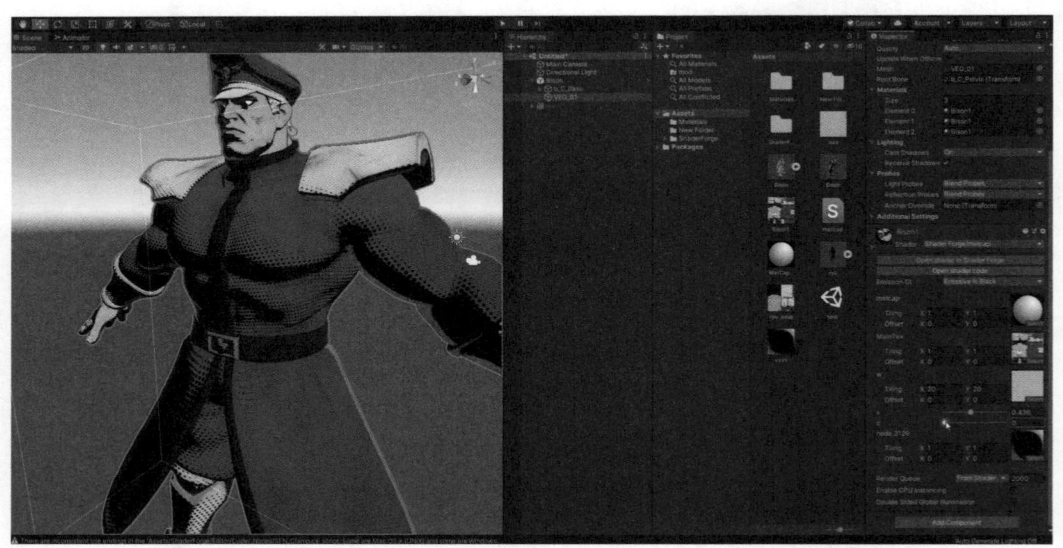

图1-35

1.4.3 国内游戏美术师概况

由于游戏美术设计行业是专门服务于游戏产业的，其发展状况主要取决于游戏产业的兴衰。从

20世纪80年代至今，国内的游戏产业逐渐发展成熟，特别是经历了2012年前后移动端游戏的爆发式增长以后，国内游戏的制作水平已经接近国际水准。图1-36所示为国内某大型RPG（角色扮演）游戏界面。但同时，由于近几年国内游戏版号发放收紧，加剧了游戏产品之间的存量竞争，虽然游戏产业整体表现为持续增长，但两极分化、优胜劣汰的趋势明显，对从业人员的专业要求也呈逐年上升态势。

图1-36

在地域分布上，国内游戏公司主要集中在北京、上海、广州、深圳、杭州、成都、西安等城市。另外，也有少数经验非常丰富的游戏美术师，凭借自身过硬的能力赢得了业界口碑，成为不受地域限制的自由职业者或创业者。

虽然目前游戏美术设计行业岗位众多，但由于游戏产品间竞争激烈，加之职业本身具备很强的技术性，对于游戏美术设计新手而言，有较高的行业准入门槛。另外，随着人工智能生成内容（Artificial Intelligence Generated Content，AIGC）的迅速发展，游戏美术设计行业的中低端人才整体处于供过于求的状态。

第2章

游戏美术设计的内容

● 本章导读

本章将深入介绍游戏美术设计的内容，从而帮助读者快速了解不同游戏美术设计内容的基本含义和特点。

游戏美术设计是游戏制作中至关重要的一部分，它看似只涉及游戏的视觉效果，但实际上还能够直接影响玩家对游戏的整体体验和情感共鸣。因此，游戏美术设计行业经过数十年的发展构建出了一套成熟且独特的设计语言和审美体系，使得它与传统艺术和其他商业美术形式有诸多差异。所以深入讨论游戏美术设计的内容、特征及常见的表达技巧具有重要意义。本章旨在帮助读者全面了解游戏美术设计的关键要素，并提升对游戏美术设计的理解和欣赏能力，使读者能够更好地理解和运用游戏美术设计，从而制作出符合行业审美特点的美术内容。

通过学习本章内容，读者将快速了解游戏美术设计的主要内容和特点，对设计方向有一个大致的认知，从而为后续制作符合行业审美特点的美术内容做好理论准备。本章内容适合美术基础较弱或准备进入游戏美术设计行业的初学者仔细研读。

2.1 游戏美术设计的概念

游戏美术作为游戏画面表现的载体，对游戏体验有着决定性的影响，是整个游戏的重要组成部分（但它并不是主导，依旧要服务于核心玩法）。

2.1.1 游戏美术设计是什么

游戏美术设计是指在游戏开发过程中，为游戏创作出具有艺术性和美学价值的视觉元素所进行的设计工作。其目标是产出为游戏产品提供视觉效果的美术内容，如游戏中的角色、道具、场景、界面、动画、特效等，如图2-1所示。

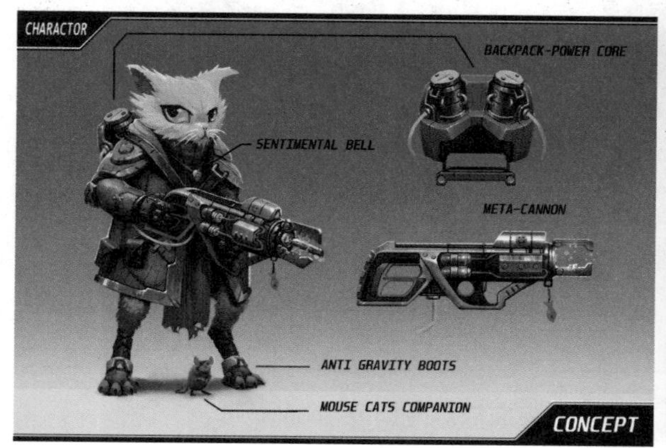

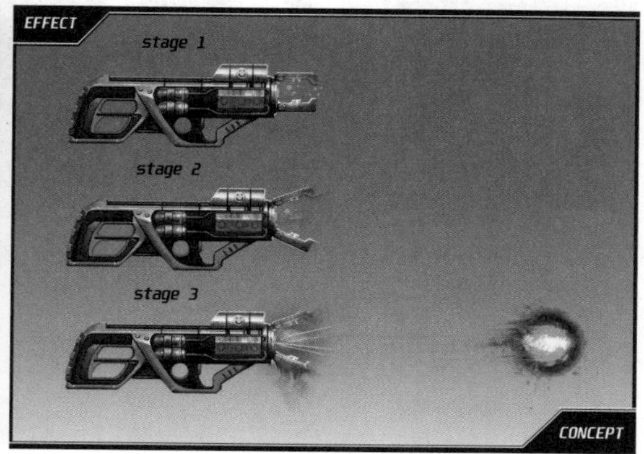

图2-1

2.1.2 游戏美术设计的特点

游戏美术设计具有强烈的定制化特征；因为它本质上需要服务于游戏产品的世界观或玩法。有时类型相似的游戏也会拥有截然不同的美术风格。如图2-2所示，左侧为游戏《全面战争模拟器》，右侧为游戏《全面战争：战锤》，虽然它们都属于RTS（即时战略）游戏，但画面美术风格迥异，前者是卡通休闲风格，后者则是写实风格。这种美术风格差异主要是由于玩法和受众定位不同所致。

图2-2

此外，多数游戏是基于想象构建的超脱现实的虚拟世界，拥有一套独特的世界观，所以在美术设计上很多时候并非继承自某个美术风格，而是有一套独特的美术设计特点。如图2-3所示，从游戏《疯兔》《守望先锋》《使命召唤》的美术风格中可以看到，即使是比较还原现实的游戏，也会酌情根据当下的审美习惯，进行一定程度的美术创意加工以提升市场吸引力。

图 2-3

2.1.3 早期与现代游戏美术设计的差异

不同时期的游戏美术设计差异巨大。早期的游戏美术设计受到技术和硬件的限制，画面比较粗糙，风格也相对单一、原始，常常只有简单的几何图形和色块等元素。

随着计算机科学发展和游戏商业化发展，游戏产品逐渐增多，加之设备承载能力不断提高，游戏美术设计受到的限制已经大幅减少，游戏画面可以制作得更加逼真、精细和炫丽。如图2-4所示，左侧为20世纪90年代发行的游戏《F22猛禽》，以当时的眼光来看，其画面已十分逼真，但与2019年发行的游戏《皇牌空战7：未知空域》相比显得十分简陋。

图 2-4

如今，以Unreal Engine 5为代表的游戏引擎，可以在较低的程序开销下实现千万面级别模型同屏的游戏场景。技术的解放，极大地丰富了美术风格的选择，使得游戏美术师能够根据不同的游戏类型和题材选择写实风格、卡通风格、像素风格等不同的美术风格。

另外，时代变化所带来的设计元素的改变，也影响着游戏美术设计方向。如图2-5所示，左侧为20世纪90年代末出品的某战棋游戏的主人公形象，右侧是原作于2021年改编成手机游戏后主人公的新形象。从图中可以看到，经过20余年，角色的美术风格发生了很大变化，而发生这种变化背后的原因有多个方面。其一，早期的游戏以单人游戏为主，所以游戏中的角色和场景等美术设计主要围绕着游戏世界观和玩家体验展开，重在突出表现角色的故事性特征，而在外观和穿着上，则没有过多的设计语言，所以角色显得比较朴实无华。其二，用户的审美习惯、流行元素发生了细微变化，加之技术的发展也进一步提高了对画面精细程度的要求。

图2-5

综上所述，通常情况下游戏厂商会避免采用已经过时的美术风格，而是使用时下流行的美术风格来制作游戏，以规避市场风险。然而，近几年复古风格的回归使得一些独立游戏并不拘泥于这一行业规则。如图2-6所示，2017年出品的复古动画风格游戏《茶杯头》，通过融入20世纪30年代的动画和音效等元素，赢得了众多玩家的青睐而大获成功。所以具体应该选择哪种美术风格，其实并没有教科书式的答案。游戏制作者或游戏美术师需要综合考虑目标受众、项目特点、技术能力、市场环境等因素来选择合适的美术风格。

图2-6

2.1.4 单机游戏和网络游戏美术设计的区别

单机游戏是指以单人游玩体验为主的游戏，其美术风格特点包括以下几方面。

（1）注重故事性：单机游戏较注重游戏的故事性。因此，单机游戏的美术设计通常会根据游戏的故事背景和主题进行创作，以强调游戏的体验感和情感导向。

（2）呈现度高：单机游戏并不需要考虑多人在线的互动影响，因此对硬件的配置要求更高，并且通常会更加注重场景和角色的呈现效果。

（3）风格多元：单机游戏由于采用买断制的销售方式，使其不需要过多考虑玩家每日留存率，创作自由度更大，能选择更多的美术风格，如前面提到的复古动画风格及如图2–7所示的仿电影风格等。虽然这给游戏带来了不确定的市场风险，但同时也更容易突显游戏的独特性。

（4）注重趣味性和独特性：单机游戏的玩家主要追求游戏中的感官体验，因此单机游戏的美术设计也比较注重游戏的趣味性和独特性，力求通过独一无二的游戏美术设计刺激玩家的感官体验。

图2–7

进入21世纪以后，网络游戏迎来迅速发展，国内《石器时代》《天龙八部》《传奇》等第一代主流网络游戏进入公众视野，开启了全民网游时代。这一时期的游戏美术设计，较20世纪90年代初有了明显的进步。一方面，由于网络游戏多人在线的特点和游戏厂商采用的“计时收费”销售模式，游戏产品必须构建极其庞大的可互动游戏世界。另一方面，为了确保玩家拥有较好的游戏体验，游戏产品必须拥有极其丰富的角色种类、服饰、道具、场景，加之大量的人机交互方式和绚丽的技能效果，从而吸引玩家。

继韩国网络游戏《传奇》大获成功之后，2005年进入中国市场的大型网络游戏《魔兽世界》也迅速占据一席之地。该游戏以宏伟的3D大地图，直观地向全球玩家展示了一个拥有数量极多的角色外观、冒险区域、武器装备、道具、阵营阶级的庞大游戏世界。如图2–8所示，这款游戏真正构建了一个开放的游戏世界，以致玩家当时经常需要经过长时间的等待才能进入游戏。

图2–8

网络游戏受众广泛、可以在线互动的特点，使其需要更多地考量游戏品类、上线平台、目标受众、成本技术等因素，具体包括以下几方面。

（1）框架和设计风格：网络游戏需要考虑到多人在线、玩家之间可以互动的因素，因此需要更复杂的操作界面设计。同时，网络游戏还需要考虑到不同地区、不同设备的玩家的情况和需求，所以其框架设计等相较单机游戏更加复杂。此外，不同设备还会有不同的游戏美术设计需求。例如，手机端游戏通常采用简洁明快、用户交互便捷的设计，而电脑端游戏则可以采用更为华丽、复杂的设计。

（2）持续更新：相较单机游戏，网络游戏的游戏内容需要更加丰富和多样化，不能让玩家因为长时间游玩重复内容而产生审美疲劳，因此要持续进行更新，从而提高玩家留存率并激发其付费意愿。因此，网络游戏的美术设计要随着游戏版本的更新而不断优化，以适应游戏内容推陈出新的需求。例如，推出各种“皮肤”，让玩家充分展示自己的个性，如图2–9所示。

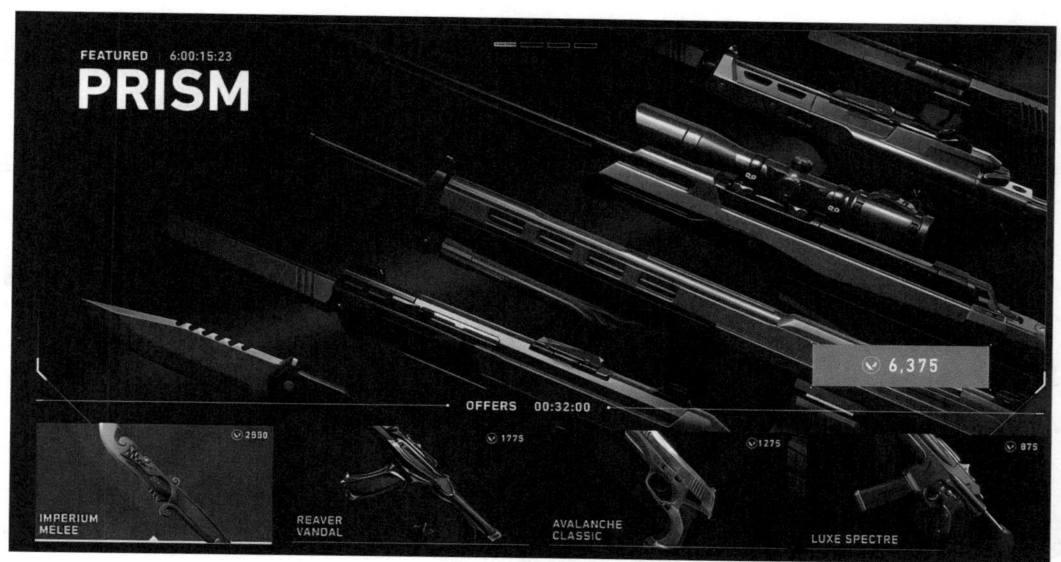

图2-9

（3）优化性能考虑：在网络游戏中玩家要进行在线互动，因此游戏在不同设备上的表现不得存在过大的差异，以免影响玩家的游戏体验。这就要求我们在进行游戏美术设计时不断优化图形渲染方式和技术，以提升渲染效率和性能，保证游戏在不同设备上保持一致和稳定。

（4）社区互动：网络游戏除了需要吸引玩家体验游戏，还需要鼓励玩家进行互动。

2.2 游戏角色设计

游戏角色作为游戏内容的重要组成部分，决定了玩家对游戏的第一印象，是游戏美术设计中必不可少的内容。

2.2.1 游戏角色设计的特点

游戏角色是指在游戏中由玩家或计算机控制的虚拟形象。玩家通过操控不同的角色与游戏内容交互来推动游戏进行。

游戏角色可以分为主角和配角。主角通常是由玩家控制的角色，玩家可以通过操控主角参与游戏世界中的各种活动。配角则通常是由玩法或剧情需要而设定的支持角色，通常具有独有的特征和功能，可以为游戏提供各种辅助和互动。

游戏角色的设计通常涉及角色的外观、能力、背景故事等，具体体现在以下几方面。

（1）个性鲜明的外观：游戏角色通常有鲜明的个性和独特的外观，从而给玩家留下深刻的印象。游戏角色的形象、语言表达、动作行为、思想感情等方面的设计都应该与其外观匹配。如图2-10所示，《守望先锋》中的英雄角色几乎都拥有独一无二的穿着、色彩和身材特征，如此个性鲜明的外观无疑会给玩家留下非常深刻的印象。

图2-10

（2）某项特殊能力：游戏角色通常会具备一定的能力，如攻击、防御、治疗、隐蔽等。游戏角色的外观设计应该尽可能结合这些能力，让玩家迅速了解其特点。如图2-11所示，“刺客信条”系列中的角色在外观设计上就强调了善于隐藏的能力。

图2-11

（3）社会关系：在一些剧情类游戏中，游戏角色之间往往存在一些复杂的关系，如所属阶层、势力阵营、情感关系等。这些关系能烘托出游戏的故事感，并影响游戏剧情走向。

（4）可定制性：为了提高可玩性，一些角色扮演类游戏会给玩家提供自定义外观的功能，从而让玩家创造出属于自己的标志性角色。玩家可以根据自己的喜好自由地调整角色外观，获得更加个性化的游戏体验，如“捏脸系统”，如图2-12所示。

图 2-12

2.2.2 游戏角色与现实人物的区别

游戏角色是虚构出来的，与现实世界中的人物形象有很多不同。从游戏的特点来看，游戏角色与现实人物的差异主要体现在以下几方面。

1. 原创性

以历史题材的游戏为例，游戏角色不必完全拘泥于特定历史时期的着装和仪态，而是结合当下审美习惯进行加工、改编、创新，来增加视觉新鲜感。如图2-13所示，《战地风云5》中的战士角色设计加入了一些现代时装的元素。

图 2-13

当然，任何游戏设计都需要把握好“度”，过于脱离现实的加工或改编，必然会引起玩家的反感，甚至导致游戏引起负面舆论。因此比较理想的角色设计，可能是60%左右基于真实背景，30%左右体现游戏特点，10%左右用于进行较为精彩的创新设计。在设计过程中，需要根据具体的游戏背景进行灵活调整。

2. 身材比例

游戏角色的身材比例可以比现实人物更加完美，符合大众对美好身材的审美要求。根据游戏类型不同，也可以使用头部较大、身体偏小的Q版造型，来迎合游戏目标受众的审美。例如，图2-14所示的休闲类游戏，就采用了卡通风格的角色身材比例，这种风格适合轻度游戏玩家，可以让玩家在游戏过程中感到很放松。

图2-14

3. 着装武器

游戏角色的着装可以设计得十分夸张，或者配备令人惊叹的武器，以增强对玩家的感官刺激，不会让玩家感到乏味，例如，“战锤”系列的角色外观设计非常有特点，所以其IP辨识度极高，如图2-15所示。

图2-15

4. 动作表现

游戏角色的动作表现常常比真实人物更加夸张和戏剧化。例如，在战斗场景中，可以为游戏角色设计现实人物难以完成的动作并追加更多的击打特效，以增强游戏的紧张感和刺激感。

总的来说，游戏角色与真实人物之所以在外观上存在明显的区别，主要是因为游戏角色需要体现游戏产品的特征和卖点，从而给玩家带来更好的游戏体验。

2.2.3 游戏角色与动漫角色的区别

游戏角色和动漫角色虽然在外观设计上有一些相似之处，但也存在明显的区别。

这一区别主要是由于二者所服务的产品特点不同。动漫的主要卖点在于引人入胜的故事内容和个性鲜明的角色，即重在刻画角色的故事性，而穿着方面则相对扁平甚至朴实。如图2-16所示，同样是魔法师造型的角色，左侧是动漫角色，右侧是游戏角色，可以看出二者的设计存在明显的区别。

图2-16

游戏角色的外观制作大多是一次性完成的，不需要反复绘制角色动作，所以可以更加突出角色的整体外观属性。很多高质量游戏还要在外观设计中展现出角色的个性、心理特征或遭遇，进一步将角色内在特征可视化。在角色扮演类游戏中，尤其是在多人在线角色扮演类游戏中，玩家操控的角色往往代表了自己，所以玩家通常希望“自己”的造型精致、鲜明，从而突出个性。开发商为了满足玩家的这种需求，总是极尽所能地设计令人眼花缭乱的外观，来刺激玩家在游戏中进行消费。如图2-17所示，《守望先锋》中各种角色的皮肤设计，极大地丰富了角色的外观种类，也大大提升了玩家持续游玩的动力和付费意愿。皮肤设计也是各种竞技类游戏的主要盈利来源之一。

图 2-17

总的来说，游戏角色设计属于游戏美术设计中的一个分支，有一套独特的审美系统和行业制作标准。它虽然整体上遵循美术中通用的创作法则，但更侧重于展现强烈的个性化特征。所以，在没有明确项目的特点之前，不能简单地套用其他美术领域的设计方式来设计游戏角色，并且游戏角色设计也不能“只要好看就可以”。如果没有接触过游戏开发流程或不理解游戏文化，就无法设计出可用且设计语言正确、有灵魂的游戏角色。

2.3 游戏场景和道具设计

游戏场景和道具设计的重要性不亚于游戏角色。游戏要依靠场景设计来塑造虚拟的世界，借助道具丰富玩家与游戏之间的互动和联系。

2.3.1 什么是游戏场景设计

游戏场景设计是指设计并创建游戏中的虚拟环境，使玩家可以在其中进行游戏。它涉及游戏的地图区域、建筑、地形、灯光等各种元素。

游戏场景设计的目标是为玩家提供一个交互性强、令人沉浸的虚拟世界，使玩家能够与游戏进行互动，并从中获得乐趣。游戏场景设计需要考虑游戏类型、故事情节、玩法机制及技术限制等因素，以确保游戏场景与整体游戏体验相协调。

游戏场景设计包括2D原画设计、3D建模、地图编辑、灯光设置等多方面工作。设计师需要借助不同的专业软件来完成上述工作，并在此过程中与游戏开发团队、游戏策划和程序员通力合作，以确保场景的可实现性和最终呈现效果。如图2-18所示，从上方的游戏场景概念原画设计，到下方的实际游戏画面呈现，需要经过多位设计师的精心打磨。

一个好的游戏场景设计不仅可以增强游戏的视觉吸引力，还可以提升游戏的可玩性和体验，使玩家更加沉浸其中。因此，游戏场景设计在游戏开发中起着重要的作用，并对游戏的成功与否具有重要影响。

图2-18

2.3.2 什么是游戏道具设计

游戏道具设计是指为游戏中的角色提供各种虚拟物品、服饰或装备。道具需要与游戏的世界观相符，它是增强玩家能力，改变游戏机制使玩家获得游戏优势或推进游戏发展的关键。

游戏道具的设计涉及多个方面，包括道具的功能、外观、使用方式、获取途径等。设计师需要确定道具的效果和影响，以及它们在游戏中的定位和重要性。道具的视觉设计也很关键，它应该与游戏的风格和主题相符，并能够清晰地展现其功能和属性。如图2-19所示，《无主之地》中的突击步枪装备设计，就与游戏的“废土科幻”风格非常匹配。

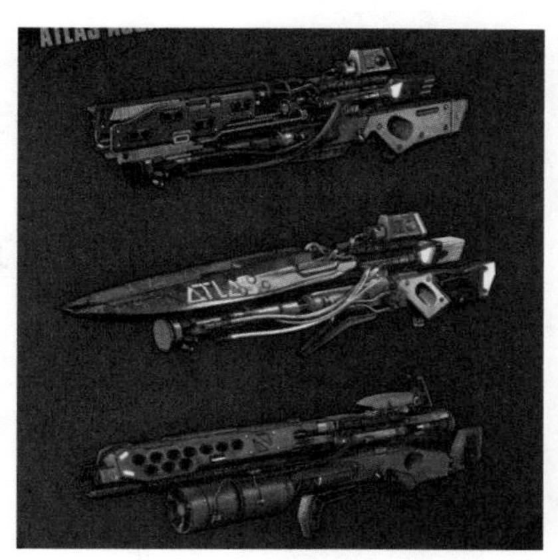

图2-19

2.3.3 游戏场景和道具设计的特点

游戏场景和道具设计可以增强游戏的乐趣和可玩性。好的游戏场景和道具设计能够为玩家带来更好的游戏交互体验，所以其设计目标是提供大量有趣、多样化的场景和道具，增强游戏的深度和挑战性，缓解重复操作带来的游玩疲劳感。

在游戏道具设计中，平衡性是一个重要的考量因素，道具的能力和效果应该被精心设计，以确保游戏的公平性和可持续性。此外，部分道具还需要具有稀缺性，以激发玩家的游玩动力。稀缺的道具往往拥有非常夸张的外观。例如，《魔兽世界》中早期的橙色品质武器“埃辛诺斯战刃”，因其夸张的外观，曾经是很多玩家梦寐以求的终极装备，如图2–20所示。

图 2–20

游戏场景和道具设计还应考虑游戏的核心玩法、目标受众、平台需求等因素。例如，手机游戏由于屏幕较小，在设计时要考虑如何让玩家在游玩过程中快速准确地识别场景中出现的道具。例如，《植物大战僵尸》中的阳光道具下落时，玩家能够非常迅速地识别获取，如图2–21所示。

图 2–21

2.3.4 游戏场景与现实场景的区别

游戏场景与现实场景之间主要存在以下区别。

1. 虚拟性

现实场景是现实生活中的物理环境，物体行为符合基本的物理定律。游戏场景则是基于游戏设定打造的虚拟世界，其中的物体、角色和事件通常是经过设计和编程创建的，制作者可以自由地创造和改变各种物体，允许玩家上天入地，所以游戏场景通常显得十分精彩、夸张和具有表现力。如图2–22所示，《生化奇兵》中的天空城充满了浪漫感和想象力。

图2–22

2. 限制和规则

游戏场景通常需要设计者设定限制和规则，玩家只能按照游戏的规则进行操作和交互。例如，游戏中存在的很多障碍物和“空气墙”，就是在算力、成本和资源有限的情况下，为限制玩家的活动范围，控制游戏地图制作成本而制作的。如图2–23所示，2D冒险游戏《死亡细胞》利用石墙的设计和室内室外的场景差异，巧妙地限制了玩家的活动范围。

图2–23

而在现实场景中，人们通常有更大的自由度和灵活性，可以根据自己的意愿来行动。

3. 目的和意义

现实场景是人们日常生活的一部分，人们需要在其中工作、社交、学习等，所以具有更强的社会属性。游戏场景的制作有明确的意图，旨在提供视觉效果和增强互动。例如，关卡地图设计中，为了保证游戏体验的连贯性，游戏设计者通常会采用“传送点”这种现实中并不存在的建筑，实现跨区域快速转换角色位置，使玩家不需要费力地从当前位置移动到遥远的目的地，从而持续享受游戏乐趣并顺利过渡到下一环节。

尽管游戏场景和现实场景之间存在这些区别，但随着VR、AR等新兴技术的发展和应用，游戏场景和现实场景之间的界限逐渐模糊。VR、AR技术可以提供更逼真和沉浸式的游戏体验，让玩家仿佛置身于现实场景中。同时，现实场景中的元素也可以被引入游戏场景中，创造出更真实、互动性更强的游戏世界。

2.3.5 游戏和影视动漫中的场景和道具设计有什么区别

游戏和影视动漫中的场景和道具设计的区别主要包括以下几方面。

（1）互动性与观感：游戏以玩家为中心，因此游戏中的场景和道具设计需要考虑玩家的操作和互动，具有一定的实用性。这意味着道具需要被设计成可以被玩家使用、交互和操控的形式。影视动漫作品中的场景和道具则更多地作为背景元素，用于提升观感和呈现故事，并不直接参与互动。例如，如图2-24所示，上方《爱，死亡和机器人》中的场景可以只注重当下这个镜头的表现力，至于是否严谨则显得不那么重要；下方《死亡搁浅》中的场景要考虑玩家的参与状况，并在设计时进行更加精细的推敲和打磨，避免因设计不严谨影响游戏体验。

图2-24

（2）功能性与视觉吸引力：在游戏中，道具的设计需要强调其功能性，即道具在游戏中的特定作用和效果。道具应该能够为玩家提供实际的帮助或改变游戏机制。在影视动漫中，道具的设计则更注重视觉上的吸引力和故事表达，使观众能够更好地理解情节。

（3）逼真度：在游戏中，道具通常需要更高的逼真度，以增强玩家的沉浸感。如图2–25所示的箱子设计，在打磨外观的同时也考虑了功能性，有很高的逼真度。在影视动漫中，道具的逼真度可以根据剧情需要和艺术风格进行调整，主要服务于镜头语言。

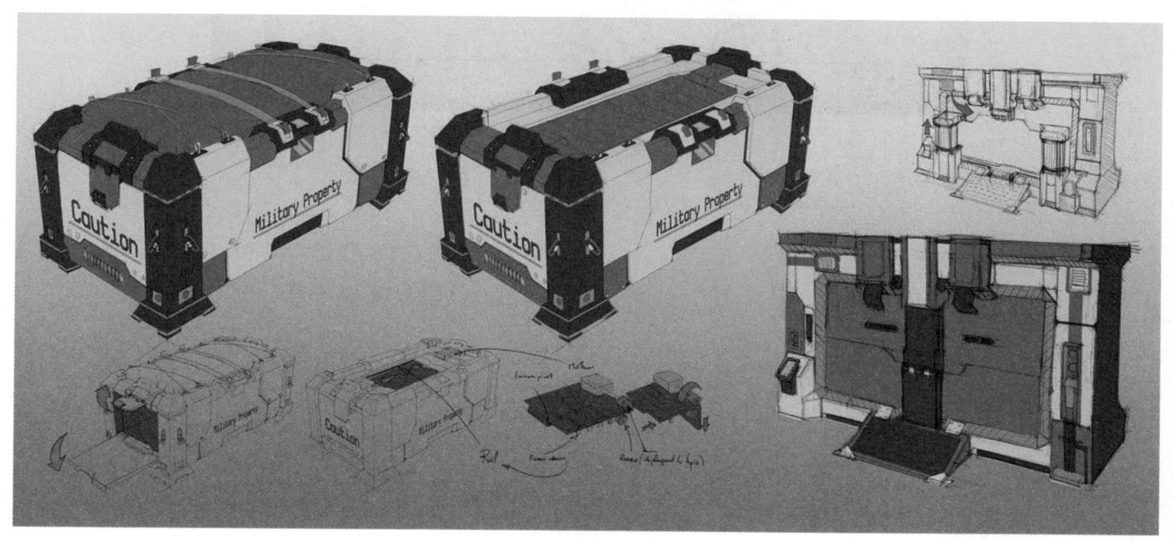

图2–25

（4）技术限制与创意自由度：在游戏开发中，场景和道具设计需要考虑到技术限制、目标受众主流机型，如游戏引擎的性能和资源消耗等。如图2–26所示，在早期的《生化危机》中，为了避免游戏性能开销过大，开发者通常先将3D场景建模渲染成高清2D图片，然后将其放进游戏场景中，再借助摄像机来匹配视角，使画面呈现出3D效果。

图2–26

机能限制会对游戏场景和道具的细节、多样性和复杂度产生负面影响。在影视动漫制作中，画面通常只作为渲染输出结果呈现，因此设计时具有更大的发挥空间。如图2–27所示，《爱，死亡和机器人》中的画面更加注重质感和艺术表现效果。这就是游戏过场动画所呈现的画面效果往往远胜于实际游戏时的画面效果的原因。

图 2-27

总的来说，游戏和影视动漫中的场景和道具设计，虽然有各自的特点，但也存在一些共同点，如都需要遵循艺术表达的基本原理，都需要考虑故事情节、角色特点和整体作品风格等因素。好的场景和道具设计应该能够更好地适应其所服务的媒介形式，为受众提供丰富、有吸引力的体验。

2.4 游戏特效设计

游戏特效可以增强玩家的视觉体验、沉浸感，提升游戏的互动性和战斗体验，为游戏创造更加丰富、有趣和具有冲击力的游戏内容。

2.4.1 什么是游戏特效

游戏特效是指游戏中的特殊视觉效果，如技能光效、环境效果等，可以增强游戏画面表现力和沉浸感。游戏特效通过计算机图形编程和动画效果来实现，可以在游戏中呈现各种视觉上的效果。游戏特效按类型主要分为以下几种。

（1）粒子效果：如火焰、爆炸、烟雾、水流等，可以使玩家感受到逼真的物质流动和变化。

（2）光影效果：可以通过对光源和阴影的处理，创造出各种照明效果和氛围，如动态的光照变化、投射的实时阴影和反射效果等。该类特效可以使场景变得更加逼真，增加游戏世界的深度和细节。

（3）动画特效：也称动效，是一种特殊的游戏特效，专门为游戏角色、生物、道具等赋予生动和流畅的动作。通过使用骨骼动画、变形动画、逐帧动画等技术，可以创造出逼真的角色动作表现。

（4）材质特效：通过改变游戏对象的表面纹理、颜色和形状，创造各种视觉上的效果，如水面波纹、火焰扰动等。

（5）滤镜特效：通过对整个画面或特定区域进行滤镜渲染、色彩调整、模糊等处理，增强画面的特殊美感。

游戏特效非常重要，它不仅可以增强游戏的视觉吸引力，还可以强化游玩反馈和可读性。好的游戏特效能够为玩家带来震撼而饱满的游戏体验。

2.4.2 游戏特效的应用范围

游戏特效在游戏中的应用范围包括以下几方面。

（1）环境和场景：通过使用光影、粒子效果来营造游戏场景的氛围。如图2-28所示，《毁灭战士》中的某个场景通过激光特效暗示玩家接下来要完成一段平台跳跃。

图2-28

（2）游戏角色：可以为游戏中的角色和怪物赋予生动、有冲击力的动作效果。

（3）技能和魔法：可以展示游戏角色的技能和魔法效果，如图2-29所示。

（4）UI界面：用户界面的特效，能提升界面的交互感，如图2-30所示。

图2-29

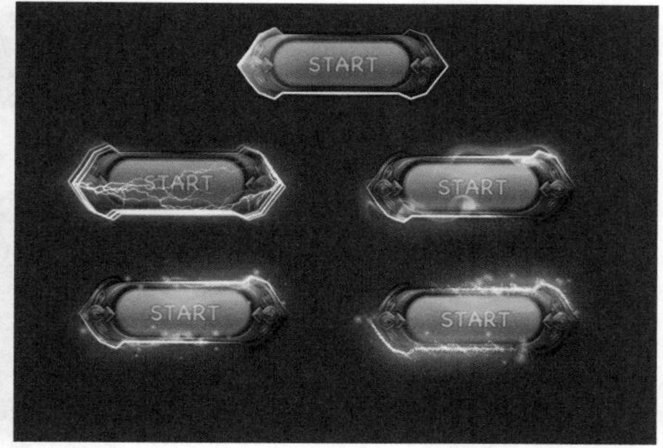

图2-30

2.4.3 游戏特效的设计特点

游戏特效是游戏交互反馈的重点，其设计通常具有以下特点。

（1）视觉冲击力：游戏特效的设计追求视觉上的冲击力和震撼感，需要能够吸引玩家的注意力，创造出令人难以忘怀的场景和效果。通过使用明亮的颜色、对比强烈的元素、快速运动和爆炸等效果，给玩家带来强烈的视觉刺激。比如，很多射击游戏会设计夸张的喷溅效果，给玩家射击反馈。又如，一些游戏会用金币大量爆出的特效来增强玩家获得奖励时的爽快感，如图2-31所示。

（2）可读性和清晰度：游戏特效的设计需要保证可读性和清晰度，以便玩家能够理解其意义和效果。特效应该能够准确地传达信息和指示，不会使玩家感到困惑。通过使用明确的形状、颜色和动画效果，可以提高特效的可读性和清晰度。如图2-32所示，《只狼》中的剑气特效，能够清晰地表现角色的攻击范围，为玩家制定战斗策略提供依据。

图2-31

（3）游戏性和交互性：游戏特效的设计需要考虑其对游戏玩法和机制的影响。特效应该能够提供有意义的反馈和提示，帮助玩家理解游戏规则和状态。同时，特效也可以增强游戏的挑战性和乐趣，通过视觉上的互动，使玩家更加投入游戏。

图2-32

（4）协调性和一致性：游戏特效的设计需要与游戏的整体风格和美学相协调。特效应该与场景、角色和音效等元素保持一致，并符合游戏的主题和氛围。通过统一的风格和视觉语言，特效可以为游戏创造出独特而统一的视觉体验。如图2-33所示，《英雄联盟》中的游戏角色释放技能的特效使用了同一色系和风格，显著增强了角色特征和技能辨识度。

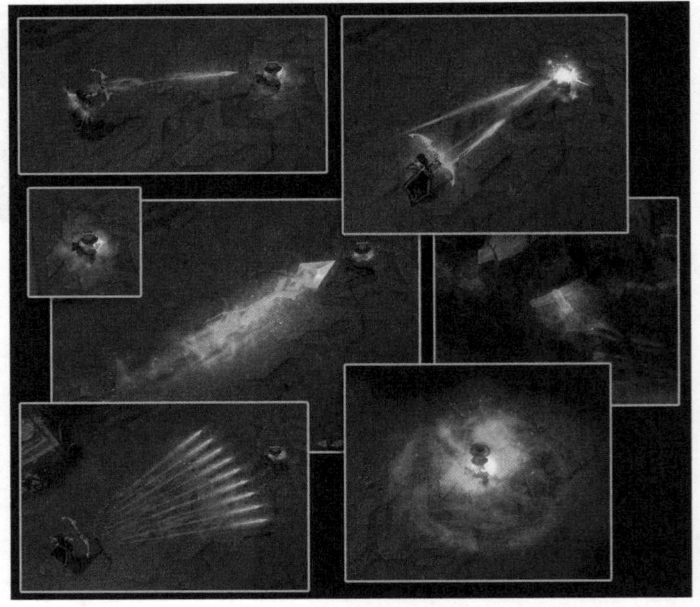

图2-33

综上所述，游戏特效的设计特点包括注重视觉冲击力、可读性和清晰度、游戏性和交互性、协调性和一致性等方面，以提供令人难忘的视觉体验，并与游戏的整体设计和玩法相契合。

2.5 游戏界面设计

为了方便玩家与游戏世界互动，游戏界面设计师需要制作出交互按钮、界面、控制面板等。

2.5.1 什么是游戏界面设计

游戏界面设计是指为游戏开发创建用户界面的过程，旨在让玩家能够轻松地与游戏世界进行互动。如图2-34所示，界面中有各种元素，如按钮、菜单、图标、文本框、滑块等，可用于导航、控制和显示游戏内容。

图2-34

在游戏界面设计过程中，需要考虑游戏画面的布局和组织方式，界面元素应该被合理地排列和分组，使其易于被玩家找到和操作，通过良好的布局和组织，减少玩家的上手成本，提高交互效率。好的游戏界面设计有助于提升游戏的可玩性和用户体验。

2.5.2 游戏界面设计的目的

游戏界面设计的目的之一是提供一个直观、易于理解和交互的界面，以增强玩家的游戏体验并帮助他们更好地了解游戏规则和享受游戏内容。

一方面，游戏界面设计要确保界面的可用性，使玩家能够轻松地找到和使用所需的功能。界面应该清晰明了，元素布局合理，按钮位置符合玩家的习惯。良好的游戏界面设计能让玩家迅速熟悉游戏操作，享受游戏，并做出正确的决策。

另一方面，游戏界面设计还要服务于游戏厂商的利益。如图2-35所示，在很多养成类的手机游戏中，为了鼓励玩家消费，一些厂商会让设计师将抽卡按钮放置在玩家持握手机的拇指位置附近，并加入“十连抽”甚至“五十连抽”等按钮，以避免大量重复操作导致玩家感到枯燥、麻烦。

图2-35

所以游戏界面设计的核心目的是使玩家更加投入游戏并提升玩家的消费意愿。

2.5.3 游戏界面设计的特点

游戏界面设计通常有以下几个特点。

（1）一致性：游戏的界面应与游戏的整体风格和主题一致。不同界面元素的颜色、文化元素、字体等都应与游戏的风格匹配。如图2-36所示，《死亡空间》的游戏界面设计使用了非常能够凸显未来感的科幻元素。

图2-36

（2）明确性：游戏界面设计需要确保信息清晰可读。例如，各种界面交互元素（如按钮、菜单等）足够醒目，简洁明了，布局合理，易于点击。

（3）反馈感：游戏界面设计应提供丰富的反馈，确保玩家清楚地知道自己正在进行的交互动作。

（4）美感：游戏界面设计还追求美学和情感上的满足，通过使用合适的色彩、图案、字体和图像等元素，来创造出独特的风格和氛围，图2-37所示为《灵魂摆渡者》的游戏界面。

图2-37

综上所述，游戏界面设计的特点包括一致性、明确性、反馈感、美感，这些特点共同构成了一个成功的游戏界面，能够提供给玩家良好的用户体验和互动感。

第3章

新时代的数字生成工具：AIGC

● 本章导读

在第二章中我们了解了游戏美术的创作内容。在本章中，我们将学习AIGC工具的基本概念、工作原理、应用等。

AIGC工具虽然使用方便，但要有效应用它，还需要了解数据、模型、算法等相关概念。了解原理知识，是加深对AIGC工具认知的前提。此外，我们也要看到AIGC工具可能对设计行业带来的挑战，它代表了时代的发展趋势，我们需要做的就是及时调整自己的心态，并利用好这一强大的工具。

通过学习本章内容，读者可以对AIGC工具的工作原理和应用形成一个大致的认知，为后续使用AIGC工具做好理论上的知识储备。

3.1 AIGC的发展与工作原理

随着科技的发展，AI技术逐渐成为计算机科学发展的主要方向。AIGC则是AI技术实现落地的应用方向之一，也是当下一种备受欢迎的内容创作方式。它继承了专业生产内容（PGC，Professional Generated Content）和用户生成内容（UGC，User Generated Content）的优点，并充分发挥技术优势，打造了全新的数字内容生成与交互形态，在创作领域引起了广泛讨论。本小节将介绍AIGC的相关概念，并探讨AIGC技术的应用价值。

3.1.1 AIGC是什么

AIGC是基于生成对抗网络、大型预训练模型等技术，通过对已有数据信息进行学习和识别，再结合适当的通用形式来生成相关数字内容的一种人工智能应用技术。

简单来说，AIGC技术的核心作用就是利用人工智能技术生成符合人类预期，具有价值和质量的内容。通过训练模型和对大量数据的学习，AIGC工具可以根据人类输入的提示词（Prompt）或参考样本，借助计算机算法网络，生成相应的文字、图像、音频、视频等内容。

如图3-1所示，近年来，随着AI技术的不断发展，一些热门的AIGC模型、产品也逐渐崭露头角。

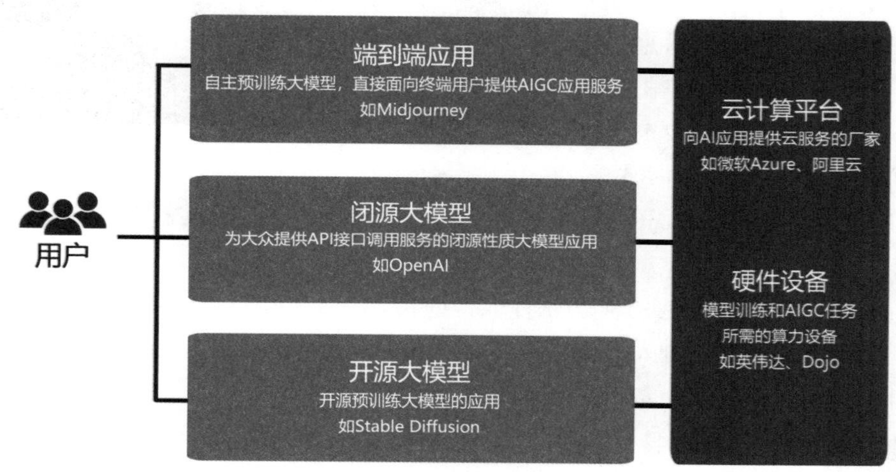

图3-1

3.1.2 AIGC的发展历史

AIGC的发展可大致分为三个阶段：萌芽阶段、沉淀阶段和快速发展阶段。

1. 萌芽阶段

说到AI，就不得不提到被誉为计算机科学之父的艾伦·麦席森·图灵（Alan Mathison Turing）。1950年，他在《思维》杂志上发表了著名论文《计算机器与智能》（*Computing Machinery and Intelligence*），提出一个有趣的问题——机器能思考吗，并预言了创造出具有真正智能的机器的可能性。然而直到1956年夏季，约翰·麦卡锡（John McCarthy）等符号主义学者才在达特茅斯会议上正式提出人工智能这一术语，人工智能作为一门新学科正式登上舞台，如图3-2所示。

图3-2

处于萌芽阶段的AIGC虽然也掀起过一阵投资热潮，但由于受到计算机技术及硬件等诸多因素的限制，其研发进展相当缓慢，仅产出了一些小规模的实验成果。例如，1957年，第一部计算机创作的音乐作品《依利亚克组曲》（*Illiac Suite*）问世。

2. 沉淀阶段

20世纪90年代中期，由于AI技术长时间且高成本的研发投入，加之商业转化困难，使得投资热潮逐渐褪去，缺乏资本投入的AIGC没有取得更大的成就。AI研究也开始从实验性质转向实际应用，并开始在一些领域崭露头角。1997年5月11日，“深蓝”超级计算机对战棋王加里·卡斯帕罗夫（Garry Kasparov），最终以3.5:2.5的比分获胜，如图3-3所示。卡斯帕罗夫曾11次获得国际象棋奥斯卡奖，是国际象棋史上的奇才，被誉为“棋坛巨无霸”，所以AI获胜的消息一经传出便轰动全球。

图3-3

此后直到2006年左右，深度学习算法才取得进展，GPU和CPU等计算硬件设备也加速发展，加之互联网的迅速普及，为各种人工智能算法训练提供了海量数据。2007年，世界上第一部完全由人工智能创作的小说《路》（*The Road*）问世。

3. 快速发展阶段

2014年，生成式对抗网络的提出及迭代更新，推动了AIGC的发展。2012年，微软展示了一个全自动同声传译系统，该系统基于深度神经网络，能自动将英文语音内容通过语音识别等技术生成为中文语音。2017年，微软推出了世界上第一本人工智能创作的诗集《阳光失了玻璃窗》，如图3-4所示。2018年，NVIDIA发布了图像生成模型StyleGAN。2019年，DeepMind发布了视频生成模型DVD-GAN。2021年，OpenAI推出了文本生成图像工具DALL-E及其迭代版本DALL-E 2。2022年，我们熟知的ChatGPT 3.5发布，AIGC再次成为全球讨论的热门话题。但与以往不同的是，如今计算机软硬件、互联网技术的飞速发展及海量的数据信息，使AIGC彻底告别了曾经受限于各种瓶颈的旧时代。

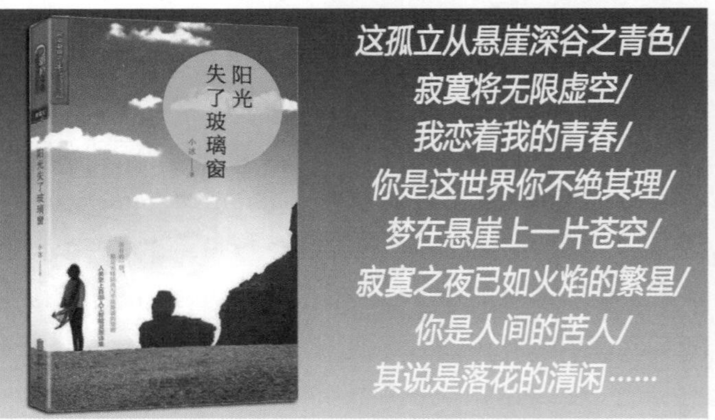

图3-4

3.1.3 AIGC的工作原理

AIGC的原理涉及机器学习、计算机视觉、自然语言处理、优化算法等，下面对这几个概念进行简要介绍。

1. 机器学习

人工智能的一个宏大愿景，是让机器能像人类一样思考和行动，要做到这一点就必须让机器懂得如何学习，而机器学习技术就是实现人工智能的重要手段之一。

机器学习是一种通过给计算机提供大量数据来训练模型，逐渐实现计算机自主学习和智能决策的方法。机器学习主要设计分析一些让计算机能够自主学习的算法，使计算机能从已有数据中自动分析获取规则，再利用这些规则预测未知数据，如图3-5所示。

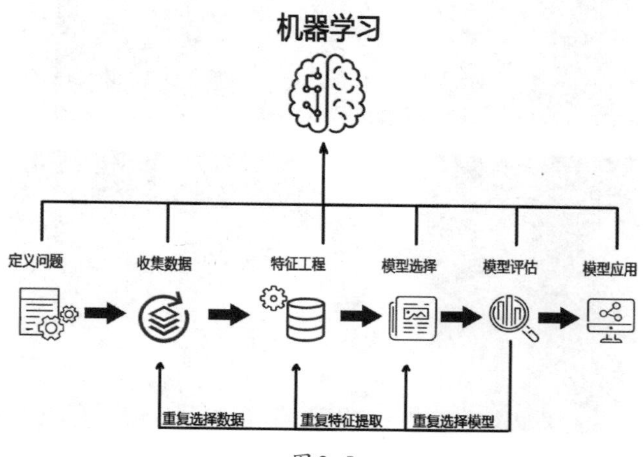

图3-5

也就是说，如果完全实现这一点，未来的计算机很可能无须人为干预，即可独立进行学习和执行特定任务。机器学习在更新迭代方面很重要，因为当模型接触新数据时，它们能够独立进行适应，不断从以前的数据中学习，得出可靠、有逻辑的决策。

从技术层面来说，此理论的核心是设计可实现的、有效的学习算法（防止误差积累）。在游戏领域中，机器学习可以用于创建智能代理，如游戏中的NPC（非玩家控制角色），使它们根据不同的环境或玩家的行为，自主做出回应或行动，而不需要编程人员编写响应程序。

2. 计算机视觉

人类从外界获取的信息中有80%以上来自视觉，如果要让计算机学会与现实世界正确互动，那么就同样需要一套对图像信息进行判断和理解的视觉采集分析系统，也就是计算机视觉。

计算机视觉是指用摄像头和计算机等代替人眼对目标进行识别、检测、跟踪和测量等，并进一步做图形处理。该技术在制造、安检、图像检索等领域有着广泛的应用。如图3-6所示，可识别行人的AI程序对于未来发展无人驾驶具有重要意义。

图3-6

计算机视觉主要的技术实现手法包括

特征提取、图像分类、目标检测和语义分割。如图3-7所示，计算机视觉通过语义分割，把左侧由摄像机捕获的视频信息，转化为右侧借助色块标注的语义分割图形，来识别画面中的道路、车辆、植被和建筑物等信息，为之后的AI决策制定提供参考依据。

图3-7

总的来说，计算机视觉可以让计算机理解视觉信息。在AIGC领域中，它可以用于VR、AR，以及游戏中的自适应图形和对玩家的行为进行跟踪和分析。

3. 自然语言处理

自然语言处理同样是一项重要的AIGC技术。AIGC工具中常用的提示词正是使用了自然语言来指导AI模型完成特定任务。所谓“自然语言”就是人类交流时所用的语言，它是一个与“计算机语言”相对的概念。从计算机的底层运行原理来看，由于它只能识别0和1两种数据，如果人类也使用计算机二进制语言进行操作，将会面临极大的学习困难。因此计算机工程师开发出了方便人类使用的编程语言，如C语言、Java等，将信息转换成0和1这种计算机能够识别的数据，简单地说就是用计算机和人类都能够读懂的代码，让计算机执行人类的命令。但是这种容易理解的计算机语言依然与我们使用的自然语言有非常大的差异，尤其是对于那些没有学习过编程的计算机使用者来说，学习成本较高。如图3-8所示，这是一段让计算机在屏幕上显示“Hello World!”的代码。对于没有学过编程的人而言，这段代码的语句和书写结构可能非常难以理解，并且不同编程语言的书写方式还存在差异，而代码一旦出错，便会报错或无法执行，从而大大增加了人机沟通成本。

自然语言的沟通方式则是通过向计算机直接传达指令，如“在屏幕上显示Hello World!”，再由计算机识别后完成自主编码，并转译为计算机可识别的数据来实现程序逻辑，整个流程如图3-9所示。

```
#include<stdio.h>
int main(void)
{
        printf("Hello World!\n");
        return 0;
}
```

图 3-8

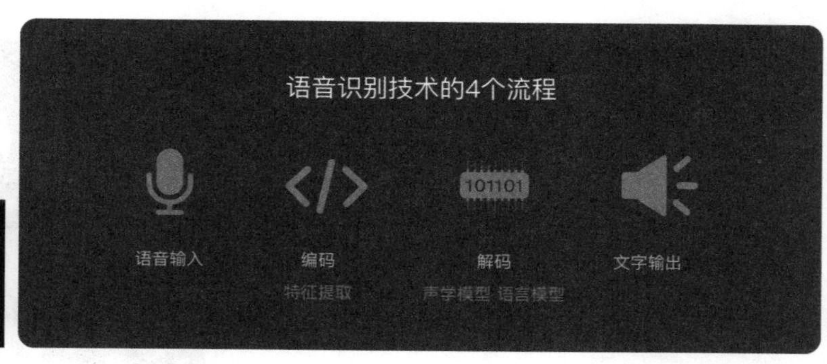

图 3-9

计算机语言和自然语言之间存在明显的区别，相信在不久的将来，随着自然语言处理技术的不断进步，这道沟通的门槛会大幅降低，甚至彻底消除。

总的来说，自然语言处理技术可使计算机理解和生成人类的自然语言，真正实现人机沟通。在游戏应用场景中，自然语言处理可用于游戏中的对话系统、自动生成任务和剧情等方面，以及对玩家输入的语言进行分析和处理。自然语言处理的主要方法包括语音识别、文本分类、情感分析和文本生成。

4. 优化算法

优化算法是指对算法的相关性能进行优化，如时间复杂度、空间复杂度 、正确性、健壮性。它可以使计算机自动优化策略和行动，从而提高程序系统和计算系统的效率和性能。

在AIGC中，优化算法可以用于解决强化学习中的选择性（探索）与关联性（利用）等问题，以及在数据分析和决策中进行优化和搜索。优化算法主要包括遗传算法、粒子群算法、蚁群算法和模拟退火算法。

3.2 AIGC的应用及工具介绍

近年来，随着深度学习模型不断迭代，AIGC取得了突破性进展。尤其是在2023年，算法迎来井喷式发展，底层技术的突破使得AIGC商业落地成为可能。一些热门的AIGC模型、产品及应用也逐渐崭露头角，下面我们简单罗列一二。

3.2.1 棋类人工智能AlphaGo

AlphaGo是由DeepMind公司开发的棋类人工智能程序，它使用了深度学习和强化学习等技术。2016年，AlphaGo击败围棋世界冠军李世石，引起全球关注，如图3-10所示。

此后，AlphaGo的不同版本继续刷新人工智能的历史。2017年，AlphaGo Zero和AlphaGo Master分别以100:0和60:0的比分战胜了之前的AlphaGo版本。同年，AlphaGo Master与围棋世界冠军柯洁进行了三局对决，结果AlphaGo Master以3:0完胜柯洁。2018年，DeepMind公司推出了更先进的AlphaZero程序，它不仅可以下围棋，还可以下国际象棋和国际跳棋，并在自我对弈中超越了所有人类或机器所创造的棋类程序。

图3-10

3.2.2 精通《DOTA 2》的OpenAI Five

《DOTA 2》是全球备受欢迎的多人在线游戏之一，吸引了数以亿计的玩家和职业选手。近年来，人工智能公司OpenAI将《Dota 2》与人工智能结合，研发出了应用在《Dota 2》中的人工智能系统OpenAI Five，从此将该游戏推向了一个全新的高度。OpenAI Five使用了深度学习、强化学习等技术。2019年，它成功战胜世界顶尖的《Dota 2》OG战队，展示了AIGC技术在竞技比赛中的强大能力。OG战队选手在社交媒体上自嘲说："感觉我们再怎么努力也赢不了（AI），只希望他们（AI）将来统治这颗星球时能记住，我们（人类）是个文明而友善的种族。"如图3-11所示。

从只能对战业余玩家，到击败世界冠军，OpenAI Five只用了三年左右的时间。此后，OpenAI Five向公众开放，任何人都可以和它对战或观看它的比赛。此外，OpenAI公司也在不断推出更多基于自然语言生成技术的AIGC产品，如OpenAI Codex和OpenAI DALL-E。OpenAI Codex是一个可以根据自然语言生成代码的程序，它可以帮助开发者快速编写各种应用。DALL-E是一个可以根据自然语言生成图像的程序，它可以创造出各种有趣和奇特的图像。

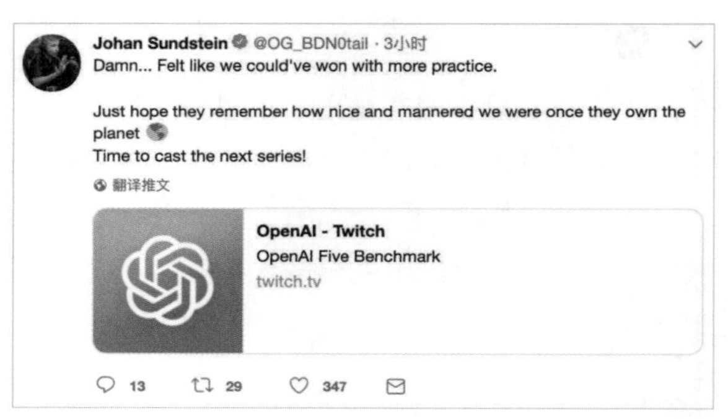

图3-11

3.2.3 "无所不知"的ChatGPT

被誉为人工智能之父的艾伦·麦席森·图灵曾在其划时代的论文《计算机器与智能》中提出了著名的图灵测试：如果一台计算机能够与人类展开对话（通过电传设备）而不能被辨别出其机器身份，那么就表示这台计算机具有智能。

2022年末，OpenAI公司发布了基于自然语言生成技术开发的另一款智能聊天工具ChatGPT 3.5，并在全球迅速引发广泛关注。ChatGPT能聊天，翻译文献，

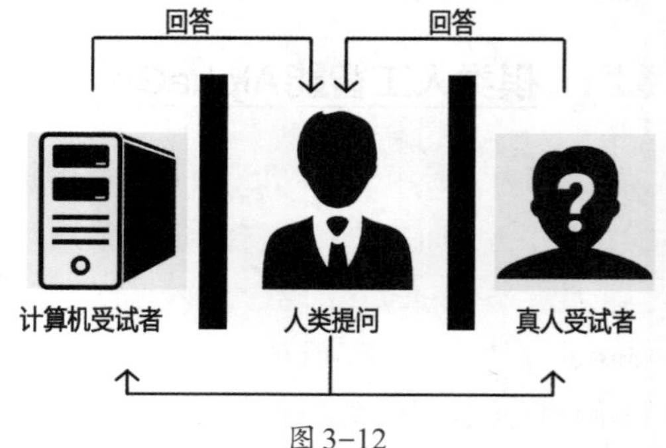

图3-12

写商业文案、小说、代码，创作菜谱，解题，甚至能跟用户进行文字互动游戏等一系列复杂对话。如图3-13所示，ChatGPT根据提问，写出了一段程序代码，并添加了注释。

在和用户交流时ChatGPT还能记住上下文之间的联系，其反应之逼真甚至让一些用户误以为是在与真正的客服人员对话，ChatGPT似乎真的通过了图灵测试。

ChatGPT建立在GPT（Generative Pre-trained Transformer，生成式预训练变换器）模型的基础上，它通过大规模的预训练来学习语言规律和上下文，具备生成文本和理解人类自然语言的能力，是一种对话交互模型。与以往的问答系统或聊天机器人不同的是，ChatGPT能够以对话历史作为输入，根据上下文理解输入，并根据先前的对话内容给出更明智、更连贯的回答。同时，ChatGPT还具备多样性控制的功能，可以生成多样化的回答，而非单一回答，使得回答具有趣味性和创意。如图3-14所示，ChatGPT根据要求，写出了3种不同风格的诗。

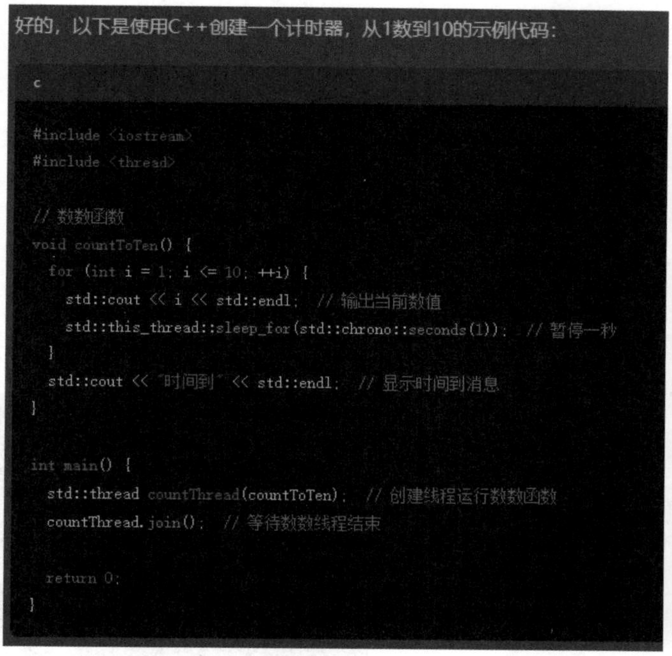

好的，以下是使用C++创建一个计时器，从1数到10的示例代码：

```c
#include <iostream>
#include <thread>

// 数数函数
void countToTen() {
  for (int i = 1; i <= 10; ++i) {
    std::cout << i << std::endl;  // 输出当前数值
    std::this_thread::sleep_for(std::chrono::seconds(1));  // 暂停一秒
  }
  std::cout << "时间到" << std::endl;  // 显示时间到消息
}

int main() {
  std::thread countThread(countToTen);  // 创建线程运行数数函数
  countThread.join();  // 等待数数线程结束

  return 0;
}
```

图3-13

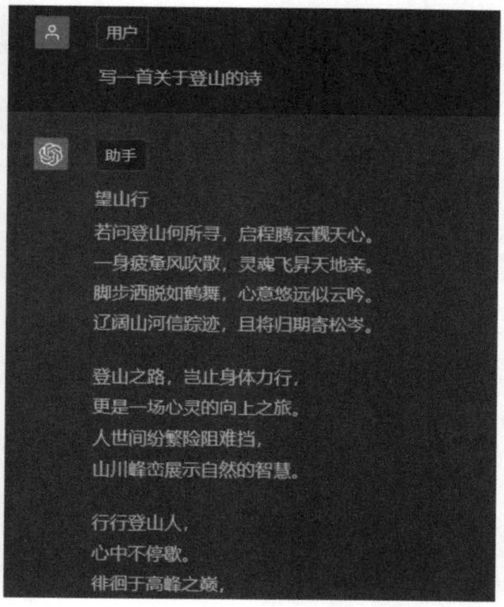

用户

写一首关于登山的诗

助手

望山行

若问登山何所寻，启程腾云观天心。
一身疲惫风吹散，灵魂飞昇天地亲。
脚步洒脱如鹤舞，心意悠远似云吟。
辽阔山河信踪迹，且将归期寄松岑。

登山之路，岂止身体力行，
更是一场心灵的向上之旅。
人世间纷繁险阻难挡，
山川峰峦展示自然的智慧。

行行登山人，
心中不停歌。
徘徊于高峰之巅，

图3-14

3.2.4 语音合成工具

语音合成工具可以将用户输入的文本转换为人声朗读输出。下面将介绍几款比较知名的语音合成工具。

（1）Text-to-Speech：谷歌的文本转语音功能，提供多种语言和声音选项，具有高质量的语音合成效果。

（2）Amazon Polly：亚马逊的语音合成功能，支持多种语言和声音风格，可在应用程序、设备中生成自然流畅的语音。

（3）Microsoft Azure：微软的云计算平台，包含丰富的云服务和工具，其中就提供了语音合成功能，可以将文本转换为自然的语音输出，还提供了各种详细的参数设置以满足不同用户对语音效果的个性化需求，如图3–15所示。

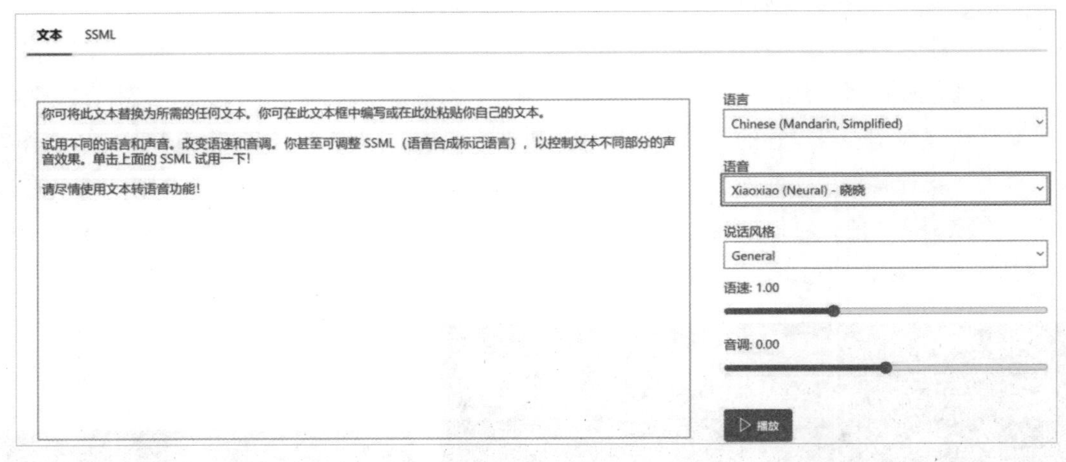

图3–15

这些语音合成工具通常基于深度学习和自然语言处理技术，能够生成自然流畅的语音，具有各种不同的声音和风格选项。它们被广泛应用于语音助手、自动语音交互系统、教育和娱乐等领域。

3.2.5 AI图像的生成

很多科幻电影里都有这样的一幕：主人公对身旁的AI发出一道指令，AI立马生成一个3D影像，并用全息投影的方式呈现在画面中，如图3–16所示。先抛开电影虚构出的炫酷视觉效果不说，这个AI展现出的能力是，人类用语言表达指令，AI理解指令，生成符合要求的图像并展示在人类眼前。这一能力本质上就是利用AI绘画工具根据文本输入生成图像。

图3–16

进入2022年后，各种AI绘画工具如雨后春笋般冒了出来。仅靠文字描述，即便没有任何参考图，AI也能生成相应的图像，而且生成得越来越好。例如，2022年4月，OpenAI发布的新模型DALL–E 2——该名称源于著名画家达利（Dali）和机器人总动员中的机器人角色Wall–E的结合——采用GPT–3的核心技术，利用大规模无监督学习和Transformer神经网络模型，能够同时处理文本和图像信息，理解用户的输入需求，并根据描述生成相应的图像。DALL–E 2还具备很高的生成多样性，能够根据同一个文本描述生成多种不同风格和内容的图像，如图3–17所示。用DALL–E 2生成的图像具有较高的逼真度，细节丰富、色彩鲜艳，甚至很难与真实照片区分开来。

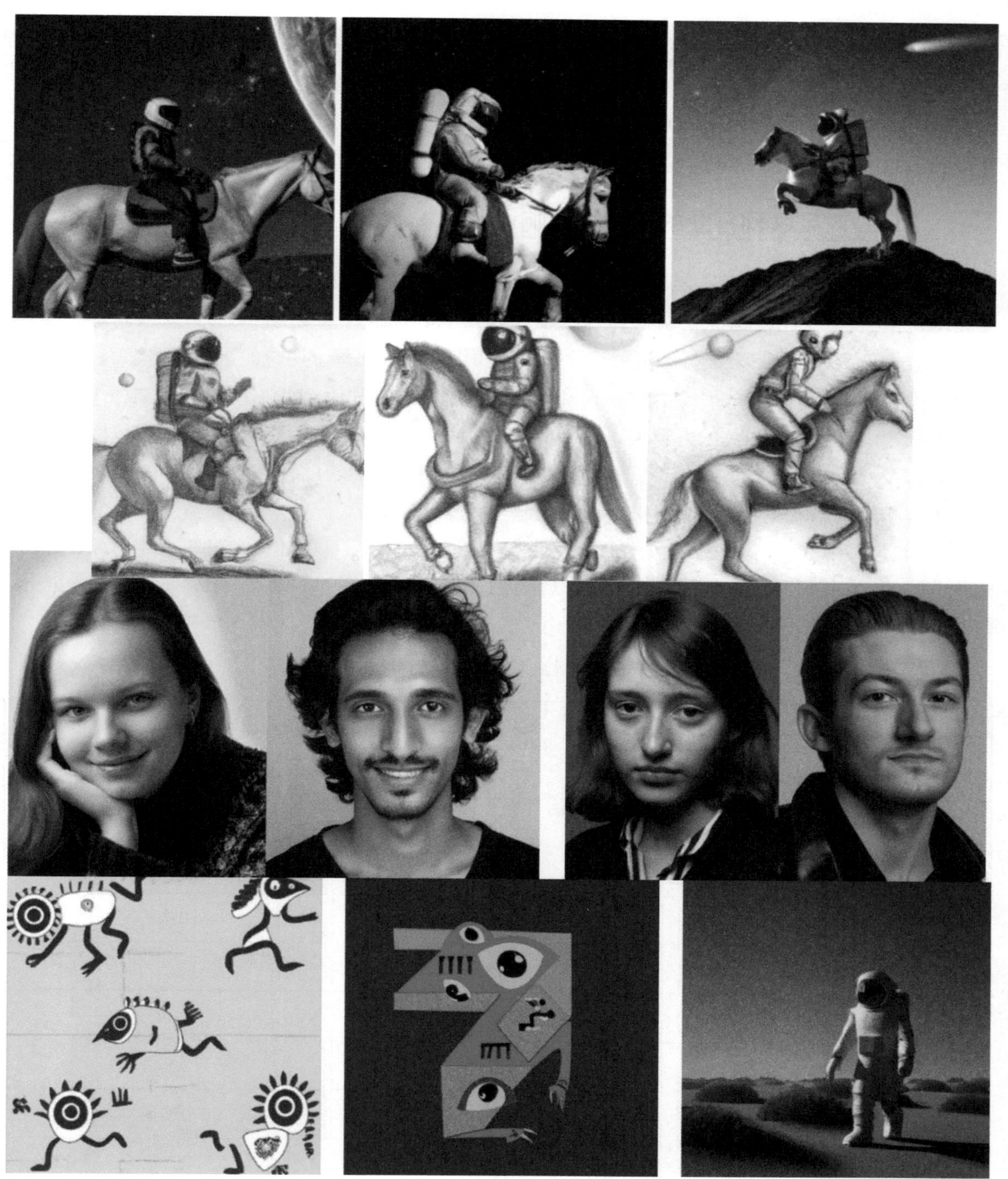

图 3-17

综上所述，AIGC具有巨大的应用潜力，它在未来可能被广泛应用于媒体、电子教育或娱乐等领域，创作者必须了解、学习并掌握AIGC技术以适应时代的发展趋势。

3.3 不同行业为什么要学习AIGC

学习AIGC是为了抓住和应对人工智能时代带来的机遇和挑战，提高工作效率，创造价值，在竞争激烈的市场或职场中取得竞争优势。

3.3.1 AIGC对互联网行业的革命性影响

计算机科学发展对当今社会产生了深远的影响，而人工智能技术又是这个学科中一项前沿的重要技术，影响着互联网行业的方方面面。例如，AIGC可自动执行重复的任务，大幅提高生产效率；互联网公司可利用AIGC来分析海量用户数据，从而更好地了解每个用户的兴趣和需求，并为他们提供个性化的产品和服务；社交媒体平台和在线购物网站可以利用AIGC分析数据，根据用户的兴趣和偏好，向他们推荐相关的内容和商品；在教育领域，AIGC可根据不同学生的学习风格和进度，提供非常个性化的教学内容和反馈，推出个性化学习平台、智能辅助教学工具等；在AIGC技术的支持下，聊天机器人和虚拟助手可以更加智能地与用户进行交互。

AIGC将持续推动互联网行业的发展和创新，为用户带来高质量的体验和服务，因此AIGC的火爆绝非一时的现象，而是会真正改变很多以往的工作模式。如表3-1所示，可以看到，Instagram、Facebook等全球知名网站用户量达到100万用了几个月的时间，Netflix（网飞）甚至用了3.5年。

表3-1　网站用户量与时间参照表

网站名称	推出年份	用户量达到100万所用的时间
Instagram	2010年	2.5个月
Spotify	2008年	5个月
Dropbox	2007年	7个月
Facebook	2004年	10个月
Foursquare	2009年	13个月
X（原Twitter）	2006年	2年
Airbnb	2008年	2.5年
Kickstarter	2009年	2.5年
Netflix	1997年	3.5年

OpenAI旗下的智能聊天工具ChatGPT于2022年11月推出，仅5天用户量就突破了100万。如图3-18所示，从ChatGPT与上述网站用户量达到100万所花费的时间来看，ChatGPT仅用了极短的时间，几乎可以说一夜成名般地完成了这一目标。

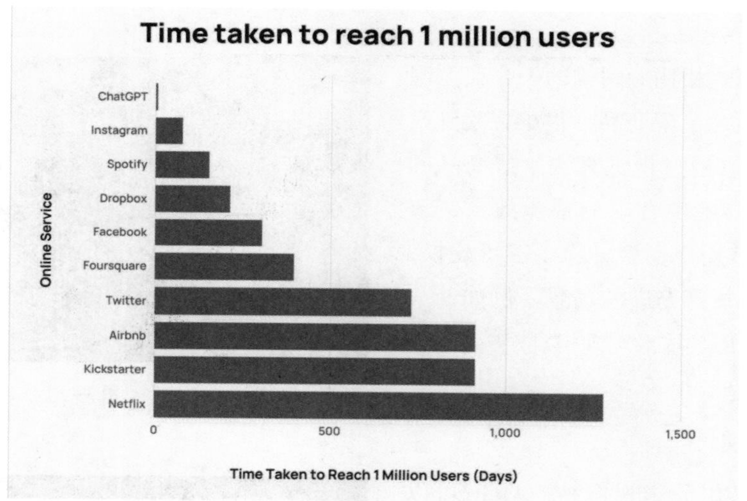

图3-18

截至2024年初，ChatGPT拥有超过1亿个用户，每月约有18亿次访问量。

3.3.2 AIGC行业的发展趋势

随着AIGC技术的不断进步，它将在各个领域持续发挥作用。下面介绍几个应用场景。

1. AIGC+传媒

通过AIGC，传媒工作者可以快速生成高质量的内容，提高内容生产效率，降低制作成本。例如，与美联社、雅虎等国外媒体合作的Automated Insights的写作工具Wordsmith，能够在1分钟内生成2000篇新闻，如图3-19所示。

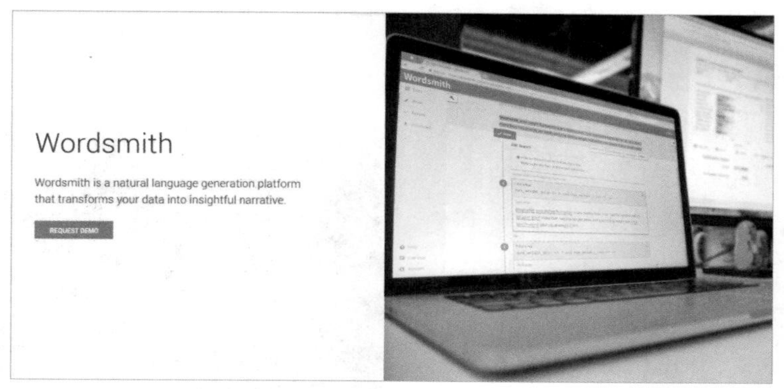

图3-19

除了惊人的速度，AIGC在准确性上也有明显的优势，它可以避免人类因粗心或计算错误产生的问题，在保证质量的同时减轻人类的工作压力。比如，新华社的机器人记者“快笔小新”，具备强大的定稿能力，而且达到了零差错。

2. AIGC+电商

与传统购物模式相比，网购的一个典型问题就是只能通过照片了解商品，很难观察到商品全貌。AIGC可以通过视觉算法生成商品的三维模型，为用户提供直观的视觉效果，节省沟通成本，促进用户消费。除了三维建模，AIGC还能用于一些更先进的场景。例如，一些购物平台利用AIGC技术实现3D数字商品展示，如图3-20所示。

图3-20

3. AIGC+影视

通过学习大量优质影视作品，AIGC可以根据具体需求快速生成不同风格或架构的影视剧本。在大大提高工作效率的同时，AIGC也能激发人类作者的创造力，帮助其产出更有创意的作品。早在2016年，AI本杰明在学习了几十部经典科幻电影剧本和上万段配音之后，成功写出电影剧本《阳春》和一段歌词。该剧本最终被拍摄成一部9分钟的短片，如图3-21所示。虽然这部作品的内容总体来说平淡无奇，但还是在各大视频网站收获了百万播放量，充分证明了外界对AIGC有浓厚兴趣。2020年，GPT-3被用于创作短剧，再次引起广泛关注。

图3-21

通过这些早期的实验，我们可以看到AIGC在脚本创作方面的潜力，但要想真正将其转化为生产力，还需要更加贴近具体的应用场景，做有针对性的训练，并根据实际业务需求开发或定制功能。

4. AIGC+教育

2023年4月，一名英国电影剪辑师使用AI绘图软件制作了一组历史人物的"自拍照"，其中包括法国皇帝拿破仑、"埃及艳后"克利奥帕特拉七世、英国首相丘吉尔等人，如图3-22所示。这一技术引起了一部分人的关注，他们认为，在教育领域中，AIGC或许可以作为一种全新的教学方式。

图3-22

例如，AIGC可以被用于重现古罗马时期的竞技场、角斗士和皇帝，让孩子们感受当时的氛围和文化背景，或者再现文艺复兴时期的伟大画家、雕塑家和建筑师的杰作，让孩子们了解当时的文化和艺术成就，等等。

通过赋能教育，AIGC或许可以推动实现教育的终极理想——因材施教。虽然AI教育目前处于实验阶段，甚至可能会加剧“信息茧房”风险，但总体来看，其前景是值得期待的，因为以人为本的教育始终是我们长期追求的目标。

5. AIGC+医疗

对于医生和患者来说，AIGC的应用和推广都是好消息。例如，利用AIGC进行预诊，既可以减轻医生的工作压力，又能更好地为患者服务。

在精神疾病领域，AIGC也可以参与其中。相较真人对话，聊天机器人作为一个程序，能够保护用户的隐私不被泄露。一些厂商已尝试推出情感治愈AI数字人，通过构建交互式数字化诊疗方案，为患者及时提供情感支持和心理辅导，如图3-23所示。

图3-23

6. AIGC+游戏

AIGC技术的应用能够大幅缩短游戏的研发周期，同时降低游戏的研发成本。

此外，AIGC在剧本创作、角色塑造、道具设计、场景构建和音效制作等各个游戏制作环节的应用，会大大增强各个环节的创新空间，帮助游戏开发者打造出富有创意的游戏内容，改善游戏机制，提升玩家体验，图3-24是使用AIGC制作的游戏场景。

图3-24

3.3.3 AIGC工具对个人职业发展的重要性

AIGC工具已逐渐成为一种重要的生产力。学习和掌握AIGC工具对个人职业发展具有重要作用。

（1）促进创意升级：利用AIGC工具及其他数字工具，可能创造出令人惊叹的作品并提升创作效率。例如，美国一家视频工作室的Corridor Crew团队，巧妙结合虚幻引擎、真人演出和AIGC工具等，仅靠3个人就制作了一部动画短片，如图3-25所示。这部动画短片被上传到视频网站之后，仅3天就揽获了150万播放量和11万好评。

图3-25

（2）职场竞争力：学会使用AIGC工具，可以使个人在职场中脱颖而出，进而获得更多就业机会。

（3）发现新机遇：AIGC技术正成为推动许多行业创新和变革的重要力量，率先使用AIGC工具挖掘有效的商业方案，便有可能发现全新的创业机会。

第4章

AI绘画工具在游戏美术设计中的应用

● 本章导读

前面我们学习了AIGC技术的概念、原理和热门的AIGC应用及工具等内容，本章我们将学习AI绘画工具在游戏美术设计中的应用。

通过学习本章内容，读者可以对AI绘画工具可能给游戏美术设计带来的变革有所了解，并对其落地应用的方向形成初步的认知。

4.1 AI绘画工具辅助游戏美术设计的优势

AI绘画工具在游戏开发中的应用是大势所趋，拥有以下显著优势。

4.1.1 高效的开发

游戏美术设计主要涉及角色、场景、道具图标、UI界面等二维图像的设计。在传统的游戏开发流程中，制作一个游戏角色的二维原画，需要经过草图起稿、色彩搭配、深入刻画等多个环节，每个环节都要经过反复审核，设计师往往需要投入数天时间才能交付一两个可行的方案，如图4-1所示。

在AI绘画工具的加持下，设计师可能仅需数小时就可以得到很多富有创意的设计方案，从而极大地缩短游戏美术产品的生产周期。

图4-1

4.1.2 节省开发成本

1. 人才成本

由于游戏行业发展迅速、游戏玩法不断变化和市场竞争加剧，一名游戏美术师通常需要经过5～10年的专业积累才能达到行业顶尖水平。他们是各大厂商竞相争夺的稀缺人才资源，基本被大型游戏厂商垄断。

AI绘画工具的应用有望打破这种人才资源不平衡的局面，帮助小型游戏厂商大幅提高美术设计水平。

2. 时间成本

在游戏开发中，时间成本在一定程度上等同于资金成本，合理控制时间成本，对游戏的最终市场表现具有重要影响。此外，由于游戏玩家不断变化，游戏开发技术迅速迭代，游戏产品开发还要追求时效性。

4.1.3 符合工业化需求

游戏作为一种商业产品天然带有工业化特征，在保障产品质量的同时，还要注重产出率，才符合追求效率最大化的工业化需求。因此，利用新技术来解决数量庞大、烦琐，且有一定规律可循的生产工作是非常有必要的，而AI绘画工具正好能够解决这部分工作。

AI绘画工具方便灵活，能辅助设计师创造非凡的美术内容，且成本优势明显。

4.2 主流 AI绘画工具介绍

当前市场上的AI绘画工具有很多，如Stable Diffusion，Midjourney、DALL-E 2、NovelAI、NVIDIA Canvas等。这里我们主要介绍两款主流的AI绘画工具：Stable Diffusion和Midjourney。

4.2.1 功能强大的 Stable Diffusion

Stable Diffusion是一种用文本生成图像的AI绘画工具，属于扩散模型。扩散模型是一种生成模型，它能够生成与其训练数据相似的新数据。所以对于Stable Diffusion来说，数据就是图像，给它一个文本提示词，便能得到与文本匹配的图像。扩散模型的工作原理是通过“高斯噪声”来“破坏”训练数据，然后计算机通过AI算法清除噪声、重组数据，最终生成一幅图像。

Stable Diffusion通过市面上的消费级显卡便能够实现图像生成功能，且完全免费开源，所有代码均在开源社区GitHub上公开，任何人都可以复制后使用或加工，因此代码在开源社区公开不久之后便有爱好者将其发展为网页版本地端程序“Stable Diffusion Web UI”，如图4–2所示。

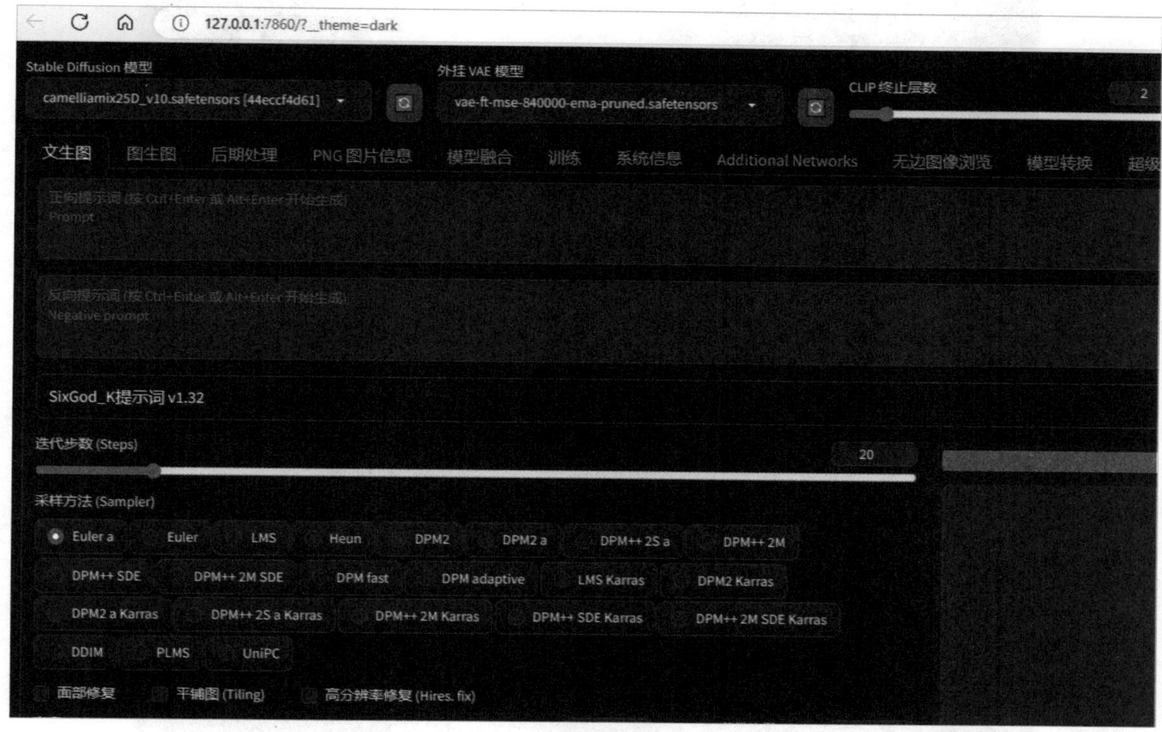

图4–2

Stable Diffusion Web UI利用 Gradio 模块搭建出交互程序，可以在低代码 GUI 中方便地使用Stable Diffusion。

4.2.2 简单灵活的Midjourney

2022年8月，在美国科罗拉多州博览会上，一幅名为《太空歌剧院》的AI绘画作品引起了轰动，因为它获得了数字艺术类竞赛的一等奖，如图4–3所示。

获奖者杰森・M. 艾伦（Jason M. Allen）没有绘画基础，他借用一款名为Midjourney的AI绘画工具完成了该作品。虽然不少美术从业者对其作品提出了质疑，但是也使得Midjourney的强大创作能力展现在公众眼前。

Midjourney是由Midjourney研究实验室开发的AI绘画工具。它搭载在游戏应用社区Discord中运行，能根据用户输入的指令来生成各种风格迥异的数字图像作品，如图4-4所示。

图4-3

图4-4

Midjourney和DALL-E都是使用机器学习和深度学习技术来生成图像。Midjourney可以模仿不同的绘画风格，并生成与该风格类似的作品，还具有非常友好的交互系统，用户只需向机器人助手输入提示词即可，几乎不需要掌握任何编程知识，上手非常容易。Midjourney拥有非常广泛的应用场景，如海报设计、动画制作、建筑设计等。

4.2.3 Stable Diffusion和Midjourney的区别

Stable Diffusion和Midjourney在生成效果、上手难度上存在较大的差异，下面对它们进行简单的介绍，以便我们在使用前对它们有一个大致的了解。

1. Stable Diffusion的特点

（1）生成效果。

- 图像生成内容较统一：Stable Diffusion在图像生成效果上主要依赖当前所加载的大模型品质、VAE类型和LoRA风格（其中主要依赖ckpt模型），所以生成的图像内容比较可控，但同时也受限于模型中的数据，同一模型下生成的内容风格比较单一。
- 出图质量差距大：Stable Diffusion既可能生成完全无法使用的图像，也可能生成出乎意料的亮眼之作，需要经过反复尝试才能得到可用且美观的图像内容。

（2）上手难度。

- 使用难度较高：Stable Diffusion Web UI的运行界面中有许多设置和可选项，如提示词、尺寸大小、重绘幅度、采样方式、放大算法及模型训练等，它们都会影响出图效果。每一项都需要经过学习才能了解其用法，学习门槛相对较高。
- 对硬件要求较高：必须配备独立显卡，通常需要8G以上显存，否则出图的尺寸会极大受限，产出时间也会大幅延长。虽然也可使用纯CPU，但是速度非常慢。
- 本地安装和系统环境需求复杂：系统环境搭建比较麻烦，需要从GitHub上按规定的方式下载很多文件，且插件应用较多，部分应用还涉及环境变量改写。一些技术爱好者将这一复杂的过程整合成了“傻瓜式”安装包，让本地安装变得容易了许多，但总体而言还是相对复杂。

（3）优势。

- 免费使用：开源，可完全在本地运行，运行全程无须联网，数据仅存在本地，配备合适的电脑硬件即可无限次使用。
- 可以训练模型：能打造专属于个人的模型库，让AI按照训练数据生成特定风格的内容。
- 可控性强：由于Stable Diffusion开源的特性，全球各地的爱好者为其贡献了很多插件和模型，这些功能使得图像的细节调控变得极为个性化。

2. Midjourney的特点

（1）生成效果。

- 出图质量较好：生成的图像质量普遍较高且非常稳定，即便是新手也能轻松创作出精美的图像。
- 模型切换非常高效：不同于Stable Diffusion每次转换生成图像风格时需要切换不同的大模型，Midjourney的图像模型是整合在服务器端的，只需输入参数或调整设置即可进行模型切换，也可通过输入不同的提示词（如作者姓名、美术风格类型等）来得到不同风格的图像。
- 可控性较差：Midjourney简单易用的特点使其牺牲了很多细节参数设置和调整功能。比如，它没有插件系统，不能像Stable Diffusion一样搭配使用各种LoRA，所以无法产出混搭风格的图像，在需要对图像内容进行精准微调时不如Stable Diffusion好用，并且无法自己制作模型，只能使用官方提供的。

（2）上手难度。

- 几乎没有学习成本：界面极简，操作方便，只需输入提示词，即便不进行参数设置也可以生成主题明确、构图符合大众审美的亮眼图像。
- 没有电脑硬件要求，不需要进行本地部署：Midjourney通过访问其网站或下载Discord使用，所以对本地硬件性能没有任何要求，并且无须进行本地系统环境的搭建和安装部署。

（3）优势。

- 出图质量好且稳定：参数设置对图像生成质量影响较小。
- 简单易学：只需输入提示词即可生成图像，命令参数也较少，学习成本极低。
- 线上使用：没有烦琐的本地搭建安装过程，既不占用计算机硬盘空间又无须高性能硬件支撑，非常适合移动办公和非美术领域的工作者使用。

总的来说，Stable Diffusion能够离线在本地运行，免费开源，但对硬件配置要求高且操作复杂，所以有一定的使用门槛，熟练运用后能够生成品质很高的图像，核心亮点是可以训练自己独特的模型数据，模型训练有一定学习成本，其中涉及很多参数调整和素材，非常复杂，但是熟悉这个过程以后得到的模型数据会成为用户个人的专属美术资产。

Midjourney则可通过登录官网直接使用，没有计算机硬件方面的要求，出图快，使用门槛低，即使是新手也能快速掌握。但它对图像的可控性不足，需付费使用，也不能使用自己训练的模型数据。

总的来说，Stable Diffusion的优势在于精准控制图像生成，但成本相对较高；Midjourney的优势则在于操作简单，生成的图像品质稳定，但其可控性弱于Stable Diffusion，将二者交替使用也许能产生意想不到的效果。建议专业美术工作者同时学习这两款AI绘画工具，非美术领域的工作者只需学习Midjourney即可。

4.3 两款主流AI绘画工具在游戏美术设计效果上的表现

接下来我们看看Stable Diffusion在游戏美术设计效果上的表现。

4.3.1 游戏人物的设计效果

（1）案例一：男性战士设计。

这里我们先分别使用Stable Diffusion和Midjourney设计两个写实风格的男性战士角色，如图4-5所示。

图4-5

从图中可以看到，从画面表现来看二者的差别并不大，但从专业角度来看，使用Stable Diffusion生成的图像更接近具体的设计方案，这是因为Stable Diffusion能根据用户的项目需求进行模型训练，在定制方面优势明显。

（2）案例二：二次元风格魔法少女设计。

生成效果如图4-6所示。

图4-6

从图中可以看到，二者的表现各有千秋，Midjourney在此案例中略胜一筹。

4.3.2 游戏场景概念的设计效果

（1）案例一：45度视角游戏建筑物设计。

生成效果如图4-7所示。

图4-7

此案例中二者优势各异。Stable Diffusion凭借其模型训练功能，可以生成符合项目需求的图像。Midjourney对美术风格的把握稍显不足，但它在色彩表现上更出色。所以设计者需要根据具体项目的需求来决定使用Stable Diffusion还是Midjourney。

（2）案例二：二次元风格游戏背景图设计。

生成效果如图4-8所示。

图4-8

从图中可以看到，二者的表现都较好，但Stable Diffusion需要借助特定的模型。由于游戏背景图模型属于小众内容，要具体落地需要用户自行训练模型；而Midjourney则没有这方面的问题，不过Midjourney在生成某类特定风格，尤其是小众风格的图像时存在一定的劣势。

4.3.3 游戏道具和UI的设计效果

（1）案例一：游戏道具设计。

游戏道具设计的效果如图4-9所示。从图中可以看出，Stable Diffusion和Midjourney的表现都十分优秀。在正确提示词的引导下，Midjourney仅用数十秒就生成了精致的游戏道具图，还能在此基础上进一步还原设计者的想法。

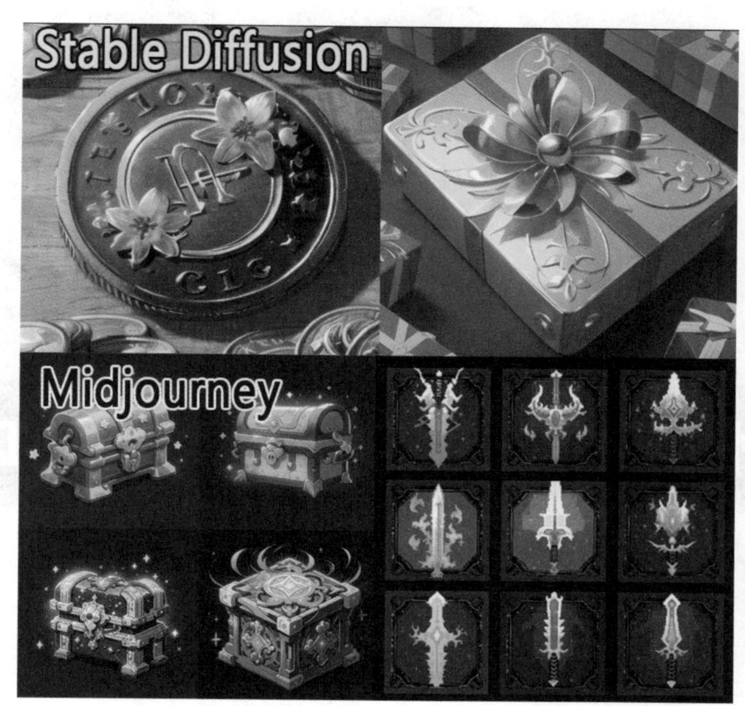

图4-9

（2）案例二：游戏界面设计。

游戏界面设计效果如图4-10所示。从图中可以看出，Stable Diffusion通过有针对性的模型训练，生成了一些效果较好的图像，Midjourney的表现也不错。但由于游戏界面设计需要有较强的整体感，若对菜单、对话框、道具栏等每一项设计内容都进行模型训练，那么将需要较多素材并且耗费较长的时间。在这种情况下AI绘画更适合用于提供设计思路。

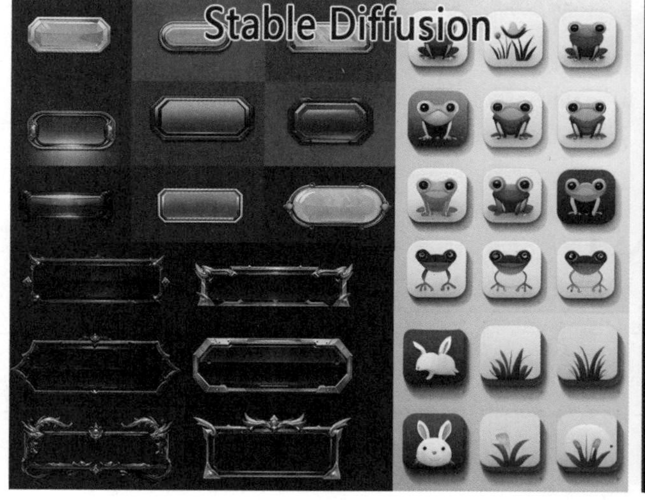

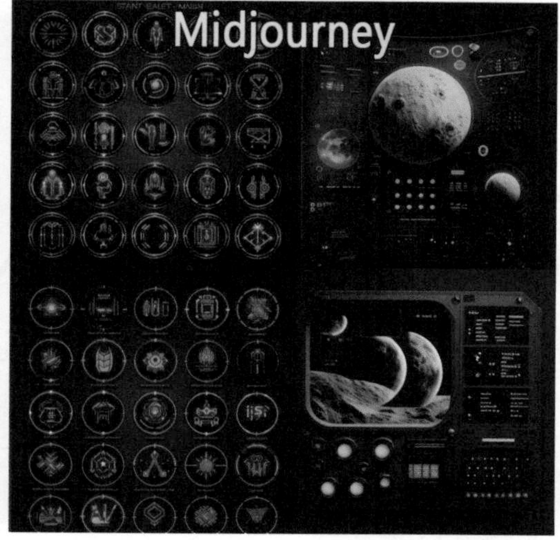

图4-10

第5章

快速上手AI绘画工具Stable Diffusion

● 本章导读

前文对两种主流的AI绘画工具进行了简要介绍，并对比了它们在游戏美术设计中的应用效果。本章将详细介绍Stable Diffusion的基本知识和操作方法。

由于Stable Diffusion的定制化程度很高，有相对较高的门槛，加之AI生成本身还有一定的随机性，使得它的参数设置和使用规则都非常复杂，且即便采用看似理想的参数设置也不一定能得到满意的图像，整个生图过程几乎等同于“开盲盒”。所以，了解主要参数的设置方法和含义，对提升“抽中大奖”的概率是非常有意义的。

通过学习本章内容，读者将学会Stable Diffusion绘画工具的设置方法和应用技巧，为后续执行具体操作打好基础。

5.1 Stable Diffusion使用入门

接下来，我们将正式开始学习使用Stable Diffusion。

5.1.1 Stable Diffusion的配置要求

Stable Diffusion是一款生成式AI工具。AI的本质是借助计算机程序进行大量数据收集、分析和处理，这个过程需要动用巨大的算力来驱动AI应对千变万化的任务需求，因此需要配备大量的计算和存储单元来让AI保持运转，而在目前所有计算机硬件设备中，能最大程度肩负起此重任的便是GPU。

GPU是一种专为计算机图像渲染输出而设计的处理芯片，最初设计目的是优化大型3D游戏中千变万化的3D图像处理任务。因为在3D游戏中，各种物体会随着空间的变换而不断发生形状变化，使得计算机需要耗费巨大的算力来完成图像渲染。GPU内核结构中多线程的特点，使其对数据的处理速度远高于CPU，可以顺利解决图像渲染速度的问题。如今，随着AI技术的崛起，GPU又逐渐在AI应用方面崭露头角，当AI执行任务时，GPU能够像处理3D图像一样，将运算任务分配到不同的线程上进行同时运算，甚至还可以实现并行运算，即在一台计算机上配备多个GPU同时执行多项运算任务，进一步对任务进行全局分配并实现并行，从而极大地提高AIGC任务的运行效率。

CPU只能在为数不多的线程上执行任务，因而它在单位时间内的运算能力远低于GPU。如图5-1所示，显卡生产商NVIDIA在产品发布现场，形象地展示了CPU和GPU在工作效率上的差别。

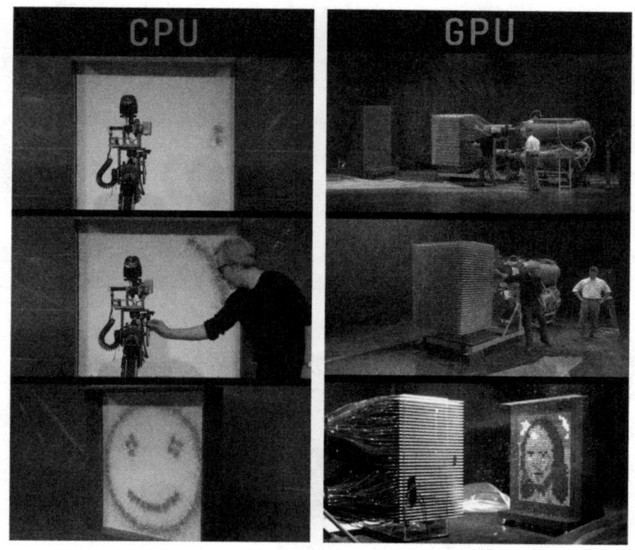

图5-1

从图中可以看到，左图中的机器人拥有一个能够发射颜料彩弹的喷枪，在指令启动时，每次发射一颗颜料彩弹，最终耗费数秒时间完成了一幅涂鸦作品；右图中的机器人则拥有大量的喷枪（也就是多线程），在指令启动时，所有喷枪同时工作，只发射一次颜料彩弹，瞬间就完成了绘画任务。二者的效率差距不言而喻。

温馨提示

在本地端使用Stable Diffusion时，为了确保兼容性，通常建议配置NVIDIA GPU，显存至少需达到8GB。虽然一些开源爱好者对Stable Diffusion进行优化调试之后，显存低于8GB时也可以使用Stable Diffusion，但其出图尺寸会受到不同程度的限制（如无法超过1000像素，甚至无法使用LoRA模型），且出图时间也会大幅增加（1分钟以上一幅）。当然，在GPU等硬件配置不理想或其他条件不允许的情况下，还有一种解决方法，即通过租用云端计算服务来运行Stable Diffusion。由于此方法仅适合个别特殊需求用户使用，且技术性较强，故不在本书讨论范围。

那么我们如何判断计算机的GPU是否能正常运行Stable Diffusion呢？如图5-2所示，先启动“任务管理器”窗口，单击“性能”标签卡，窗口中会显示计算机的各种硬件实时运行信息，单击“GPU”选项卡后便可以看到GPU目前的显存容量和使用情况。另外，虽然CPU和内存对Stable Diffusion的运行影响较小，但也至少应该不给GPU“拖后腿”，否则Stable Diffusion便无法发挥出全部性能。从图中可以看出，这台计算机配备了12GB显存的NVIDIA GPU，内存和CPU也达到了能够匹配GPU的标准，所以能够支持Stable Diffusion正常运行。

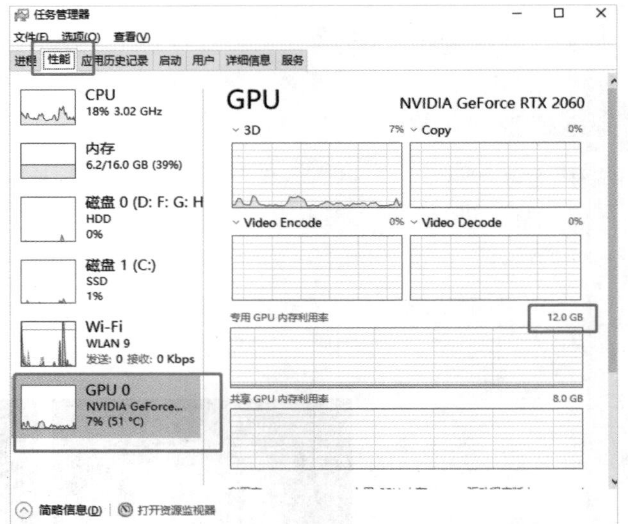

图5-2

5.1.2 Stable Diffusion的获取和安装

在Stable Diffusion刚刚发布时，其系统环境搭建和调试安装过程（即本地部署）非常烦琐。如今，经过Stable Diffusion爱好者的整合和打包，原本极其复杂的本地部署已变得十分简单，很多整合版本甚至可以下载后直接使用。如图5-3所示，在搜索网站中输入“Stable Diffusion下载”很容易就能获取免费的Stable Diffusion整合包。下载好Stable Diffusion整合包之后，只需解压便能立即使用。

图5-3

5.1.3 如何启动Stable Diffusion

1 解压Stable Diffusion整合包后，打开文件夹，找到“启动器”并启动，如图5-4所示。由于整合包版本不同，某些版本需要单独安装启动器，在文件夹中可以查看是否附带使用说明txt文件。

名称	修改日期	类型	大小
localizations	2022/12/3 16:11	文件夹	
log	2022/11/21 11:46	文件夹	
models	2023/6/3 19:00	文件夹	
modules	2023/6/5 19:13	文件夹	
outputs	2023/1/27 22:03	文件夹	
python	2023/6/15 1:17	文件夹	
repositories	2023/4/15 19:06	文件夹	
scripts	2023/6/3 19:05	文件夹	
test	2023/6/3 19:05	文件夹	
textual_inversion	2022/12/16 15:33	文件夹	
textual_inversion_templates	2022/11/21 11:33	文件夹	
tmp	2023/2/15 20:54	文件夹	
.eslintignore	2023/6/3 19:05	ESLINTIGNORE ...	1 KB
.eslintrc.js	2023/6/3 19:05	JavaScript 文件	4 KB
.git-blame-ignore-revs	2023/6/3 19:05	GIT-BLAME-IGN...	1 KB
.gitignore	2023/6/3 19:05	GITIGNORE 文件	1 KB
.pylintrc	2022/11/21 11:33	PYLINTRC 文件	1 KB
A启动器.exe	2023/5/7 23:50	应用程序	2,051 KB
A用户协议.txt	2023/4/15 10:28	文本文档	2 KB
B使用教程+常见问题.txt	2023/4/12 0:00	文本文档	2 KB

图 5-4

2 双击“启动器”后，会弹出启动界面，如图5-5所示，单击右下角的“一键启动”按钮，程序会自动弹出一个黑色的提示窗口，等待程序加载各种组件，加载完成后便能启动Stable Diffusion程序。

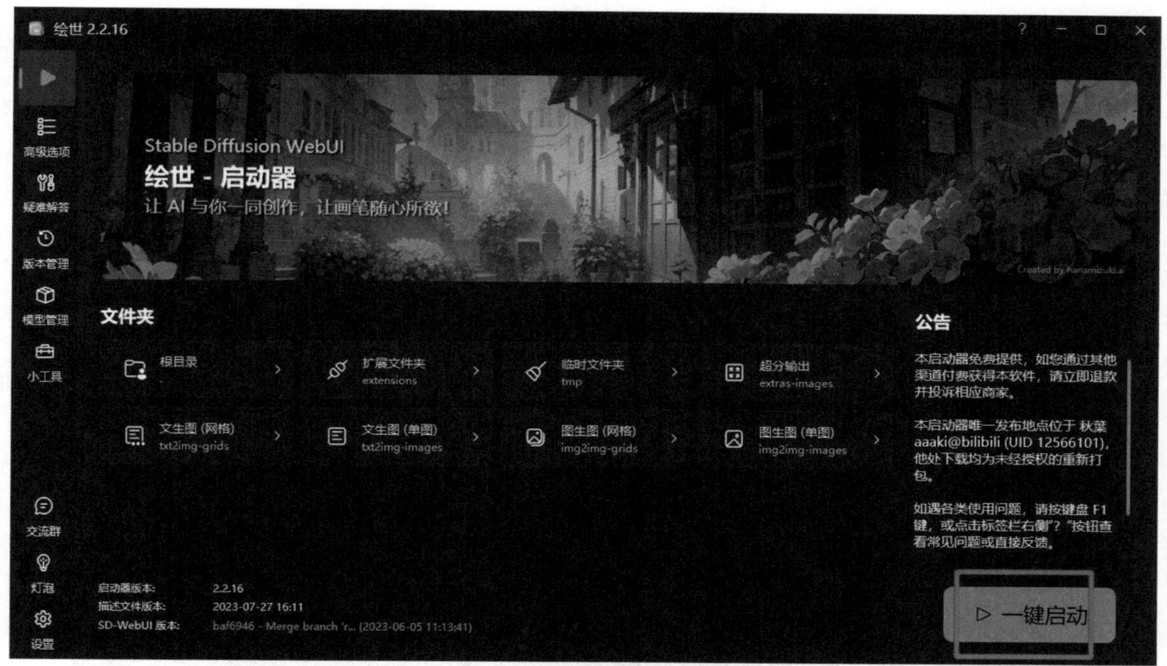

图 5-5

温馨提示

需要注意的是，Stable Diffusion启动之后不能关闭自动弹出的黑色提示窗口，该窗口是Stable Diffusion的控制台，是运行必需的程序之一，如图5-6所示。我们还可以在该窗口中看到图像生成的进度或各类运行报错信息。

```
控制台                                                    CPU: 2% | RAM: 2.06 GB
Python 3.10.11 (tags/v3.10.11:7d4cc5a, Apr  5 2023, 00:38:17) [MSC v.1929 64 bit (AMD64)]
Version: v1.3.2
Commit hash: baf6946e06249c5af9851c60171692c44ef633e0
Installing requirements

Launching Web UI with arguments: --theme dark --xformers --api --autolaunch
[AddNet] Updating model hashes...
[AddNet] Updating model hashes...
2023-08-16 12:12:32,248 - ControlNet - INFO - ControlNet v1.1.224
ControlNet preprocessor location: F:\sd-webui-aki-v4.2\extensions\sd-webui-controlnet\annotator\downloads
2023-08-16 12:12:32,570 - ControlNet - INFO - ControlNet v1.1.224
Loading weights [853e7e85c4] from F:\sd-webui-aki-v4.2\models\Stable-diffusion\dreamshaper_631BakedVae.safetensors
Creating model from config: F:\sd-webui-aki-v4.2\configs\v1-inference.yaml
LatentDiffusion: Running in eps-prediction mode
Running on local URL:  http://127.0.0.1:7860

To create a public link, set `share=True` in `launch()`.
Startup time: 53.6s (import torch: 19.4s, import gradio: 13.3s, import ldm: 2.6s, other imports: 7.2s, setup codeformer: 0.5s, load
scripts: 5.6s, initialize extra networks: 0.2s, scripts before_ui_callback: 0.2s, create ui: 2.7s, gradio launch: 1.7s, scripts
app_started_callback: 0.2s).
DiffusionWrapper has 859.52 M params.
Loading VAE weights specified in settings: F:\sd-webui-aki-v4.2\models\VAE\animevae.pt
Applying optimization: xformers... done.
Textual inversion embeddings loaded(1): EasyNegative
Model loaded in 42.2s (load weights from disk: 4.3s, create model: 1.9s, apply weights to model: 23.0s, apply half(): 1.5s, load VAE:
8.1s, move model to device: 1.4s, load textual inversion embeddings: 2.0s).
```

图 5-6

 5.2 Stable Diffusion的界面布局和基本操作方法

前面我们学习和了解了Stable Diffusion的特点、硬件要求、安装与启动方法，接下来将熟悉Stable Diffusion的界面布局，并掌握Stable Diffusion的基本操作。

5.2.1 Stable Diffusion的界面布局

启动完成后，Stable Diffusion会自动在网页浏览器中打开一个新的页面，之后便能看到Stable Diffusion的本地端界面。不同版本的整合包可能会因为设置或插件不同而呈现出略有差异的界面布局。图5-7所示分别展示了两个版本的Stable Diffusion整合包的主界面。

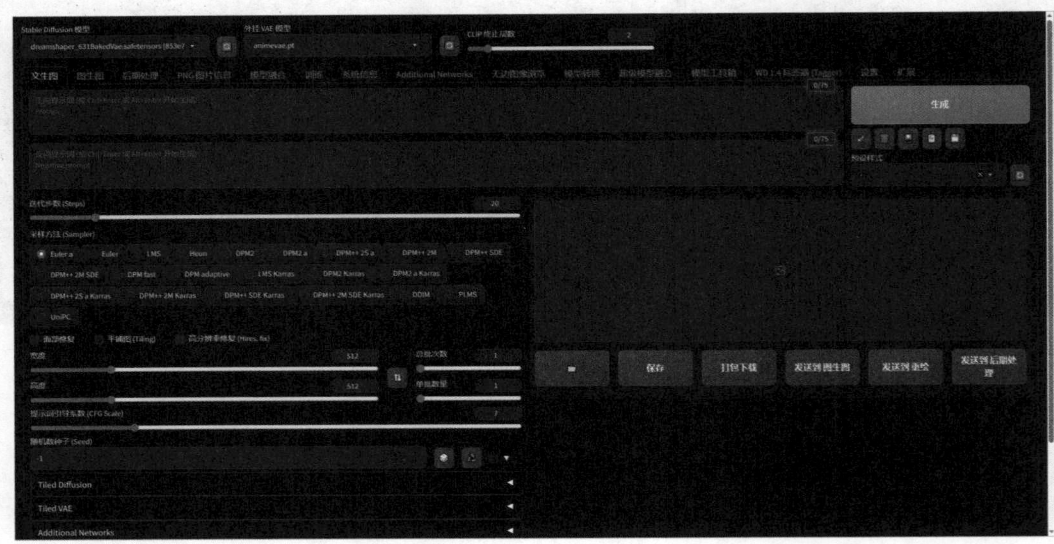

图 5-7

图5-7（续）

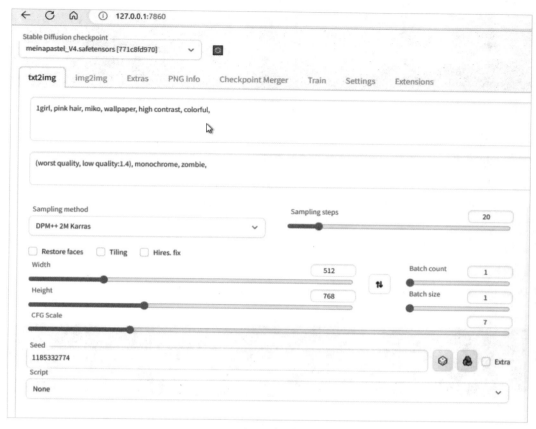

从图中可以明显看出它们之间的差别，如界面语言、背景颜色、VAE模型设置的位置、采样方法的选择方式等，用户可以根据需要进行调整。在Stable Diffusion界面的“设置”标签中找到“用户界面”选项，根据自身习惯来对界面布局和细节进行个性化调整即可，如图5-8所示，接下来的讲解将基于图5-7中的黑色界面版本整合包。

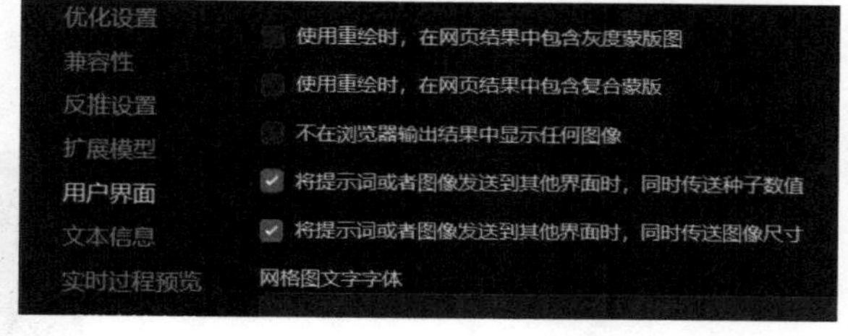

图5-8

5.2.2 Stable Diffusion的基本操作方法

由于Stable Diffusion主界面中各选项涵盖的知识点较多，我们先熟悉Stable Diffusion中各选项的设置，再对部分选项的使用方法进行详细讲解。

1. Stable Diffusion模型、外挂VAE模型、CLIP终止层数

如图5-9所示，这3个扩展模块位于主界面的顶部。

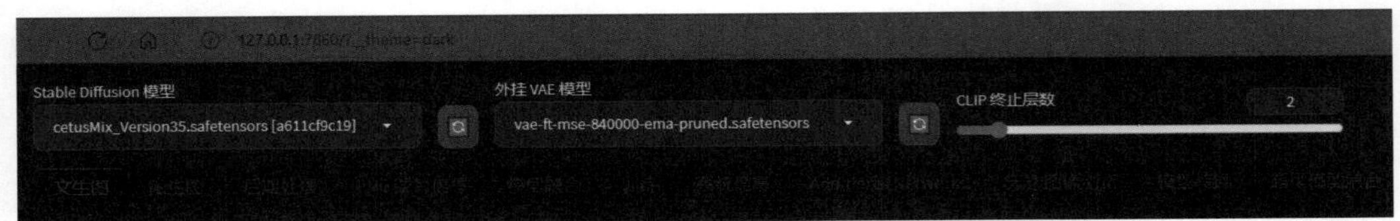

图 5-9

3个扩展模块的作用与含义如下。

（1）Stable Diffusion模型：切换已有的ckpt模型。

（2）外挂VAE模型：切换VAE模型。

（3）CLIP 终止层数：这里的CLIP是指对比语言图像预训练，其作用是防止文本输入信息过度拟合，导致生成图像出现偏差。在用文本生成图像时，原本需要经过12层转换运算，该值是跳过转换运算的层数，可以简单将其理解为对提示词的忽略程度。它的默认值为2，表示在倒数第2层开始忽略提示词。其最大值为12，表示执行生成任务时尽可能忽略大多数提示词。图5-10所示展示了让Stable Diffusion生成一只小狗图像时，分别跳过不同运算层数的效果。

图 5-10

从图中可以看到，当跳过8层运算时，小狗的图像开始变得不受控制，竟然出现在了盘子中，此后的图像更加偏离主题。CLIP终止层数的值越大，图像和提示词的关联度就越低。所以，一般情况下保持默认值2即可。

2. 文本输入框

文本是指导Stable Diffusion生成图像的最主要因素，输入的文本内容被称为“提示词”，如图5-11所示。文本输入框分为上下两栏，上面一栏是正向提示词输入框，下面一栏是反向提示词输入框。正向提示词表示希望生成的图像内容，反向提示词表示不希望出现的图像内容。我们可以在这两栏中分别用英文输入具体内容。提示词是使用Stable Diffusion绘画时需要掌握的重要知识点，在下一章会对其进行详细讲解。

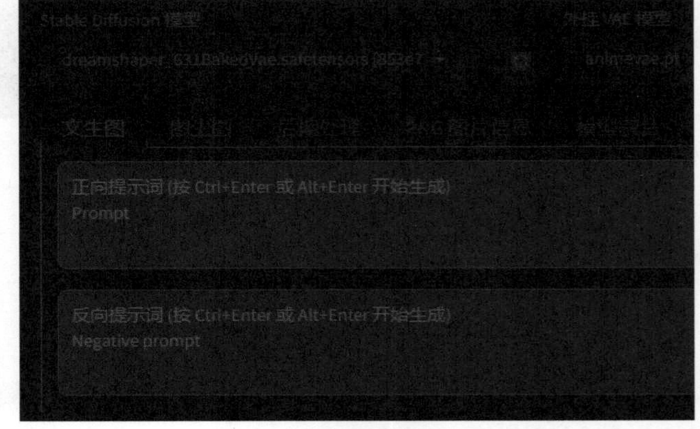

图 5-11

3. “生成”按钮及相关选项

如图5-12所示，文本输入框右侧非常醒目的橙色按钮就是“生成”按钮，单击该按钮就可以启动图像生成任务（如果启动失败，可以在黑色的控制台窗口中查看相关报错信息）。“生成”按钮下方有6个按钮，其作用分别如下。

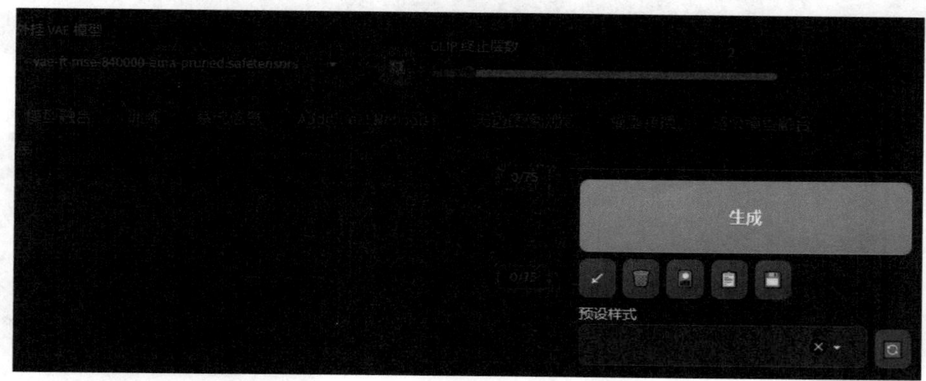

图5-12

（1）自动填入信息：该按钮的作用是复制他人用Stable Diffusion生成图像的数据信息，并粘贴在文本输入框里，单击此按钮，Stable Diffusion便会自动将各项信息填入相应的位置，省去了手动输入的麻烦，非常方便且实用。

（2）删除文本内容：该按钮的作用是删除文本输入框中已填写的所有正向和反向提示词。单击该按钮时界面上方会弹出是否清除的确认对话框。

（3）模型切换：该按钮的作用是切换各种模型。单击该按钮后会展开嵌入式、超网络、Lora等模型加载页面，单击相应的标签就可以看到已有的模型文件。如图5-13所示，这里展开了“Lora”模型的标签，能看到目前计算机中存放的所有Lora模型，单击这些模型就能加载使用。

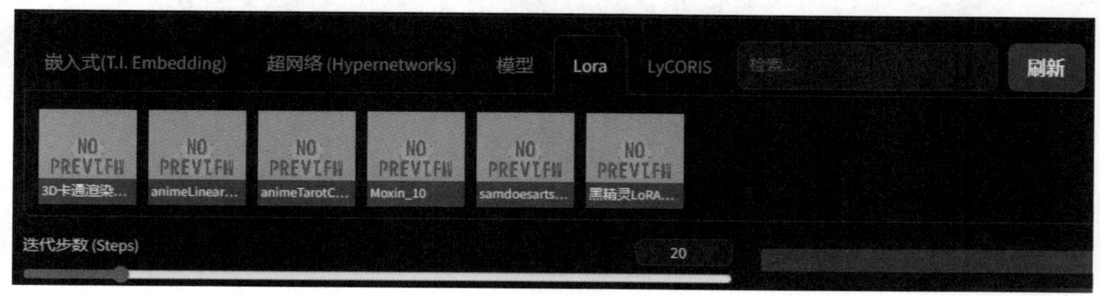

图5-13

（4）粘贴板：该按钮的作用是将保存的提示词，自动填入正向和反向提示词输入框中。

（5）保存提示词：该按钮的作用是保存已经输入的提示词。如图5-14所示，当我们输入一段正向和反向提示词之后，单击“保存提示词”按钮，系统会弹出命名对话框。在此对话框中我们可以给这段提示词输入一个标签，成功保存后，就能在“预设样式”中看到这个提示词标签。

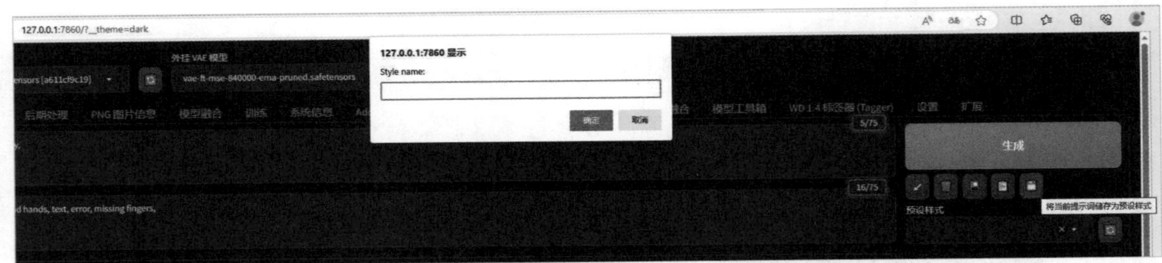

图 5-14

（6）预设样式：位于前面5个按钮的下方，作用是切换保存的提示词标签。如图5-15所示，单击该按钮，会看到已保存的提示词标签，选择其中一个标签，再单击上面的“粘贴板”按钮，程序就能自动填入标签中所有的提示词。它旁边的按钮是用来刷新信息的。

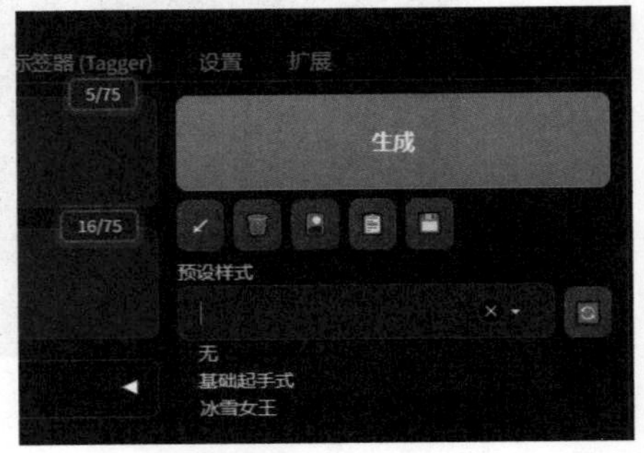

图 5-15

4. 迭代步数

迭代步数位于文本输入框下方，用于调整Stable Diffusion生成图像时的采样次数，可简单理解为渲染次数。迭代步数的默认值为20。迭代步数越低，生成图像的速度就越快，但也可能会因为迭代步数不足而导致图像质量低或出现噪点；迭代步数越高，图像细节就越丰富，但也需要更多的出图时间。如图5-16所示，这是一张迭代步数为20的图像的生成流程。

图 5-16

从图中可以看到，在迭代不足8步时图像完全无法使用，从迭代12步开始图像质量才逐渐变得理想，到迭代16步之后趋于稳定，到迭代20步时几乎没有明显的改善。

虽然高迭代步数能生成更高质量的图像，但迭代步数并非越高越好。一是这会造成出图效率下降；二是有时增加迭代步数并不一定能带来图像质量的提升，因为图像质量还与所使用的采样方法有关。例如，“DPM++ 2M Karras”采样方法，在超过一定迭代步数之后，图像质量就会趋于稳定，看不到明显的提升。图5-17所示是一张经过50步迭代的风景图。

图 5-17

从图中可以看到，在迭代20步之后，其实图像质量就已“见顶”，仅图像内容有所变化（这种变化完全可以借助其他不需要耗费这么长时间的方法来实现），这就意味着此时设置很高的迭代步数实际上是徒劳无功的。由此可见，为了兼顾图像质量和生成效率，我们需要权衡选择适中的迭代步数，并同时考虑采样方法的选择，以避免浪费。

5. 采样方法

如图5-18所示，采样方法被罗列在迭代步数的下方，每种方法代表一套去噪过程的图像生成算法。在相同条件下，选择不同的采样方法会导致生成的图像产生显著的差异。由于各种采样方法涉及很多人工智能领域的专业知识，作为普通用户，我们无须探讨其运作方式，只需从使用者角度来观察其结果差异。在使用过程中，我们可以通过反复尝试来找到最合适的采样方法。

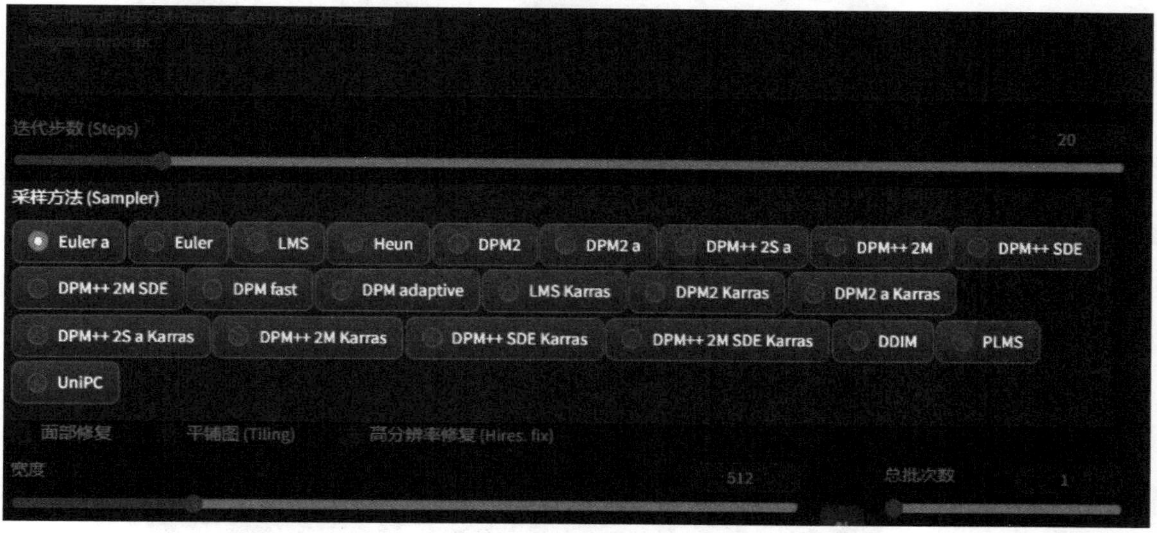

图 5-18

接下来，我们将对几种采样方法的生成效果进行比较，生图时其他参数保持不变，如图5-19所示。

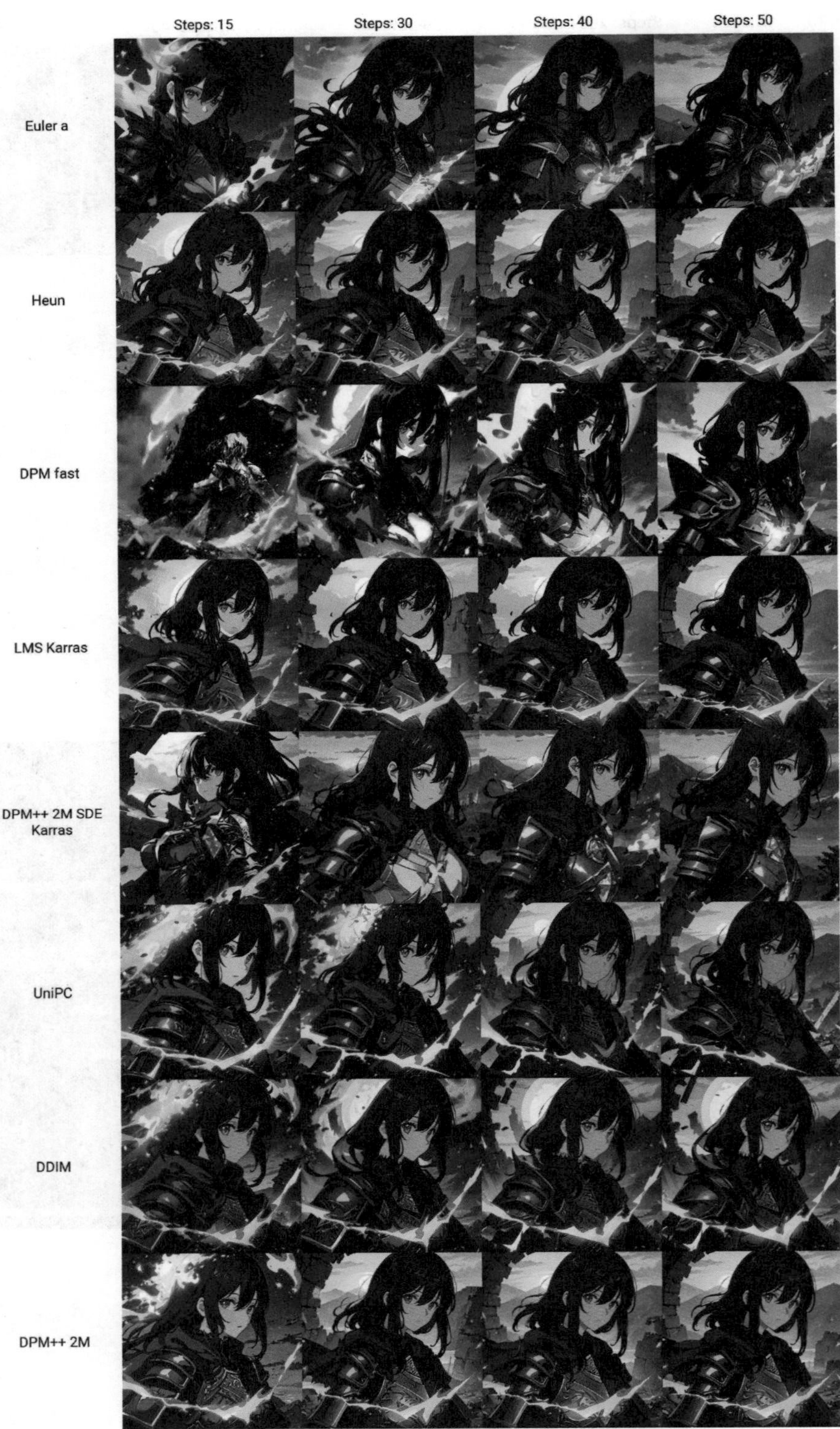
Steps: 15
Steps: 30
Steps: 40
Steps: 50
Euler a
Heun
DPM fast
LMS Karras
DPM++ 2M SDE
Karras
UniPC
DDIM
DPM++ 2M

图 5-19

从图中可以看到，有的采样方法出图效果较差，迭代50步时图像才能达到理想状态，如DPM fast、LMS Karras；有的采样方法变化跨度大，图像内容会不断随着迭代步数变化，如Euler a、DPM++ 2M SDE Karras；有的采样方法发挥稳定，如Heun、DDIM、DPM++2M。各采样方法具体介绍如下。

- Euler a：适用于各种ckpt模型，使用动漫风格模型大量出图时有一定概率生成优秀图像。当迭代步数超过30步时生图效果最佳。
- Euler：和Euler a类似，当迭代20步左右时其连续出图的良率高于前者，但当迭代步数较高时，则表现不如前者。
- LMS：发挥不稳定，迭代步数较低时容易失真，出图效果不如DPM2、DPM++ SDE等。
- LMS Karras：效果一般，适用于写实类模型。
- PLMS：表现一般，且对迭代步数要求较高。
- DPM2：迭代步数较低，15步左右即可，此后图像变化很小。
- DPM2 a：文本生成效果较差，人物容易变形，且对迭代步数要求很高。
- DPM++ 2S a：提示词还原度不错，适合高迭代步数，40步以上时生成的图像质量较好。
- DPM++ 2M：类似于DPM++ 2S a，局部重绘时细节处理得较好。
- DPM++ SDE：迭代步数低，迭代步数高时容易偏离提示词。
- DPM++ 2M Karras：适用于各种模型，出图速度快，效果稳定。
- DPM++ 2S a Karras：和DPM++ 2M Karras类似，生成图像变化跨度大，适用于设计领域。
- DPM++ SDE Karras：出图效果一般。
- DPM++ 2M SDE：在迭代步数很高时可能得到较好结果。
- DPM fast：不同迭代步数的内容变化较小，迭代步数很高时画面质感才好。
- DPM++ 2M SDE Karras：设计多变，迭代步数很高时较容易出现高品质图像。
- DPM adaptive：会自己设置迭代步数，出图速度较慢，不推荐使用。
- DPM2 Karras：适用于写实类模型，迭代30步以下时出图效果较好，迭代步数高容易出现问题。
- DPM2 a Karras：适合用于设计，迭代25步左右时出图效果较好。
- DDIM：适合生成风景图，迭代步数较高，局部重绘时效果较好。
- Heun：出图速度慢，迭代步数低时出图效果差，适用于动漫风格模型。
- UniPC：迭代步数达到35步以上时出图效果较好，适用于动漫风格模型。

6. 面部修复、平铺图、高分辨率修复

如图5-20所示，这3个选项位于采样方法下方，主要用于控制出图细节。具体介绍如下。

（1）面部修复：常用于修正人物图像面部的问题，但也可能使图像产生新的缺陷，在使用过程中需要反复尝试。

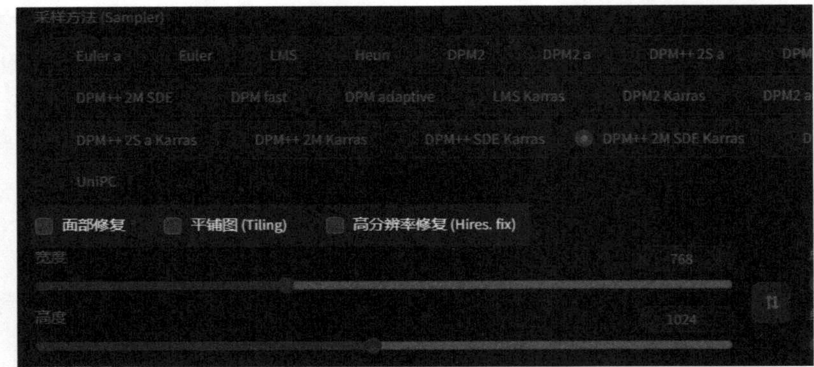

图 5-20

（2）平铺图：对生成图像做平铺扭曲处理，有时会得到有趣而抽象的效果，如图5-21所示。是一个较少使用的选项。

图 5-21

（3）高分辨率修复：是文生图界面的特有选项，也是生成高质量图像的常用选项。其作用是对用户生成的图像再次进行放大以获得更高质量的图像，也就是说实际上进行了两次出图，所以其生图时间是正常情况的2～3倍。当勾选“高分辨率修复”选项后会展开如图5-22所示的参数设置界面。

图 5-22

高分辨率修复中包含6个参数。其中，“放大算法”的作用类似于采样方法，也是通过选择不同的算法来完成高清重置任务，同样，我们也可以通过参考他人作品的生成信息或自行尝试来找出合适的放大算法。“放大倍数”用于进一步放大已经设置好的图像尺寸，拖曳滑块可以设置倍数，在该参数旁边的数值框中也可以直接输入数字来设置放大的倍数，在“高分辨率修复”选项右侧能看到原始尺寸和当前设置的尺寸。图5-23展示了使用高分辨率修复功能之后，图像细节所发生的变化。

图 5-23

温馨提示

需要注意的是，当高清放大后图像的尺寸超过计算机硬件的承受能力时，会造成生成任务无法启动或中途崩溃。高分辨率修复功能类似于调大尺寸的图生图功能，但前者的主要功能是放大，而图生图则侧重于生成，因而可能会增加不必要的元素，从而破坏原图的整体感。

“高分迭代步数”也就是高分辨率修复的迭代步数，其原理和迭代步数类似。

“重绘幅度”用于调整第二次放大图像时对原图的改动幅度，其默认值为0.7。如果希望在高分辨率修复时保持图像大致不变，建议将重绘幅度设置为0.45左右，重绘幅度值过高会导致放大后的图像与原图差异过大。

“将参数调整为”“将高度调整为”的用法不再展开介绍。

7. 宽度、高度

如图5-24所示，“宽度”和“高度”参数位于高分辨率修复等选项的下方。我们可以左右拖曳滑块或在数值框中手动输入数字来设置生成图像的尺寸，调节时会自动取8的倍数。

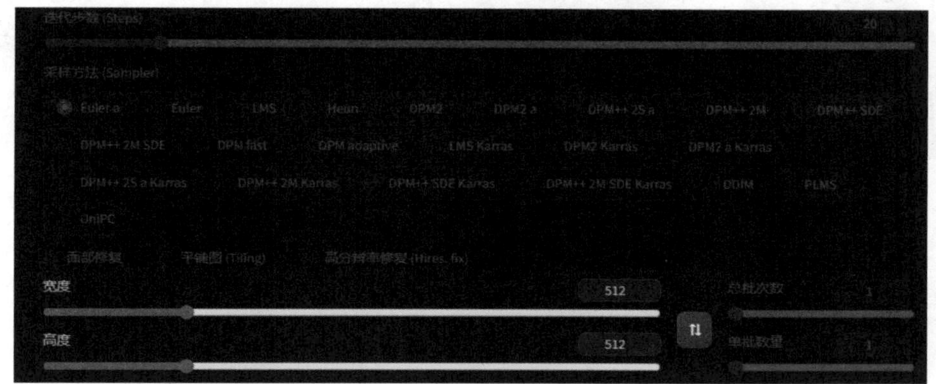

图 5-24

温馨提示

设置尺寸需注意两点：一是生成图像的尺寸受计算机硬件（主要是显存容量）性能影响极大，当硬件配置较低时，生成较大尺寸的图像将无法启动任务，或在生图过程中程序崩溃；二是尺寸和比例分别影响生成图像的质量和内容，低尺寸会影响图像精度，让图像看起来非常“糊”，并且对细节的刻画也模糊不清。

如图5-25所示，这里对比了不同尺寸图像的效果，画面比例等其他参数相同。左图尺寸为648px×856px，右图的宽度和高度提升为左图的3倍。从图中可以看到，仅就画面质感来说，左图由于尺寸很小，人物头部、服装、法杖和配饰等多处都模糊不清；而右图的细节更加清晰。所以，增加图像的尺寸，也是提升图像质量的方法之一。

图 5-25

画面比例也会影响图像的视觉效果，如图5-26所示，左图为横版构图，右图为竖版构图，其他参数相同。

图 5-26

从图中可以看到，尽管其他参数相同，但无论是人物着装还是背景画面差别都极大。有时采用竖版构图生成的图像效果不如横版构图出彩，而有时又恰好相反，故而在实际操作过程中要反复进行尝试以增强画面表现力。

8. 总批次数、单批数量

这两项参数位于"宽度"和"高度"参数的右侧，用于设置图像生成批次和每个批次的图像数量。在遇到需要一次性生成多张图像的情况时可以根据需要来设置这两项参数。总批次数是指执行多少次生成任务。如果总批次数为4，单批数量为1，那么将分4次进行图像生成，每次生成1张图像，最终生成4张图像，如图5-27所示。

图5-27

单批数量是指每批次生成的图像数量。如果总批次数为2，单批数量为4，那么将生成8张图像。但需要注意的是，调高单批数量，会对计算机硬件提出更高的要求，因为这种方式是同时对单批的所有图像进行渲染。例如，如果单批数量为4，那么每个批次的任务将同时对4张图像进行渲染。在实际操作中，需要生成多张图像时只把总批次调高即可达到相同的目的。

9. 提示词引导系数和随机数种子

这两项参数位于"宽度"和"高度"参数的下方。

（1）提示词引导系数是指生成图像与提示词的相关度，其默认值为7，最大值为30。图5-28所示展示了一组以"中国风+龙女"为主题的图像，通过调整提示词引导系数，生成

图5-28

图像发生了明显的变化。当提示词引导系数小于4时，所生成的图像更偏向西方风格，中国风特征并不明显。

（2）在Stable Diffusion中，随机数种子参数用于控制生成图像时的外观和确保结果的可重复性。理论上，应用相同的参数（如提示词、模型等）时，所生成的图像应该是完全相同的。这是因为随机数种子初始化了Stable Diffusion算法的起点，从而确保了生成过程的一致性。

在其他各项参数保持不变的前提下，种子数不同会生成不同的图像，如果指定了种子数，就能生成与之对应的图像。

随机数种子的默认值是-1，表示在生成图像时，Stable Diffusion每次都会随机选择一个种子数。这就意味着几乎每次都会得到一张不同的图像。那么，我们完全可以利用随机数种子，开发出一些对创作有帮助的使用技巧。如图5-29所示，这些是在不同采样方法下使用同一随机数种子生成的图像。

图5-29

从图中可以看到，由于随机数种子相同，即使改变了采样方法，整个图像的构图、配色等要素都大体相同，只是由于采样方法不同而产生了一些细小的差异。这好比让不同的设计师（不同采样方法）设计同一部IP作品（同一随机数种子），会得到许多设计方案。所以，借助特定的随机数种子来生成图像，是一种挖掘设计思路的好方法。

以上就是Stable Diffusion主界面中主要参数的设置和使用方法，部分设置和使用方法还需要借助案例来进行讲解。在后面的操作环节当中，我们将结合案例有针对性地进行介绍。

总的来说，Stable Diffusion生图效果受多种因素影响，因而常常要多次尝试才能生成满意的图像。配备好的显卡对于降低Stable Diffusion出图试错成本来说（最主要的是时间成本），是非常有必要的。

5.3 Stable Diffusion的模型

前面我们已经基本了解了Stable Diffusion主界面中主要参数的设置和使用方法，但要生成符合要求的图像，我们还必须掌握Stable Diffusion中另一个重要知识点——模型。

Stable Diffusion中的模型是指数学和计算机科学中的数据集合，而非人文学科或3D建模中的模型。Stable Diffusion中的常用模型主要有checkpoint模型（ckpt模型）、VAE模型和LoRA模型。

5.3.1 ckpt模型

1. ckpt模型

Stable Diffusion在研发过程中使用了大量训练数据，形成了一个大模型（或称为底模）。checkpoint模型属于次一级的模型，是Stable Diffusion生成图像的必要组件，也称基模或主模型。它包含了ckpt模型训练过程中所使用的图像数据和各种参数。我们在使用Stable Diffusion执行生成任务时，主要是基于ckpt模型数据来完成的。Stable Diffusion整合包通常会有少量自带或官方的ckpt模型，它们是Stable Diffusion预先训练好的。ckpt模型的存储体积较大，单个模型的大小通常为2～7GB。

如图5-30所示，ckpt模型的下拉菜单位于Stable Diffusion窗口的左上方，单击下拉菜单将显示计算机中当前存放的ckpt模型列表。用户可以通过单击列表中的模型来进行切换，或单击“生成”下方的“模型切换”按钮来指定模型。生成图像必须指定一个ckpt模型，且切换模型时需要加载较长时间，需要频繁改变风格时较为麻烦，这也是Stable Diffusion相较于Midjourney不便的地方。

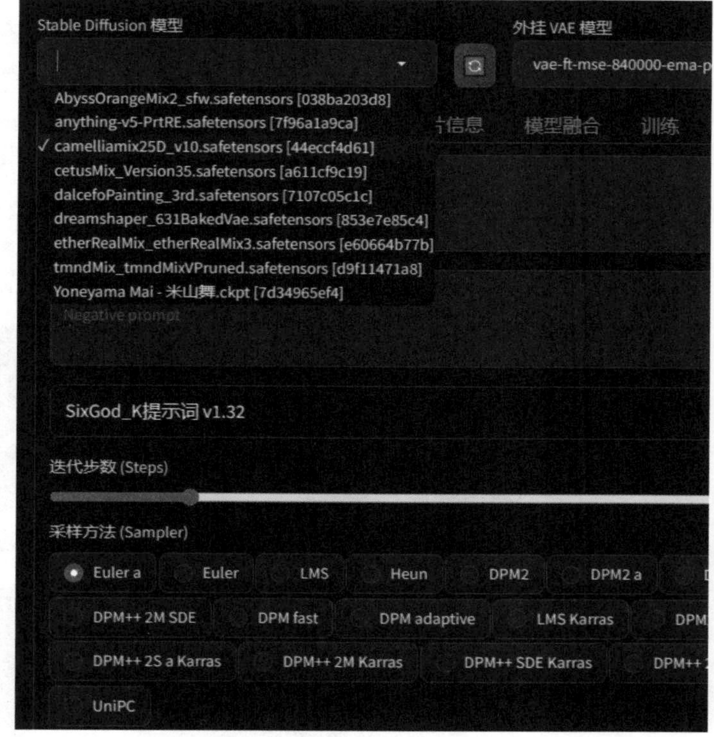

图5-30

2. ckpt模型的获取

ckpt模型属于免费资源，可以通过模型分享平台获取，如图5-31所示。

图 5-31

3. 存放位置

把下载好的ckpt模型文件复制到Stable Diffusion根目录下“models”文件夹中的“Stable-diffusion”子文件夹当中，如图5-32所示。模型复制完成后，单击Stable Diffusion模型下拉菜单旁边的刷新按钮，刷新当前文件夹内的全部ckpt模型，就能选择下载的ckpt模型了。

› 此电脑 › software (F:) › sd-webui-aki-v4.2 › models › Stable-diffusion

图 5-32

4. ckpt模型的作用

ckpt模型直接影响生成图像的质量，ckpt模型训练得越好，越容易生成高质量的图像。如图5-33所示，我们来看看6种ckpt模型使用相同的参数所生成的图像有何不同。

图 5-33

从图中可以看出，6种ckpt模型生成的图像风格各有不同，这是不同ckpt模型内的数据在起作用。每个ckpt模型在训练时使用的图像素材不同，呈现的结果自然也不同。所以在下载ckpt模型后，我们需要通过尝试来评估该ckpt模型是否符合项目要求。

5. ckpt模型的命名

ckpt模型的文件名分为两部分：模型名称和后缀。如图5-34所示，生成这张图像的ckpt模型名称为"tmndMix_tmndMixVPruned"，它的后缀是".safetensors"。ckpt模型的后缀通常为".safetensors"或".ckpt"。数字编码"[d9f11471a8]"是该模型的数字身份证，无法改动。所以当ckpt模型的默认名称被修改后，可通过这段数字编码来识别ckpt模型。

此外，ckpt模型的文件可以用中文来命名。但为了避免遗忘，用中文命名文件时，建议在后半段保留模型原来的名称，以防止重复下载。

tmndMix_tmndMixVPruned.safetensors
[d9f11471a8]

图5-34

5.3.2 VAE模型

除了ckpt模型，Stable Diffusion中常用的模型还有VAE模型。

1. VAE模型的概念

VAE（Variational Autoencoder，变分自编码器）模型，也是一种基于深度学习的生成模型。VAE模型由编码器和解码器组成，运作时先将输入的数据编码，再通过解码器将潜在空间中的随机向量数据解码回原始数据空间中。VAE模型的优点是可以生成高质量的样本，并且可以进行潜在空间的插值操作，从而实现对生成数据的控制。

它以微调形式来改善图像整体的色彩、风格倾向、人物的眼睛或面部等局部细节的绘画效果，其作用可简单理解为对生成图像添加美化滤镜和微调。因为VAE模型属于外挂模型，所以可以选择不使用，也可以和ckpt模型一样随时进行切换。如今不少优秀的ckpt模型中都内置了VAE模型，而无须专门设置。

常见的VAE模型有"vae-ft-mse-840000-ema-pruned.safetensors"，它的作用是优化生成图像的色彩使其看起来更加鲜艳。图5-35所示展示了在相同参数下，不使用VAE模型和使用VAE模型所生成图像的效果。

通过进一步训练解码器，VAE模型也可以绘制其他细节效果。用户可根据自身喜好和需求来决定是否选择VAE模型。

VAE: None
VAE:
vae-ft-mse-840000-ema-pruned.safetensors

图5-35

2. VAE模型的获取与安装使用

和ckpt模型一样，VAE模型也是免费资源，也可以在模型分享网站上轻松获取。

如图5-36所示，把获取的VAE模型文件复制到Stable Diffusion根目录下“models”文件夹中的“VAE”子文件夹当中，再返回Stable Diffusion界面中刷新VAE模型即可使用。

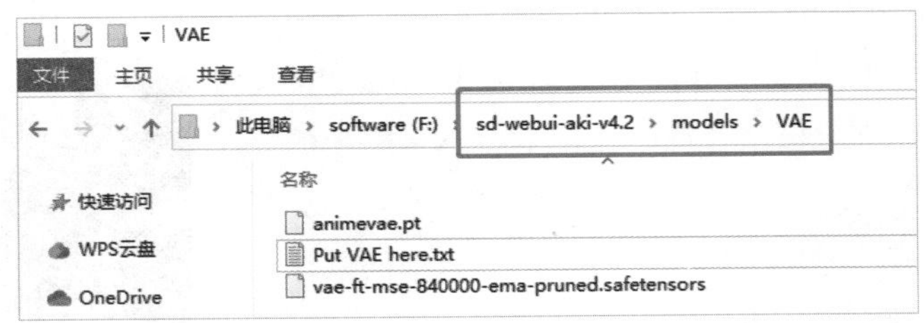

图5-36

5.3.3 LoRA模型

LoRA模型是ckpt模型的补充，常用于进行画风调整。

1. LoRA模型的概念和作用

LoRA模型相当于Stable Diffusion的扩展插件。它可以生成特定类型或风格的图像，其优点是所需的训练资源比ckpt模型少很多，并且能灵活适配不同ckpt模型，非常适合个人开发者使用。

在模型分享网站上，LoRA模型和ckpt模型都有清晰的分类，前者的应用量仅次于后者。如图5-37所示，这里展示了相同参数下，使用LoRA模型和不使用LoRA模型的区别，左侧为没有使用LoRA模型的图像，右侧为使用了LoRA模型的图像。

图5-37

从图中可以看出，使用LoRA模型后无论是人物样式还是画面细节都有较大提升。LoRA模型最初应用于NLP领域，用于微调GPT-3等模型。由于LoRA模型的参数量超过千亿，训练成本太高，后来采用了仅训练低秩矩阵（low-rank matrics）的方法，使用时将LoRA模型的参数注入模型当中，从而改变模型的生成风格或为图像增添新的内容。整个添加过程是简单的线性关系，可简单理解成给一款游戏的本体新增DLC（可下载内容）续作，也就是说在ckpt模型上叠加LoRA模型，从而得到一个DLC版本的ckpt模型。LoRA模型生图效果如图5-38所示。

图5-38

温馨提示

需要注意的是，LoRA模型必须配合ckpt模型一起使用，且需要与对应版本的Stable Diffusion兼容。如果LoRA模型是基于Stable Diffusion 1.5版本训练的，那么在使用该LoRA模型时必须配合Stable Diffusion 1.5版本才能生成理想的效果。

LoRA模型不同于VAE模型和ckpt模型，可以同时加载多个一起使用。

2. LoRA模型的获取与存放

LoRA模型的获取方式与ckpt模型一样，都是通过Stable Diffusion模型分享网站获取。LoRA模型文件的存放位置如图5-39所示，把获取的LoRA模型文件复制到Stable Diffusion根目录下“models”文件夹中的“Lora”子文件夹当中，再返回Stable Diffusion界面中刷新LoRA模型或重启Stable Diffusion即可使用。

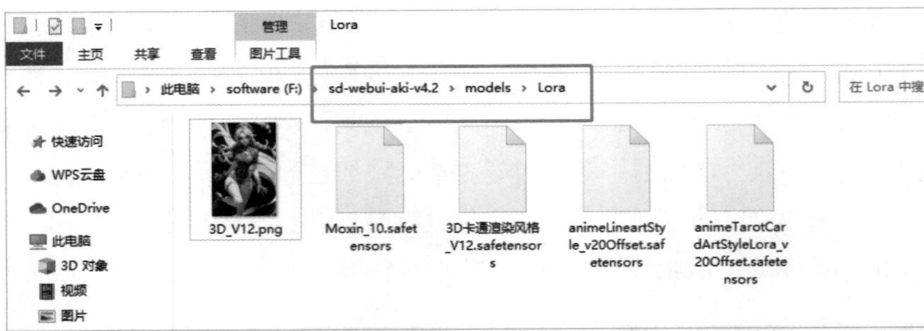
管理
Lora
文件
主页
共享
查看
图片工具
此电脑 › software (F:) › sd-webui-aki-v4.2 › models › Lora
在 Lora 中搜
快速访问
WPS云盘
OneDrive
此电脑
3D 对象
视频
图片
3D_V12.png
Moxin_10.safetensors
3D卡通渲染风格_V12.safetensors
animeLineartStyle_v20Offset.safetensors
animeTarotCardArtStyleLora_v20Offset.safetensors

图 5-39

Stable Diffusion 生图方法与技巧

● 本章导读

前文对Stable Diffusion的入门知识进行了全面讲解，本章将对生图方法与技巧进行详细介绍。

Stable Diffusion是一款程序化AI绘画工具，而它的使用者又通常是美术工作者，因而其使用有一定的门槛。相信很多人都对一些问题感到疑惑，比如为什么要输入提示词，怎样输入提示词，为什么界面中有这么多参数，为什么要使用各种不同的模型和采样方法，等等。在实际使用过程中，我们只需了解各项参数的用法，而无须深究其背后的原理。

通过学习本章内容，读者能够大致掌握Stable Diffusion的生图方法。

6.1 使用文生图模式

用Stable Diffusion生成图像的模式分为两种，一种是文生图，另一种是图生图。本节将介绍如何使用文生图模式来生成图像。

6.1.1 文生图的概念和操作流程

如图6-1所示，“文生图”选项卡位于界面左上方，它是通过输入文本信息（即提示词）来描述所需内容的一种图像生成模式，每次启动Stable Diffusion时系统都会默认使用文生图模式。

图 6-1

有趣的是，使用文生图模式时，不输入任何提示词，直接单击“生成”按钮启动生成任务，Stable Diffusion也会随机生成千奇百怪的内容（主要取决于当前ckpt模型在训练时所使用的图像信息）。

正常使用文生图模式的完整操作流程如下。

1 填写正向提示词。

2 填写反向提示词。

3 考虑是否加载LoRA模型。

4 选择采样方法。

5 设置画面尺寸。

6 选择提示词相关度。

7 设置总批次数和单批数量。

8 考虑是否使用其他插件。

6.1.2 提示词的概念和作用

提示词是Stable Diffusion生成图像的最主要的元素。由于Stable Diffusion支持自然语言输入，我们只需将构想的图像内容用自然语言传达给Stable Diffusion，便能让它执行生成任务。

温馨提示

需要注意的是，提示词使用得正确与否，对生成图像的质量有极大的影响。如果缺乏正确提示词的引导，AI将无法准确识别构图思路，于是它就会按照自己在训练图像中形成的理解去自由发挥，或强行拼凑内容，从而造成图像出现很大偏差。

如图6-2所示，左图是Stable Diffusion自行发挥的生图结果，右图则是在详细提示词的引导下的生图结果。

图 6-2

从图中可以看出，无论是在光影、色调、画面逻辑性等整体观感方面，还是在材质表现、体积感等局部细节方面，二者都存在非常明显的差距，足以说明提示词的重要性。

6.1.3 提示词的工作原理和语法

在默认情况下，Stable Diffusion支持的输入语言为英语。Stable Diffusion自带的文本模型能够把我们输入的自然语言转化为计算机可以识别的机器语言，从而执行图像生成任务。

用户可以通过输入数个甚至数十个提示词，来详细叙述所需的图像内容，让计算机理解任务要求后执行生成任务。一般来说，描述较为详细时，生成图像的准确性和质量会更好一些。需要注意的是，Stable Diffusion在执行图像生成任务时，是根据提示词的排列顺序进行逐级执行的，也就是说提示词越靠前，其优先级越高，反之则越低。当然，最终的生成结果取决于ckpt模型中的图像内容。如果模型中的女性角色图像信息占比过大，那么即便优先描述男性角色，最终生成的图像还是会偏向女性角色。目前模型分享网站中Stable Diffusion角色模型中的女性角色占比几乎都很大，常常会使得作品类型单一和同质化而造成时间浪费。这个问题可以通过训练专属模型来解决，具体的方法将在第8章中进行讲解。

6.1.4 使用提示词生成图片

现在我们通过一个具体的案例来讲解文生图功能的使用方法，使用的提示词是“3个男孩走在夜晚的大街上”。

1 在正向提示词输入框中用英文输入描述图像内容的提示词。注意，各个单词之间要用逗号来分隔，如图6-3所示。输入的正向提示词：masterpiece（杰作），best quality（最佳

Stable Diffusion 模型
dreamshaper_631BakedVae.safetensors [853e7
外挂 VAE 模型
vae-ft-mse-840000-ema-
文生图 图生图 后期处理 PNG 图片信息 模型融合 训练
masterpiece, best quality, 3boys, walking, city, street, night, outdoors,

图 6-3

质量），3 boys（3个男孩），walking（行走），city（城市），street（街道），night（夜晚），outdoors（室外）。

2 单击界面右侧的“生成”按钮之后，Stable Diffusion便会开始工作，如图6-4所示。蓝色的进度条显示了当前执行和总共所需的迭代步数，完成速度取决于显卡的性能。

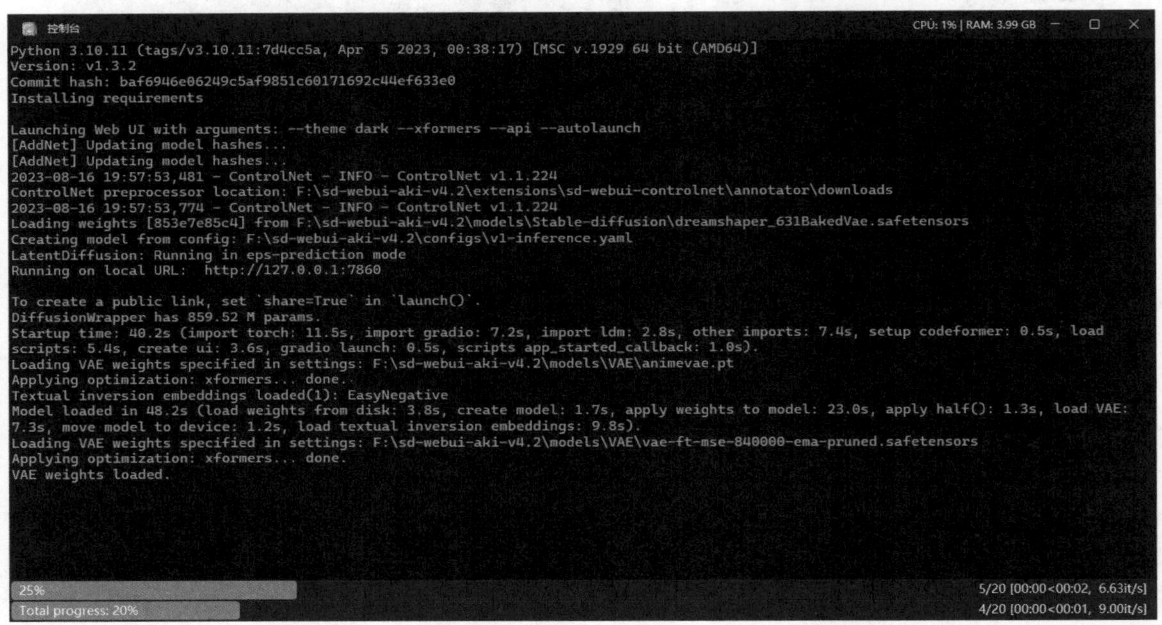

图6-4

3 生成任务完成之后，我们就可以在Stable Diffusion主界面右下角的展示区中看到生成的图像。如图6-5所示，结果确实和描述一样——3个男孩走在夜晚的大街上。

图6-5

接下来如果我们想让画面中的男孩不背书包，该怎么处理呢？这时就需要用到反向提示词了。

在反向提示词输入框中输入“school bag”（书包），就会告诉Stable Diffusion图像中不要出现书包。同时，为了保持图像整体构图不变，我们还需要使用刚才生成图像的随机数种子，方法为单击随机数种子旁边的按钮，从而减小图像的改动幅度，如图6-6所示。

图6-6

随机数种子由“-1”变为了“1789433862”，此时再单击“生成”按钮，Stable Diffusion就会重新绘制一张和先前的图像大致相同的图像，如图6-7所示。从图中可以看到男孩的书包已经被移除。

图6-7

除了减少图像中的元素，反向提示词最主要的功能是用来规避图像中出现不符合常规审美标准或逻辑关系混乱的情况。因为ckpt模型的训练数据具有很多局限性，加上AI对图像和提示词的理解存在一些不可控的随机偏差，所以会有一定概率生成奇怪的作品。如图6-8所示，这张图像中就出现了逻辑错误，其原因可能是设置的画面尺寸与ckpt模型中训练图像的尺寸差异过大，误导了AI把两次绘画的作品画在了同一张图像上。

图6-8

所以，为了最大限度地约束AI生成这种“天马行空”的图像，使用反向提示词便成了一种常用的手段。具体方法是将常见的错误问题罗列在反向提示词输入框中。如图6-9所示，反向提示词输入框中就罗列了一些可能出现的问题，如糟糕的画质、肢体缺失、画面带文字、扭曲的结构，等等。

图 6-9

当然，即便使用了大量反向提示词，也不能确保完全规避图6-8中的问题。其实Stable Diffusion中的许多参数设置，主要是起调整概率的作用，即降低某些内容出现的概率，并增强图像符合预期的概率。

此外，为了方便使用，我们可以将反向提示词保存为一个标签，输入反向提示词之后，单击“保存”按钮，将其保存。命名好之后，单击“预设样式”选项，就能选择已保存的标签，如图6-10所示。

图 6-10

选择标签之后，单击“粘贴板”按钮，就可以直接使用保存的标签中的反向提示词了。

在前面的操作中，我们在反向提示词输入框中输入了“书包”，但事实上并没有彻底消除书包的痕迹，还是能看到左侧男孩背着一个类似书包的东西。此时我们可以通过提升提示词权重来增强图像中某一元素的生成概率。

6.1.5 提示词权重设置

提示词权重是指某个提示词在图像中的相对重要程度。如果我们增加某个提示词的权重，那么在生图过程中Stable Diffusion就会着重考虑该提示词，从而使图像更加接近高权重的提示词所描述的内容。

设置提示词权重的方法有两种，具体如下。

（1）第一种方法的语法格式为“（提示词:权重值）”，权重值为0.1～100的数字，其默认值为1，权重值低于1表示降低权重，大于1表示增加权重。

例如，如果我们在反向提示词输入框中输入（school bag:1.5），就表示将图像中“不出现书包”的权重变为150%，那么生成的图像会更倾向于不出现书包。

（2）第二种方法是使用“()”或“[]”，具体语法是“(提示词)”和“[提示词]”，“()”代表增加权重，“[]”代表降低权重，每套一层“()”权重增加1.1倍，每套一层“[]”权重降低1.1倍。具体数值如下所示。其中，n为提示词。

```
(n) = (n:1.1)
((n)) = (n:1.21)
(((n))) = (n:1.331)
((((n)))) = (n:1.4641)
(((((n))))) = (n:1.61051)
((((((n)))))) = (n:1.771561)

[n] = (n:0.9090909090909091)
[[n]] = (n:0.8264462809917355)
[[[n]]] = (n:0.7513148009015778)
[[[[n]]]] = (n:0.6830134553650707)
[[[[[n]]]]] = (n:0.6209213230591552)
[[[[[[n]]]]]] = (n:0.5644739300537775)
```

下面我们使用第二种方法来增加提示词权重。如图6-11所示，将反向提示词输入框中的书包“school bag”写为“(((school bag)))”，表示将书包的权重提升为1.331倍，等于向Stable Diffusion着重强调“我不希望图像中出现书包”，再单击“生成”按钮。

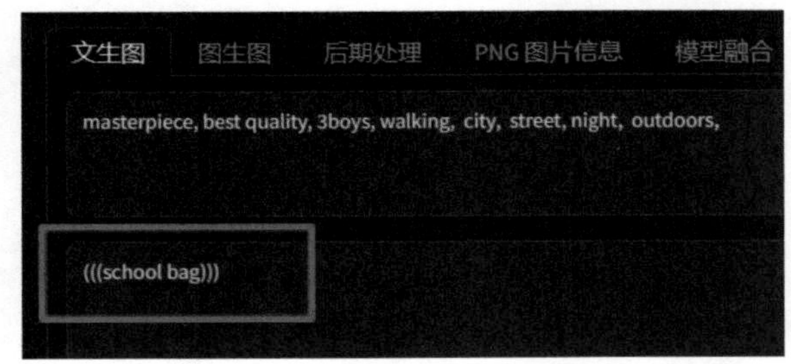

图6-11

如图6-12所示，图像中的3个男孩都不再背书包。倘若效果不明显，可以考虑进一步增加提示词权重。

6.1.6 提示词的分类结构

下面我们来总结一下上述案例的提示词书写逻辑。从前文中可以看到，在实际操作中，我们对“3个男孩走在夜晚的大街上”这句话的含义进行了拆分和提炼，虽然Stable Diffusion有识别长文本的能力，但这样生成图像的准确度会下降。

我们使用翻译工具将“3个男孩走在夜晚的大街上”转换为英语，得到句子“Three boys are walking in the street at night”。然后将这句话填入正向提示词输入框并使用相同的参数设置进行图像生成，Stable Diffusion将会生成一张如图6-13所示的图像。

图6-12

从图中可以看到，虽然使用这种提示词写法，也能生成一张大致符合文本含义的图像，但如果我们将这张图像与图6-12进行比较就会发现，在其他各项参数都相同的条件下，图6-13的图像在质感、色调、细节上都存在较大瑕疵。

图6-13

这是因为当我们使用一句完整的话来生成图像时，Stable Diffusion虽然能理解人类自然语言的含义，并尽量做出符合内容的响应，但并不能识别整句话的重点，只能简单地进行“拼凑”。

而如果我们输入的提示词是提炼出来的关键词，那么Stable Diffusion就能根据这些提示词去模型图像库中有针对性地寻找相关的内容。找到相关内容后，它就清楚了应该如何绘制，如图6-14所示。

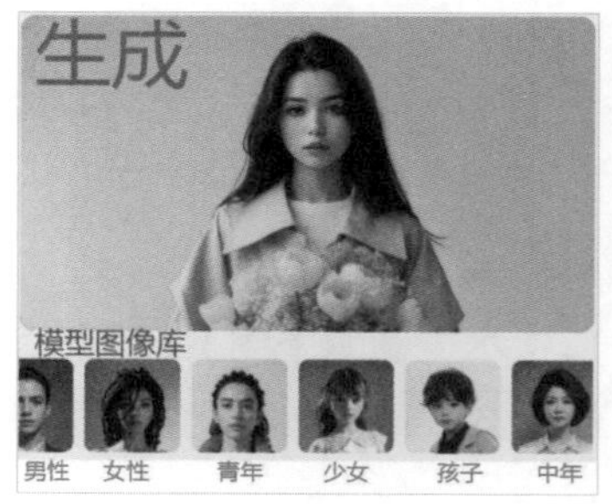

图6-14

这个过程类似于指引一个不熟悉路的人前来我们家坐客。虽然直接告知住址对于描述者来说最简便，但是对于接收者来说，这样的信息可能过于模糊，肯定不如

"在哪站下车，走到哪个路口拐弯，之后走多远到什么位置后上几号楼"这样的引导更加细致。

接下来我们可以按类型、对应内容、具体的提示词对提示词进行大致的分类。根据该分类方式分析上述案例中的提示词，可以总结出如表6-1所示的结果。

表6-1 提示词总结

类型	对应内容	具体的提示词
画面主体	3个男孩	3boys
环境	城市，街道，室外，夜晚	city，street，outdoors，night
详细描述	行走	walking
品质	杰作，最佳质量	masterpiece，best quality
艺术效果	（案例中没有使用）	（案例中没有使用）

按照这个思路展开，我们还能用提示词分类的方法向Stable Diffusion描述任何需要的图像内容，如表6-2所示。

表6-2 提示词归纳

类型	对应内容	具体的提示词
画面主体	如人、物体、动物等	如1boy、1girl、car、mecha、dog、birds
环境	如地区、场景、时间段等	如city、forest、outdoors、daylight
详细描述	如动作、行为、状态等	如jump、sitting、full body
品质	如图像质量、分辨率、比例等	如masterpiece、best quality、8K、HD
艺术特效	如图像风格、艺术家姓名、卡通、科幻、光线效果、视觉特效等	如photo、realistic、focus、Neon light、colorful、cinematic_lighting

下面让我们根据这个分类方法，试着生成一张图像吧。主题为"在森林中的阳光下和小狗一起散步的女孩"。

6.1.7 使用LoRA模型进行文生图

使用LoRA模型生成图像时，首先同样需要在文本输入框中输入相关的提示词，然后单击"模型切换"按钮■，展开主界面中的相关选项，接下来单击"LoRA"标签页展开LoRA模型列表，最后单击任意一个模型，将其放入正向提示词输入框中，如图6-15所示。

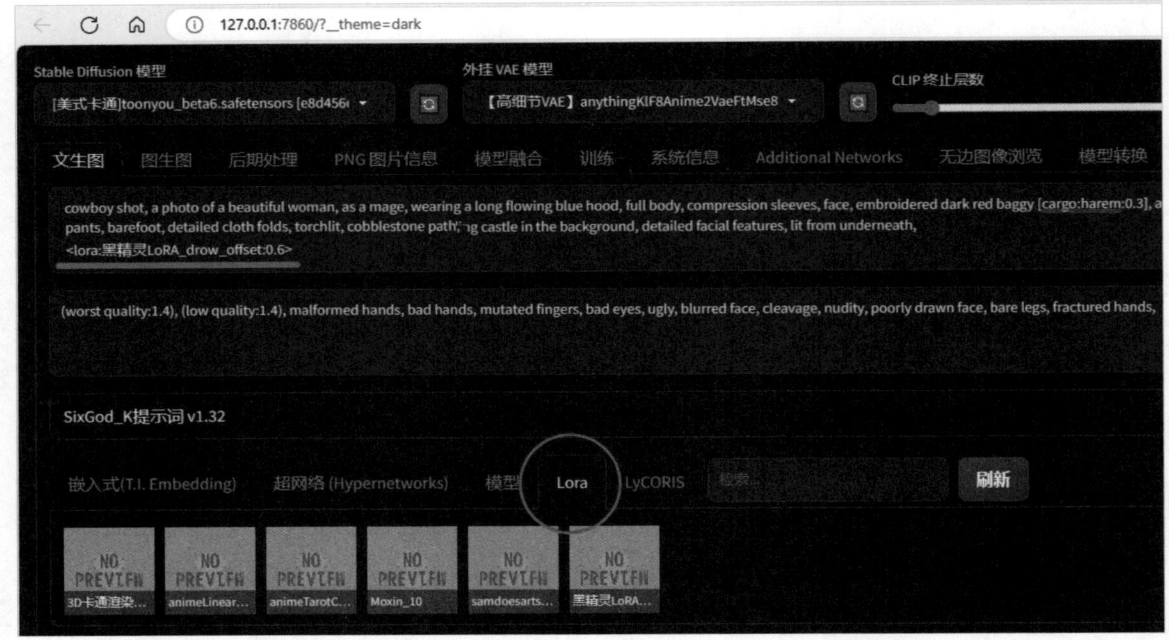

图 6-15

这里我们选择的是可以生成暗夜精灵风格的LoRA模型。

输入的正向提示词：cowboy shot（牛仔镜头），a photo of a beautiful woman（美女照片），as a mage（魔法师），wearing a long flowing blue hood（穿着蓝色兜帽长袍），full body（全身像），compression sleeves（收袖口），face（脸），embroidered dark red baggy[cargo:harem:0.3]pants（深红色刺绣宽松裤），barefoot（赤足），detailed cloth folds（布褶皱），torchlit（燃烧的火炬），cobblestone path（鹅卵石路），foreboding castle in the background（城堡位于背景中），detailed facial features（面部细节），lit from underneath（从脚下点燃），<lora:LoRA_drow_offset:0.6>（LoRA模型）。

其中，最后的“<lora:LoRA_drow_offset:0.6>”便是此次用到的LoRA模型。它的权重值为0.6，这是经过多次测试得出的表现较好的权重值。LoRA模型的权重值并非一成不变的，要根据不同的ckpt模型和参数来进行生成测试，不适合的权重值会与ckpt模型产生冲突，生成扭曲崩坏的图像。

输入的反向提示词：worst quality:1.4（糟糕的质量:1.4），low quality:1.4（低质量:1.4），malformed hands（畸形的手），bad hands（不好的手），mutated fingers（突变的手指），bad eyes（不好的眼睛），ugly（丑陋的），blurred face（模糊的脸），poorly drawn face（画得不好的脸），bad legs（不好的腿），fractured hands（骨折的手）。

然后我们用同样的参数设置，分别生成两张图像，其中一张加载了LoRA模型，另一张没有加载LoRA模型，生成的结果如图6-16所示。

图6-16

从图中可以看到，左侧没有加载LoRA模型的人物呈现出典型的人类女性角色特征，右侧加载了LoRA模型的人物拥有了暗夜精灵般修长的身姿和特有的冷色调皮肤及装束，可见LoRA模型确实影响了人物整体风格，可以使画面更加出彩。

此外，LoRA模型也可以同时使用多个，但这样较容易产生扭曲的图像。特别是将风格差异过大的LoRA模型一起使用时，即便调整它们的权重还是容易使生成内容产生冲突。所以加载不同的LoRA模型时应采用画面风格接近的模型，并通过调整LoRA模型的权重值，从而使其与ckpt模型有效结合。当然，在不断混搭的过程中我们也可能发现一些令人惊喜的效果，所以关键还是要多尝试。

6.2 使用图生图功能

学习了如何进行文生图之后，下面将介绍另一种图像生成方式——图生图。

6.2.1 什么是图生图

图生图是Stable Diffusion生成图像的一种方式，单击“文生图”旁边的“图生图”选项卡便能将其展开，如图6-17所示。从图中可以看到界面中有一个上传底图的区域，这也是图生图与文生图最主要的区别，它的作用是让Stable Diffusion根据这张底图来生成新图像。

图6-17

如果我们希望以某张图像为原型来生成类似的图像，就可以使用图生图功能。如图6-18所示，将一张图像拖曳到图生图功能的底图上传区域。

图 6-18

输入提示词后单击“生成”按钮，就能看到图生图的生成效果，如图6-19所示，其中，左图是底图，右图则是使用图生图功能生成的新图像，可以看到二者既相似又不同，这便是图生图最有趣也是最有用的地方。

图 6-19

文生图与图生图在操作上的差异主要有两点，具体如下。

（1）前者借助提示词来生成图像，而后者则需要以用户提供的图像作为底图来生成图像。

（2）在生成内容上，文生图生成图像的随机性很强，而图生图由于有底图，能在一定程度上控制生成的图像。

6.2.2 用重绘幅度控制图像

重绘幅度是图生图功能中特有且非常重要的一个参数。它表示在执行图生图任务时，底图对生成图像的影响程度。通过拖曳滑块或输入数值可以设置"重绘幅度"，它的最小值是0，表示完全按照底图来生成图像，也就是让Stable Diffusion生成一张和底图一模一样的图像；它的最大值为1，表示在执行生成任务时完全忽略底图。

重绘幅度的默认值是0.75，表示在底图基础上进行75%的重绘创作，用这个值执行生成图像时，对底图的重绘幅度较小，但让Stable Diffusion发挥创意的空间较大。在实际应用中，我们需要根据需求不断进行尝试。我们还是以图6-18中的图像为底图，在不改变其他参数的情况下，将重绘幅度分别设置为0.4、0.5、0.6、0.7、0.8，然后让Stable Diffusion执行生成任务，得到的结果如图6-20所示。

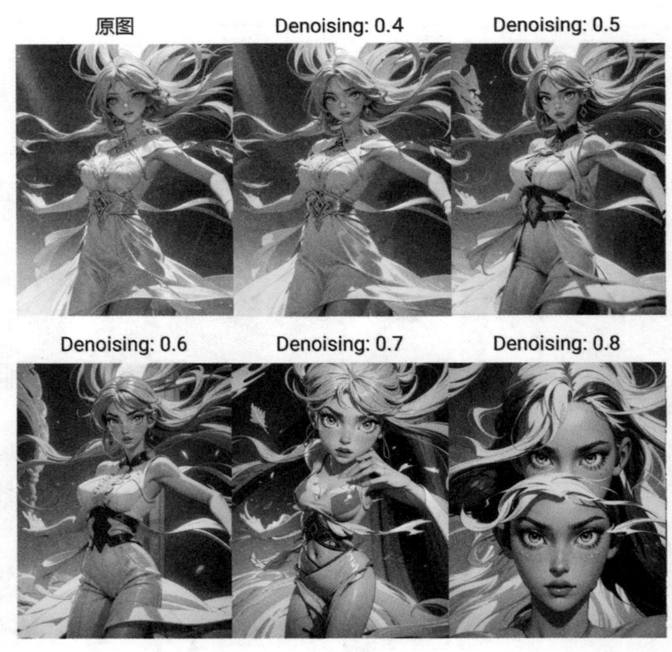

图6-20

从图中可以看到，随着重绘幅度的增加，生成图像与底图的差异也逐渐增大，当重绘幅度为0.8时，生成图像已变得截然不同。所以如果只想对底图进行优化，同时保持图像整体不发生较大的变化，可以将重绘幅度设置为0.5以下。如果想在底图的基础上看到更多创新，可以尝试将重绘幅度设置为0.5到0.7之间。

6.2.3 用重绘尺寸控制图像

重绘尺寸也是图生图特有的功能，用于以上传的图像为底图，按照设置的尺寸生成图像。这里将重绘尺寸的宽度和高度都设置为512，对底图进行重绘，得到的新图像如图6-21所示。

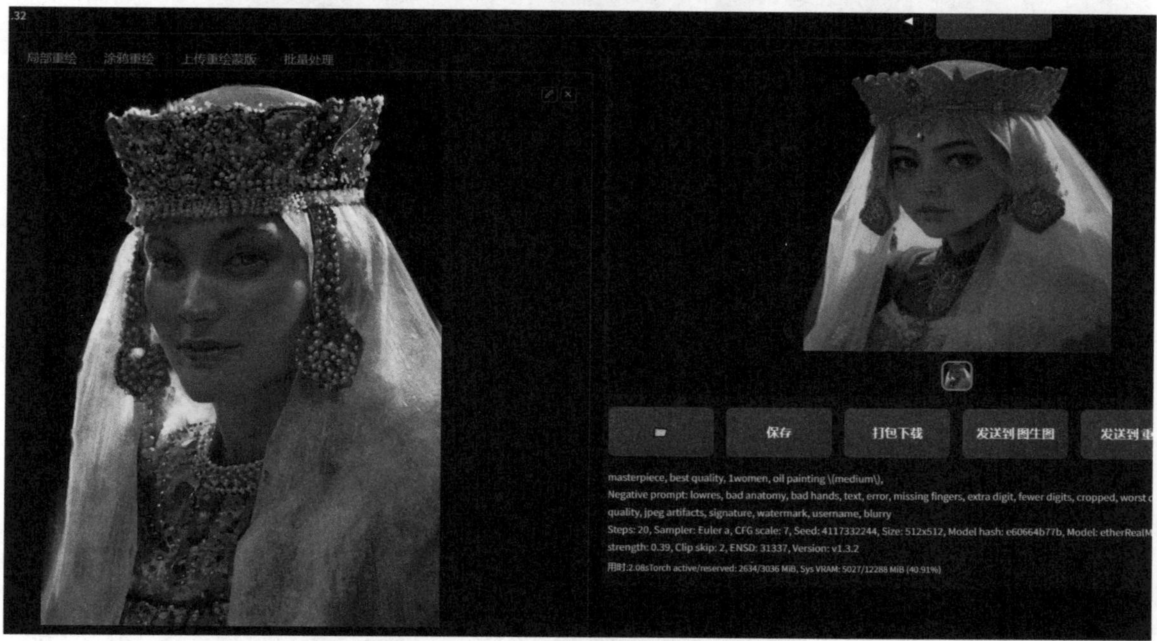

图6-21

重绘尺寸倍数用于对底图进行缩小或放大处理。如图6-22所示，选择“重绘尺寸倍数”选项卡，设置合适的尺度，就可以在下方看到具体的尺寸变化。

面部修复　平铺图 (Tiling)
重绘尺寸　重绘尺寸倍数
尺度　1.25
从 1024x1536到1280x1920

图6-22

局部重绘也是图生图中一个有趣的功能，它允许用户在上传的底图上进行涂鸦，然后输入提示词来生成新的图像。如图6-23所示，在左侧底图人物眼部位置涂鸦出一块区域，输入提示词“sunglasses”（墨镜），并选择“重绘蒙版内容”蒙版模式，就可以生成一张底图人物戴着墨镜的新图像。

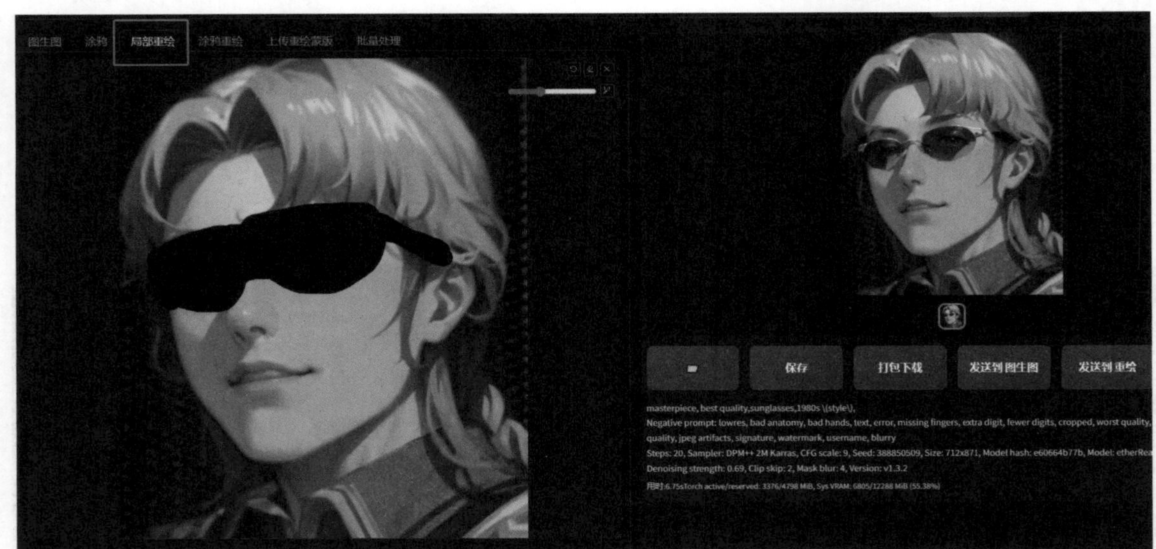

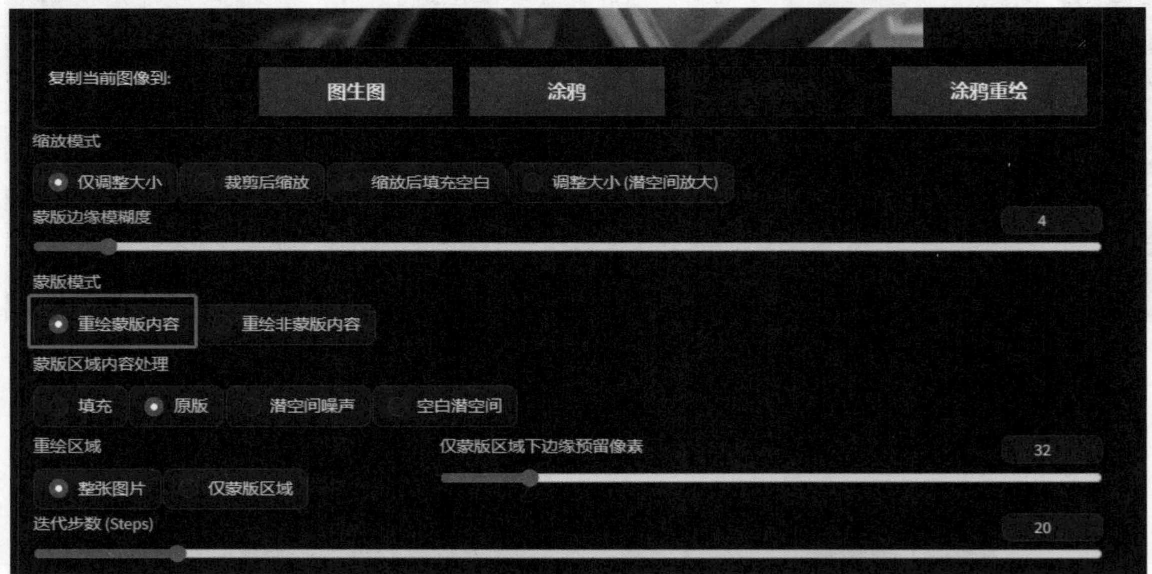

图6-23

 6.3 Stable Diffusion的辅助功能

除了文生图和图生图，Stable Diffusion中还有一些辅助功能。

6.3.1 如何用*X*/*Y*/*Z* plot生成图像阵列

X/*Y*/*Z* plot即*X*/*Y*/*Z*图表，它是“脚本”中的一套实用指令，位于主界面的插件栏目位置，单击“脚本”下拉按钮后，选择“*X*/*Y*/*Z* plot”就会展开其设置选项，如图6-24所示。

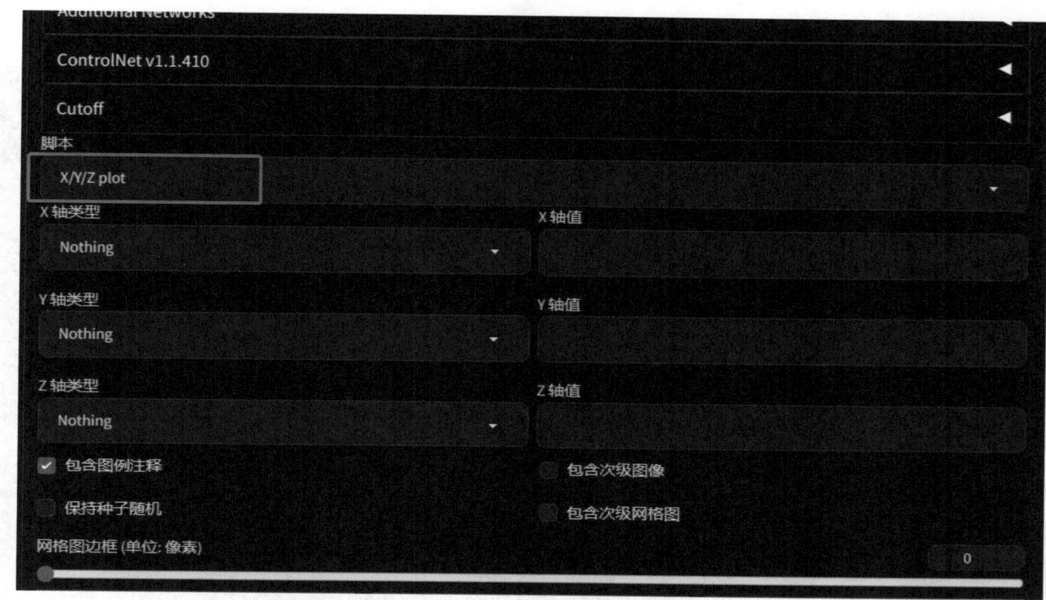

图6-24

这个功能能展示不同参数下的图像生成效果，在前文中我们已经多次使用此功能。图6-25所示是利用*X*/*Y*/*Z* plot功能在相同参数下使用不同采样方法生成的图像。

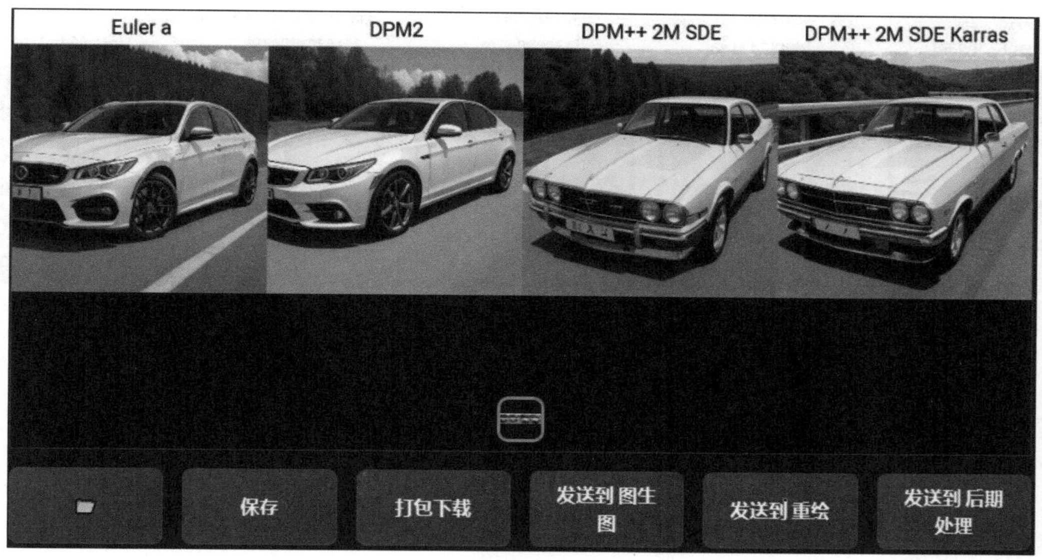

图6-25

在“脚本”中选择“X/Y/Z plot”后，单击“X轴类型”下拉按钮，就可以看到许多参数设置选项。如图6-26所示，在“X轴类型”中选择“Checkpoint name”（ckpt模型名称），右侧的“X轴值”就是该轴类型对应的参数，单击下拉按钮后就会弹出程序中所有的ckpt模型，选择这些模型可以将它们填入“X轴值”当中。单击“生成”按钮后，Stable Diffusion就会根据“X轴值”中的ckpt模型在X轴上展示生成的图像内容，如图6-27所示。

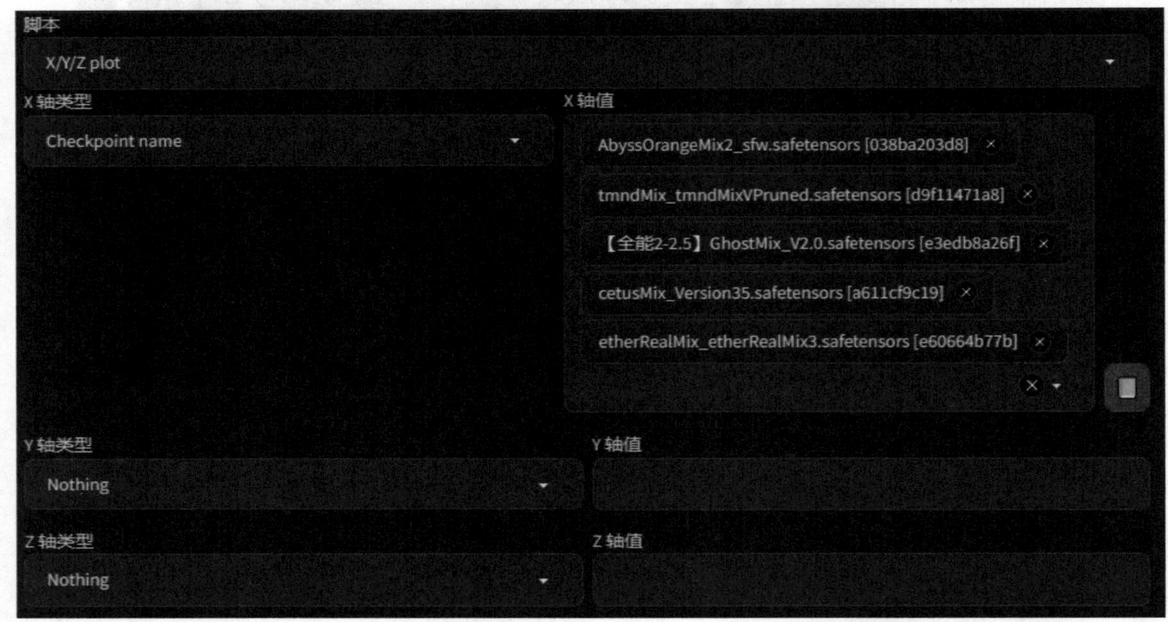

图6-26

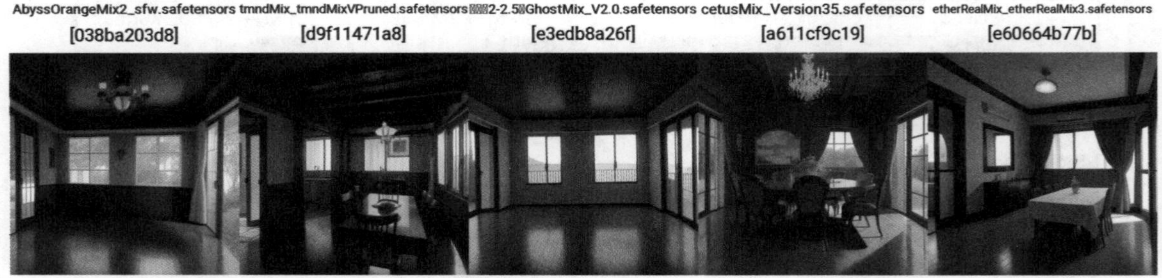

图6-27

接下来设置“Y轴类型”，如选择“Sampler”（采样方法），“Y轴值”中就会显示所有的采样方法，选择需要的采样方法即可将其填入“Y轴值”中，如图6-28所示。从图中可以看到，现在“X轴值”和“Y轴值”中都填入了参数。

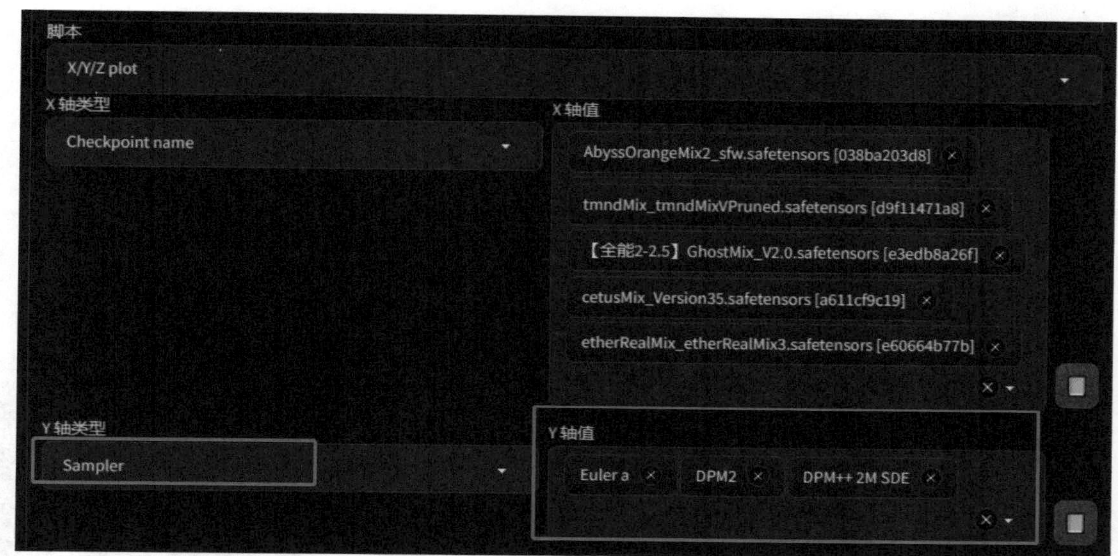

图6-28

单击“生成”按钮后，Stable Diffusion就会根据设定的模型和采样方法来执行图像生成任务，如图6-29所示。

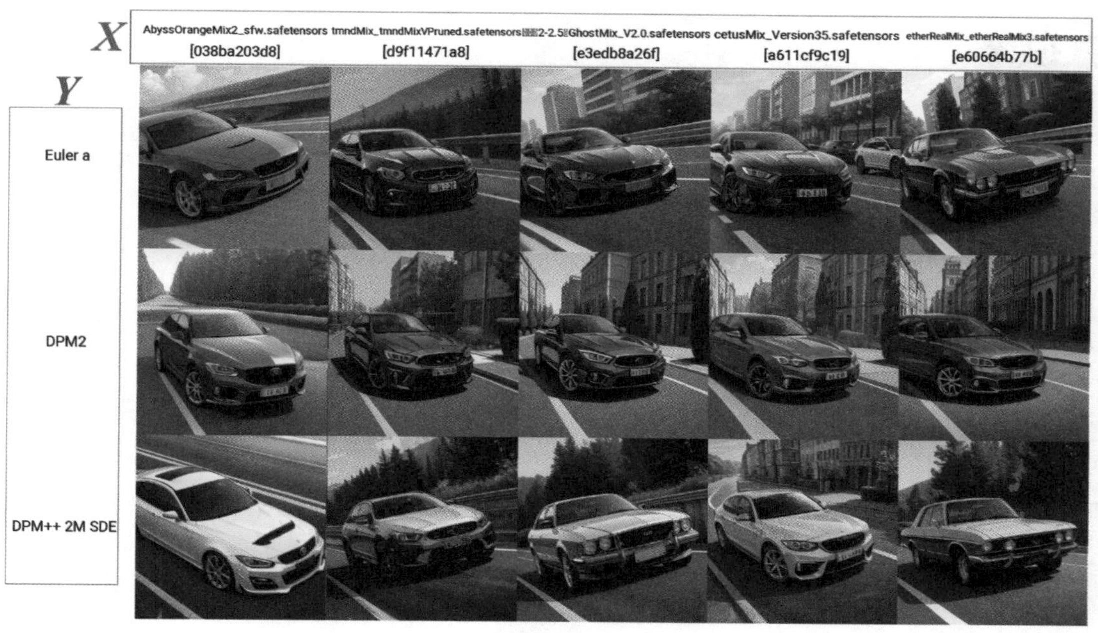

图6-29

我们还可以启用“Z轴类型”，选择“Steps”（迭代步数），在“Z轴值”中填入步数，此时Stable Diffusion就会根据设定的模型、采样方法和迭代步数执行图像生成任务，如图6-30所示。

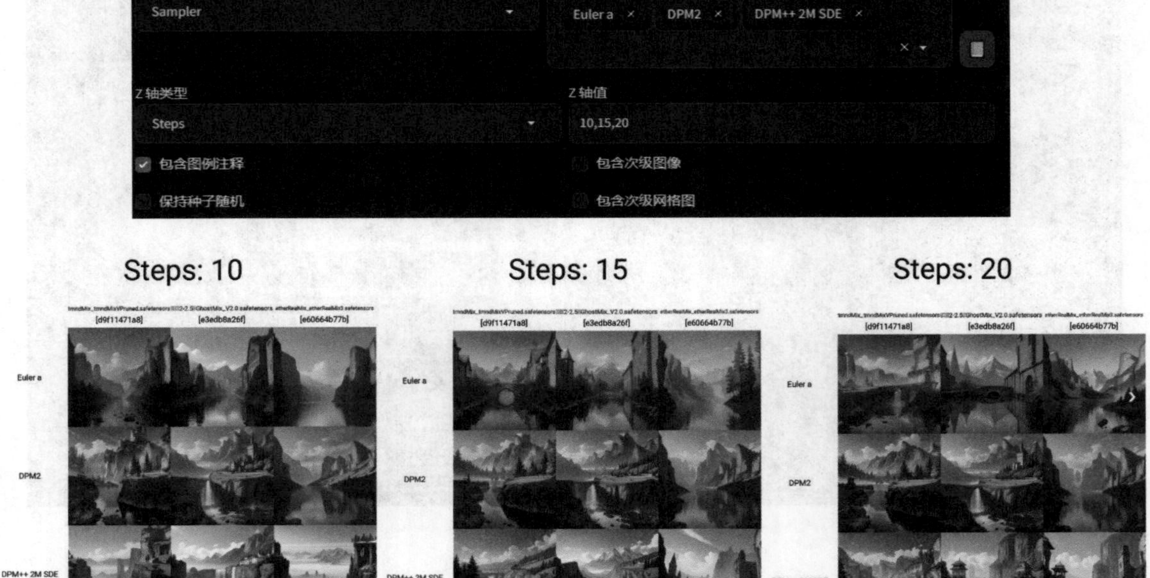

图6-30

温馨提示

当"Z轴类型"选择"Steps"时，"Z轴值"的一种写法是"步数值,步数值,……"。例如，"10,15,20"代表在第10步、第15步、第20步时分别生成一张图像，总计生成3张图像。另一种写法是"起始步数-终止步数(+每多少步生成一张图像)"。例如"4-20(+4)"代表从第4步到第20步中每4步生成一张图像，总计生成5张图像。

使用X/Y/Z plot功能时，还需要注意以下三点。

（1）X、Y、Z三个轴类型根据需要来启用，每增加一个轴类型，生成图像的时间就会大幅增加。当三个轴类型全部启用时，生成图像耗费的时间至少是相同条件下只启用一个轴类型的三倍。选择轴类型下拉菜单中的"无"即可关闭相应的轴类型。

（2）当启用X/Y/Z plot功能时，X、Y、Z轴值中设置的参数具有最高优先级，也就是说生成图像时只会执行轴值中的参数，而不执行主界面中的参数。在"脚本"中选择"无"可以关闭该功能。

（3）X、Y、Z轴生成的图像都使用相同的随机数种子，可以勾选下方的"保持种子随机"来让生成图像分别使用不同的随机数种子。

6.3.2 如何查看生成图像的参数信息

Stable Diffusion生成的所有图像都会带有一段内嵌数据，在主界面上方的"PNG图片信息"选项卡中拖曳上传图像，即可在右侧查看图像的参数信息，如图6-31所示。

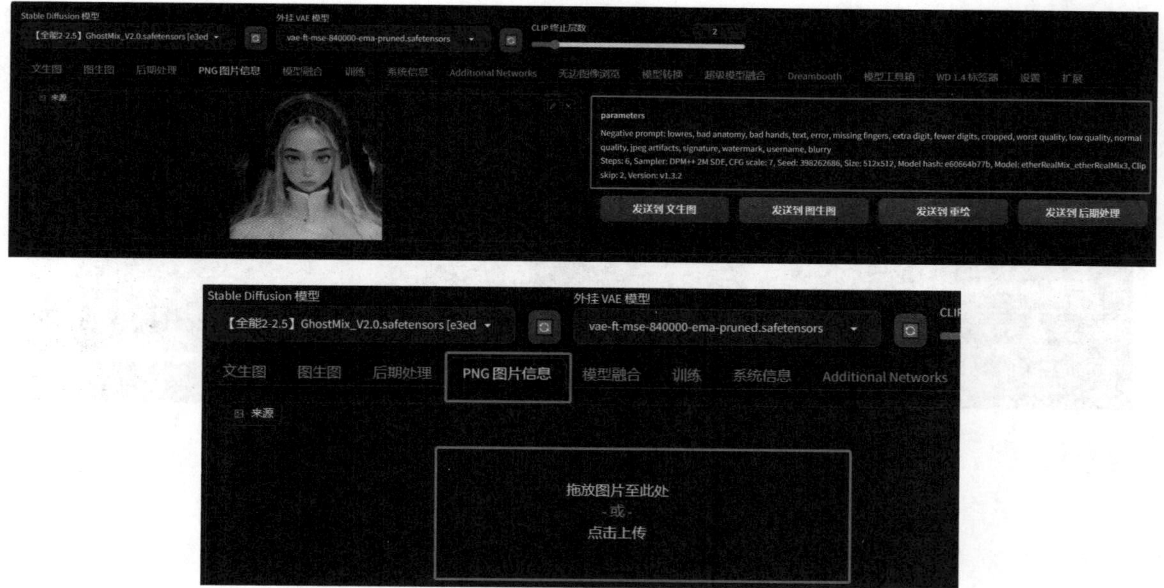

图 6-31

参数信息包括生成该图像使用的所有参数，如反向提示词、模型、采样方法、迭代步数、随机数种子等。

温馨提示

需要注意的是，这些数据仅对Stable Diffusion有效，且由于显卡性能差异等原因，在不同设备上即便使用完全相同的参数也无法生成相同的内容。

6.3.3 后期处理

后期处理用于对生成图像进行放大或缩小，如图6-32所示。

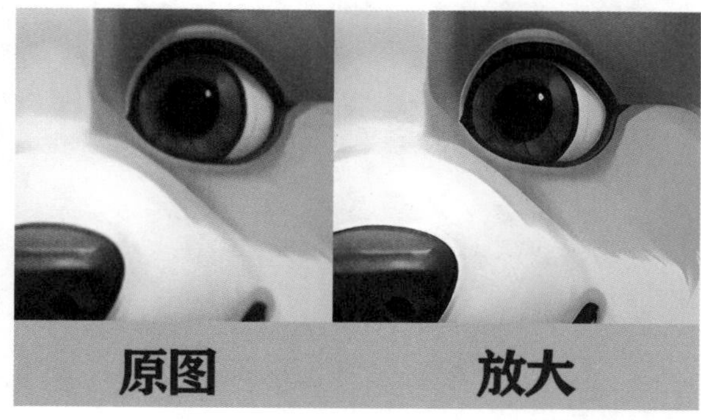

图 6-32

使用时，先设置缩放比例的值，其默认值为4，此值越大图像被放大得就越大。缩放比例下方的Upscaler 1是放大器的意思，单击它的下拉按钮可以看到不同的放大算法，通常选择“R-ESRGAN 4x”或“R-ESRGAN 4x+ Anime6B”，然后单击“生成”按钮即可，如图6-33所示。另外，在“缩放到”选项卡中可将图像缩放至自定义的尺寸。

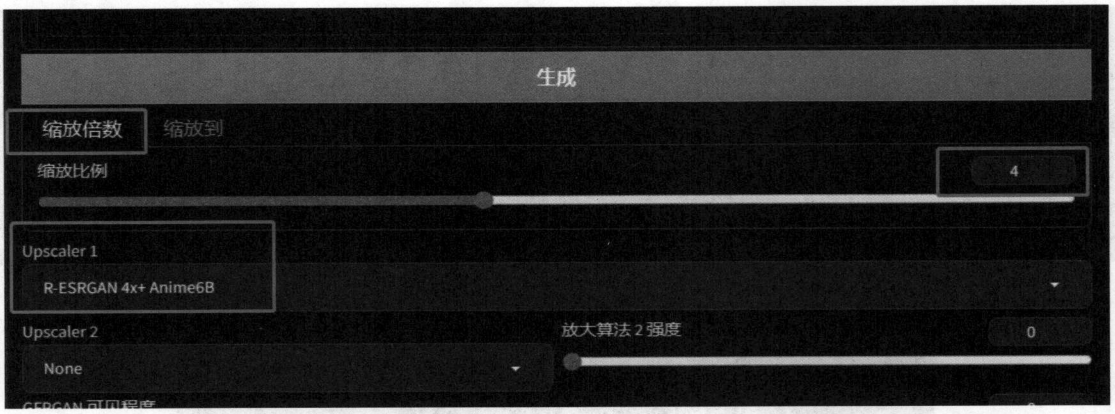

生成
缩放倍数 缩放到
缩放比例 4
Upscaler 1
R-ESRGAN 4x+ Anime6B
Upscaler 2 放大算法 2 强度 0
None

图 6-33

第7章

Stable Diffusion插件的使用

● 本章导读

前面我们学习了Stable Diffusion的生图操作方法和技巧，本章将深入讲解Stable Diffusion的扩展功能——插件。

Stable Diffusion自带的功能已有很强的可用性，但因其功能庞杂，致使操作流程和对生成内容的把控仍存在一定欠缺，而使用插件可以简化操作流程，进一步精准控制生成内容，优化计算机硬件系统在高像素出图时的压力等。同Stable Diffusion一样，每个插件都是独立的，都需要进行下载安装和参数调整等操作。想要用好各种插件，我们不仅需要掌握基本知识，还必须进行大量的实践、总结来积累经验。

通过学习本章的内容，读者将掌握Stable Diffusion插件的相关操作方法，进而在创作游戏美术内容时获得一个强大的辅助工具。

7.1 Stable Diffusion插件介绍

Stable Diffusion的强大功能在一定程度上归功于GitHub提供的丰富插件。

7.1.1 什么是插件

插件是Stable Diffusion的辅助功能模块，它可以拓展Stable Diffusion的功能，并赋予操作者非常大的调整空间。

例如，提示词补全插件可以翻译用户输入的提示词并基于这些提示词进行联想补全。又如，高清放大/修复插件能解决出图模糊或人物面部表现不佳的问题。如图7-1所示，这款名为Cutoff的插件专门用于解决图像中不同区域色彩不一致的问题。

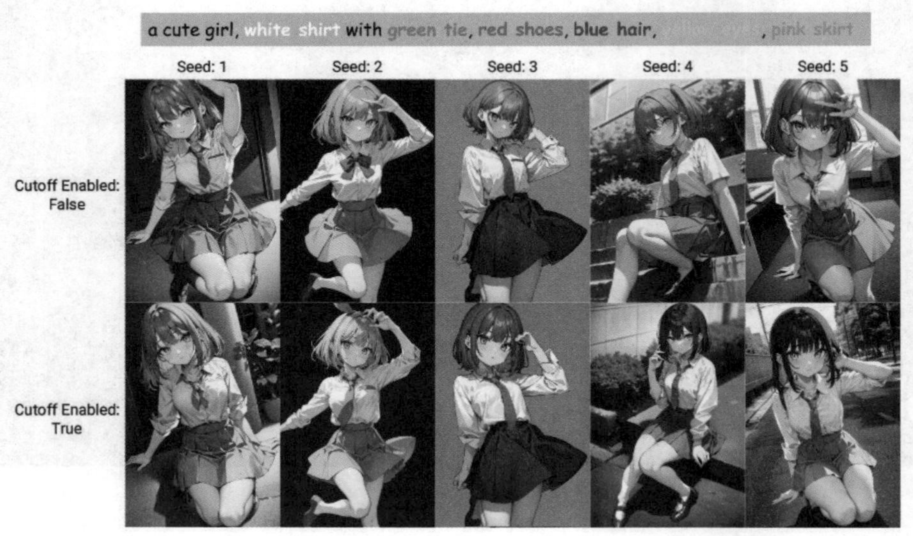

图7-1

这些插件均由不同的开源爱好者开发或分享，用户可根据自身需要进行选择。

7.1.2 Stable Diffusion插件的获取与安装

下面通过案例来演示Stable Diffusion插件的获取与安装方法。

1 Stable Diffusion的插件可以从GitHub上下载，GitHub是全球最大的代码托管平台，打开该网站，其主界面如图7-2所示。

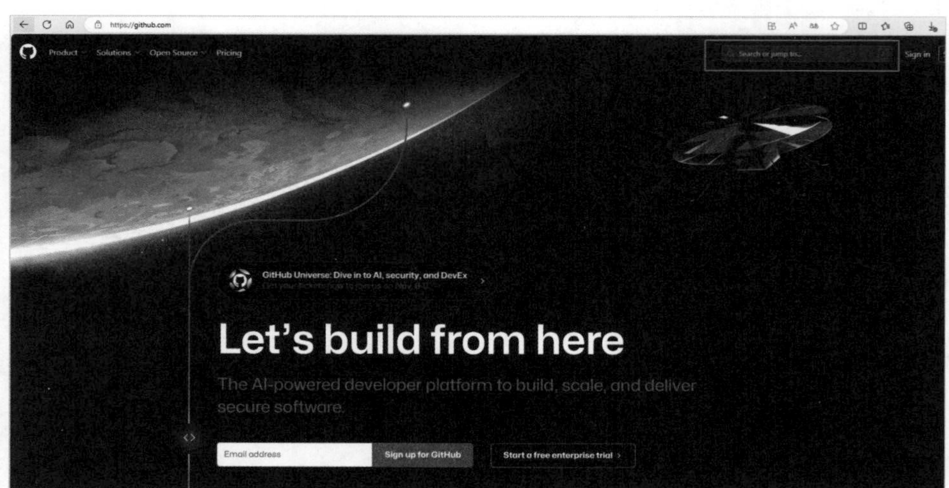

图7-2

2 在主界面右上角找到搜索栏，输入“Stable Diffusion extensions”（Stable Diffusion扩展内容），或直接输入想要获取的插件名。此处我们以前文提到的Cutoff插件为例进行搜索，搜索结果如图7-3所示，在搜索结果中可以看到此插件的大致介绍。

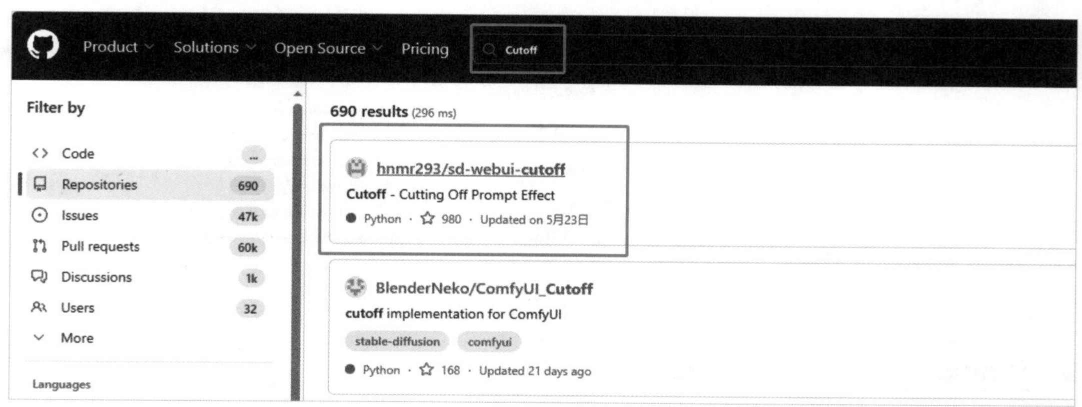

图7-3

单击其中一项搜索结果，可以看到这款插件的文件内容和介绍，以及安装、使用方法，我们可以根据其介绍来确认是否需要下载。

3 确认要下载后，先单击右上方的“Code”按钮，展开下拉菜单，然后单击“Download ZIP”选项，如图7-4所示。

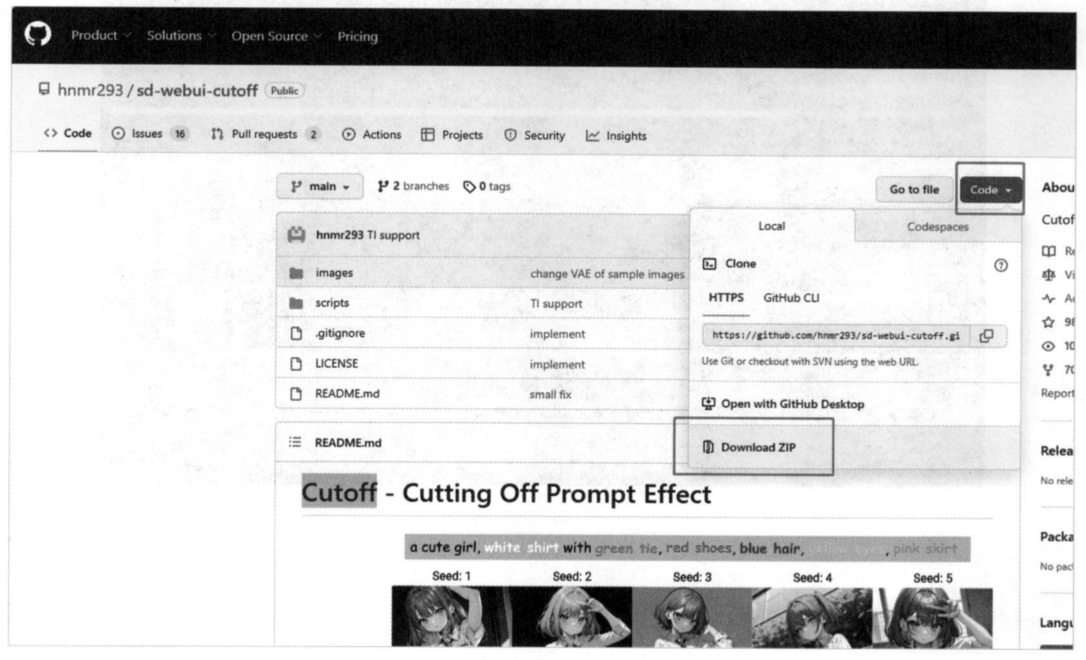

图7-4

4 由于不同计算机的安全策略存在差异，直接使用Stable Diffusion上的插件安装方式可能无法安装，此处我们使用最保险的手动安装方式。解压下载的Stable Diffusion插件压缩包后，将其复制到Stable Diffusion根目录下的“extensions”文件夹中，即可完成安装，如图7-5所示。

图 7-5

安装完成后重启Stable Diffusion，就能在Stable Diffusion中找到这款插件了。

7.1.3 Stable Diffusion插件的使用

Stable Diffusion的插件根据其功能，分布在不同界面的不同位置，我们要根据插件制作者的说明来找到其位置。以Cutoff插件为例，它位于“随机数种子”选项和“脚本”选项之间，如图7-6所示。

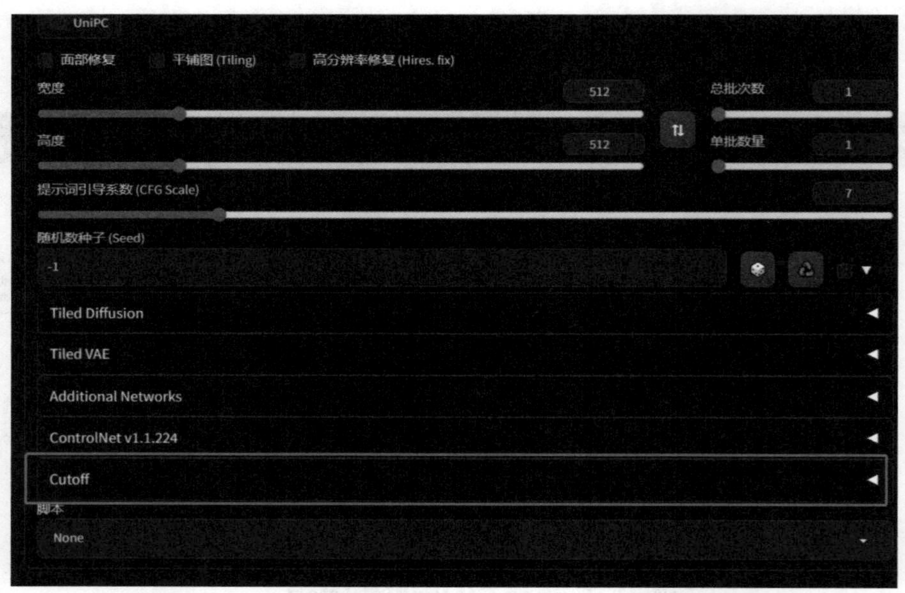

图 7-6

在使用前我们先简单了解Cutoff插件的功能原理。由于Stable Diffusion本身的局限性，当人物的色彩较多时，色彩可能会趋于一致，也就是所谓的“色彩侵染”。Cutoff可以把色彩容易混淆的区域隔离出来后正确上色。为了测试插件效果，我们试着生成一张色彩较为复杂的图像，具体操作步骤如下。

1 在正向提示词输入框中输入提示词：masterpiece（杰作），best quality（最佳质量），cute girl（可爱的女孩），blue eyes（蓝眼睛），blonde hair（金发），long hair（长发），white shirt with red tie（白衬衫配红领带），green skirt（绿裙），in the outdoors（在户外）。

2 在反向提示词输入框中输入通用的反向提示词。

3 此时单击“Cutoff”展开选项，勾选“启用”复选框，并输入需要隔离的提示词：blue eyes（蓝眼睛），blonde hair（金发），red tie（红领带），green skirt（绿裙），如图7-7所示。

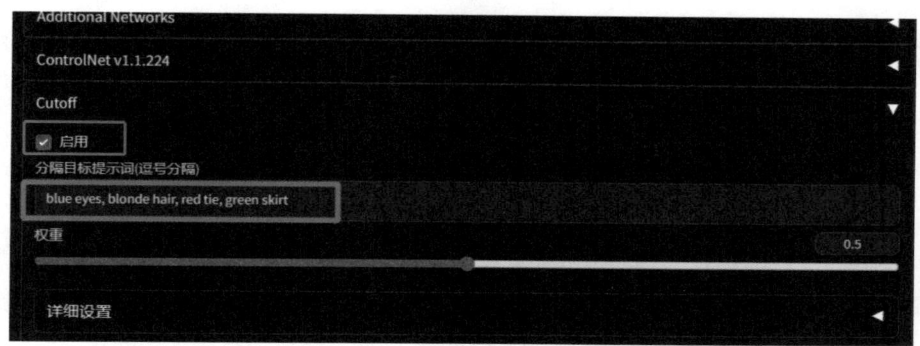

图 7-7

为了对比生成效果，此处生成了一张未启用Cutoff插件的图像和一张启用Cutoff插件的图像，如图7-8所示。

图 7-8

从图中可以看到，未启用Cutoff插件时，由于有多种不同色彩的提示词，图像受到了色彩侵染。启用Cutoff插件之后，Stable Diffusion完美呈现了我们输入的每个色彩提示词。不同的Stable Diffusion插件拥有效果各异的加持作用，总的来说都是为了帮助Stable Diffusion更精准高效地完成生成任务。

7.2 精于画面控制的ControlNet插件

前面我们已经对Stable Diffusion插件有了基本了解，本节将介绍Stable Diffusion中最核心的插件——ControlNet。

7.2.1 ControlNet插件简介

ControlNet是一款专门用于精准控制Stable Diffusion图像生成的插件。

我们在生成一张图像时，最基本的需求有两方面：一是内容，如人物动作、朝向、所处位置、光影方向等；二是图像的表现风格。后者可以用ckpt和LoRA等模型来实现，但对前者的具体把控则有一定的难度，因为我们是借助各种提示词的引导来让Stable Diffusion执行生成任务，达到控制图像内容的目的。这好比通过讲故事来让他人想象我们脑海中的画面。

然而提示词因本身的语言属性显得较为抽象，新手用户难以快速掌握，同时计算机对人类自然语言的理解也容易出现偏差（比如找不到画面重点），最终导致生成的图像时常出现纰漏，就好像讲故事的人难以把自己的想法传达给听众。ControlNet插件就是用来解决这类问题的。

我们可以将ControlNet插件的功能理解为一种基于图像信息来源（而非仅依靠提示词）的文生图模式。

ControlNet是怎么控制图像生成的呢？简单地说，它允许我们使用图像、草稿、标记或涂鸦等多种更具象化的数据，来辅助提示词完成生成任务，从而实现对生成图像的内容进行控制，如图7–9所示。

图7–9

在这个示例中，借助ControlNet的功能，我们可以非常精准地将左侧原图中的演讲小人转换成《星球大战》中的达斯维达。如果使用文生图或图生图功能来完成该任务，则很容易出现图像转换不完全或改动过大而偏离主题的情况。

7.2.2 ControlNet的获取和安装

ControlNet同样可以在GitHub上下载。目前大多数Stable Diffusion整合包里都包含ControlNet插件，此处不再赘述。其安装路径位于Stable Diffusion根目录下的“extensions”文件夹下，如图7-10所示。

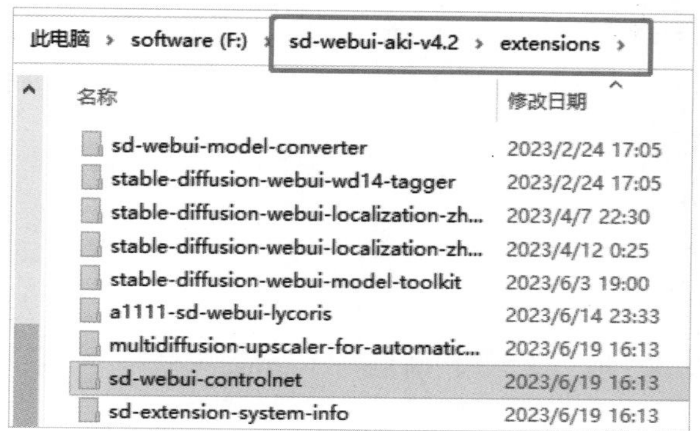

图7-10

> **温馨提示**
>
> 与其他插件不同的是，ControlNet各项功能的实现依赖于对应的模型和预处理器，也就是说要想使用ControlNet的各种功能，我们要先下载对应版本的模型和预处理器。

7.2.3 ControlNet的模型和预处理器

因为ControlNet的模型数量多达15个，并且还在不断地更新，同时每个模型的大小都在1GB以上，所以多数整合包出于对体量的考虑通常不会自带这些模型文件，需要我们自行下载。

将下载并解压好的模型文件存放在Stable Diffusion根目录下“sd-webui-controlnet”文件夹下的“models”（模型）文件夹中，如图7-11所示。

注意，目前ControlNet的最新版本是1.1版本，使用1.0版本的用户需要重新下载1.1版本的预处理器，并存放在“extensions”目录下“sd-webui-controlnet”文件夹内的“annotator”子文件夹下的“downloads”文件夹中（如图7-12所示），否则会导致ControlNet模型启用时报错。

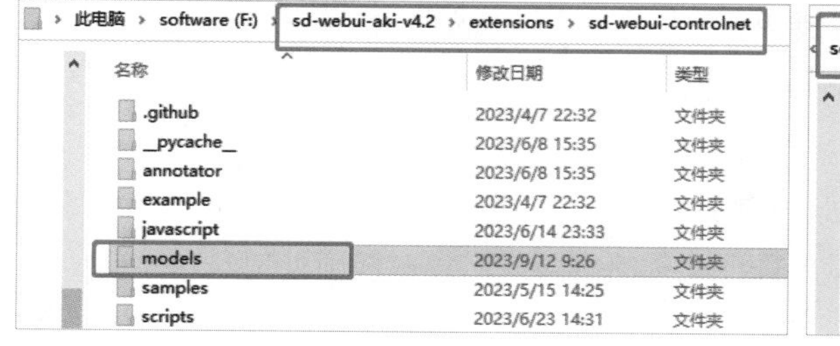

图7-11

图7-12

使用ControlNet生成图像的工作流程如图7-13所示。

图7-13

当我们完成所有的前期工作后，就可以正式开始使用ControlNet的各项功能了。

7.3 ControlNet 插件功能与应用

ControlNet是Stable Diffusion用户不可错过的一款插件，其实用性极强。它主要通过对上传底图的轮廓、远近关系、线条等不同维度要素进行分析，从而识别图像以达到对底图进行重绘渲染的目的。

7.3.1 熟悉ControlNet的界面

当我们打开ControlNet时，可以看到界面顶部预留了4个ControlNet单元，如图7-14所示。它们是相互独立的，却能一起发挥作用，也就是说在需要时可以同时开启多个ControlNet单元，不过在通常情况下只用1～2个单元就能满足需求。

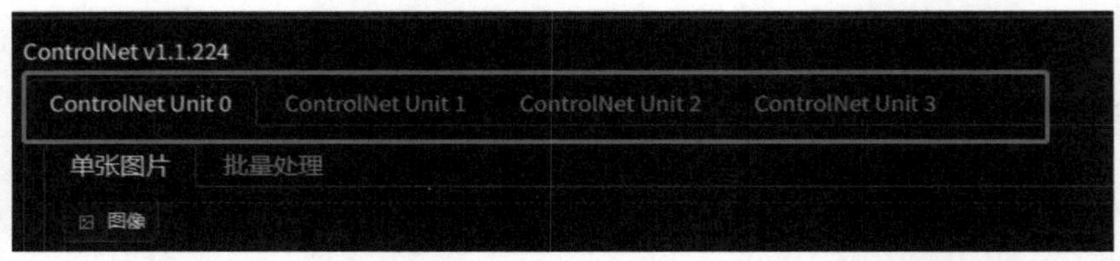

图7-14

1. 界面组成元素及作用

ControlNet的界面组成元素及作用具体如下。

（1）图像加载区域：ControlNet单元标签下方的空白区域，是用户上传底图的位置。

（2）启用：ControlNet的开关，只有勾选此选项时ControlNet的各项功能才能发挥作用。同时，使用完毕之后要将其关闭，否则会因为误启用ControlNet而找不出问题原因。

（3）低显存模式：是针对不足6GB的低端显卡进行优化的选项，如果显卡显存超过6GB则无须勾选。

（4）控制类型：是配置预处理器和模型的快捷选项，选择“控制类型”的不同预处理器会自动根据配置文件地址加载相应的模型文件。如果没有选择此选项则必须单独选择预处理器和模型。

（5）预处理器：在使用ControlNet的模型前，预处理器会先对输入的图像进行一次处理，方便后续ControlNet模型介入时进行图像渲染。不选择预处理器将无法启动生成任务。

（6）模型：是实现ControlNet不同功能的核心，负责把预处理器处理过的图像解析为可识别的内容。

温馨提示

ControlNet中的“模型”与ckpt模型、LoRA模型是不同的概念。ControlNet模型负责识别图像，而ckpt模型和LoRA模型负责图像渲染输出。

（7）控制权重：ControlNet对生成图像的影响程度。当启用多个ControlNet单元时，若某个单元的控制权重值较高，那么它对生成结果的影响就较显著，反之亦然。例如，如图7-15所示，显示了启用两个ControlNet单元，分别加载canny（边缘检测）模型和depth（深度检测）模型，使用相同的参数和不同的控制权重值最终生成的图像。

图7-15

从图中可以看到，在加载了depth模型的ControlNet单元中，随着控制权重值的不断提升，物体的立体感也越来越明显。但当depth模型的控制权重值超过了canny模型的控制权重值时，整个物体的线条感就会明显下降，同时，生成图像会因depth模型的权重过高而出现画面过曝现象。另外，如果只启用了一个ControlNet单元，那么降低控制权重值就意味着整个ControlNet的效果变弱。

（8）引导介入时机：ControlNet启用的时机，默认值为0，最大值为1，用于控制图像生成的起始与结束，需要与引导终止时机搭配使用。

（9）引导终止时机：ControlNet停用的时机，默认值为1，最小值为0，它与引导介入时机一起控制ControlNet的生效阶段。例如，引导介入时机设为0，引导终止时机设为1，表示ControlNet将参与从0到100%阶段的图像生成；引导介入时机设为0.5，引导终止时机设为0.8，表示ControlNet会在图像生成的50%～80%阶段生效，其余不生效的阶段等同于没有开启ControlNet。

2. 自定义单元参数

当某些Stable Diffusion整合包的顶部标签栏中只显示一个ControlNet单元时，可以单击Stable Diffusion主界面的“设置”标签，选择“ControlNet”选项，然后拖曳滑块来设置单元的数量，如图7-16所示。

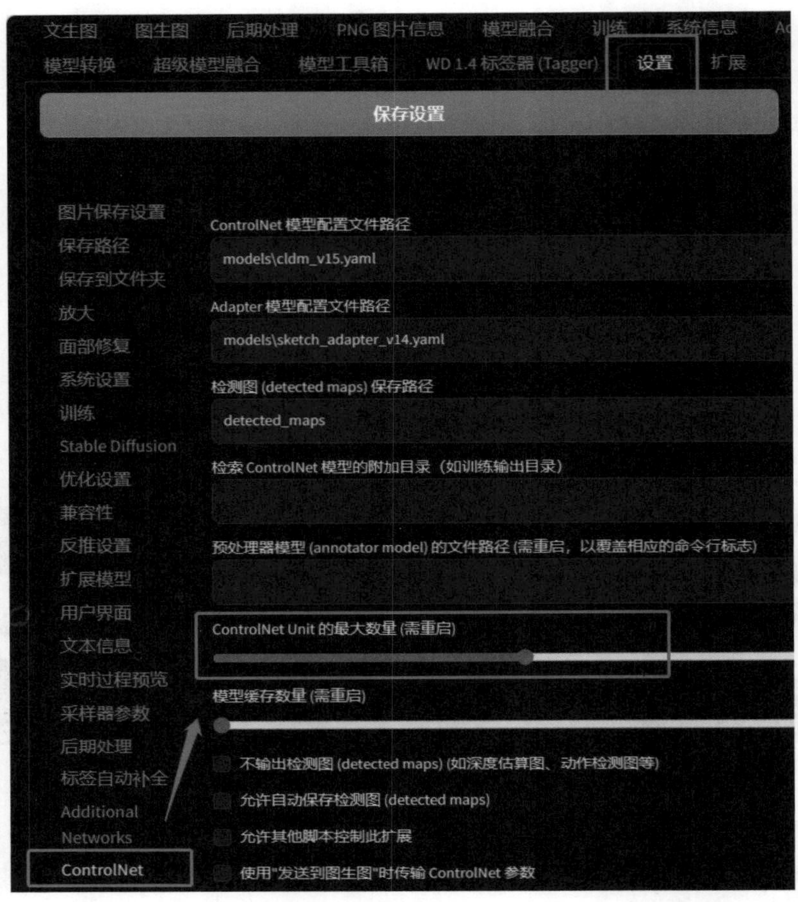

图 7-16

7.3.2 canny模型功能及使用

canny模型可以检测底图边缘信息并将检测到的边缘数据转换为线稿图，通常用于对动画类角色或建筑进行重绘、上色。其具体操作方法如下。

1 勾选“启用”复选框，再拖曳底图到图像加载区域，在界面下方左侧的“预处理器”列表中选择“canny”选项，在“模型”列表中选择与之对应的参数“control_v11p_sd15_canny [d14c016b]”，单击“预处理器”和“模型”中间的“运行预处理器”按钮，可以看到预处理的效果，如图7-17所示。

2 在正向提示词输入框中输入提示词：masterpiece（杰作），best quality（最佳质量），spacecraft（宇宙飞船），3D，game model（游戏模型），model ship（模型船）；然后在反向提示词输入框中输入通用反向提示词。

3 使用一个适合的ckpt模型进行渲染，这里我们使用了写实类ckpt模型。单击ControlNet底图下方最右侧的“自动适应尺寸”按钮，保持出图像尺寸和其他参数不变，最后单击“生成”按钮即可。最终得到的结果如图7-18所示。

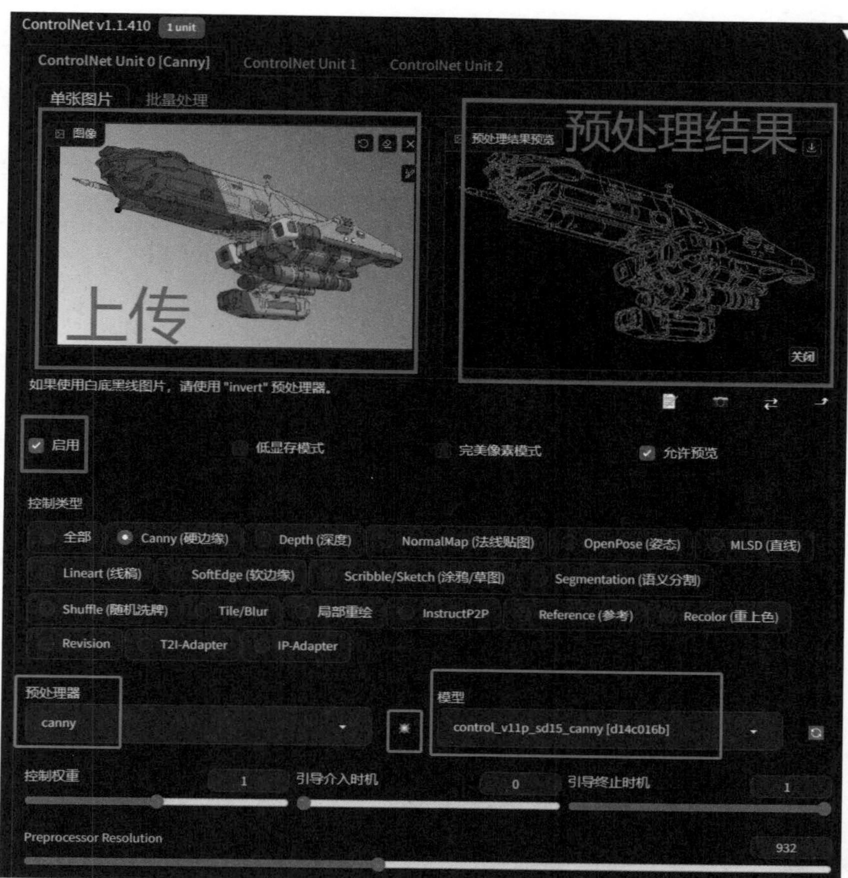
ControlNet v1.1.410
1 unit
ControlNet Unit 0 [Canny]
ControlNet Unit 1
ControlNet Unit 2
单张图片
批量处理
图像
上传
预处理结果预览
预处理结果
关闭
如果使用白底黑线图片，请使用 "invert" 预处理器。
启用
低显存模式
完美像素模式
允许预览
控制类型
全部
Canny (硬边缘)
Depth (深度)
NormalMap (法线贴图)
OpenPose (姿态)
MLSD (直线)
Lineart (线稿)
SoftEdge (软边缘)
Scribble/Sketch (涂鸦/草图)
Segmentation (语义分割)
Shuffle (随机洗牌)
Tile/Blur
局部重绘
InstructP2P
Reference (参考)
Recolor (重上色)
Revision
T2I-Adapter
IP-Adapter
预处理器
canny
模型
control_v11p_sd15_canny [d14c016b]
控制权重
1
引导介入时机
0
引导终止时机
1
Preprocessor Resolution
932

图 7-17

图 7-18

7.3.3 mlsd模型功能及使用

mlsd模型是一个专门用于检测直线的模型，对于曲线则会跳过渲染。在有人物的场景中，使用mlsd模型可以很好地避开对人物线条的检测，如图7-19所示。

图7-19

具体操作方法如下。

1 勾选“启用”复选框，拖曳底图至图像加载区域，在“预处理器”列表中选择“mlsd”选项，在“模型”列表中选择与之对应的参数“control_v11p_sd15_mlsd [aca30ff0]”，如图7-20所示。

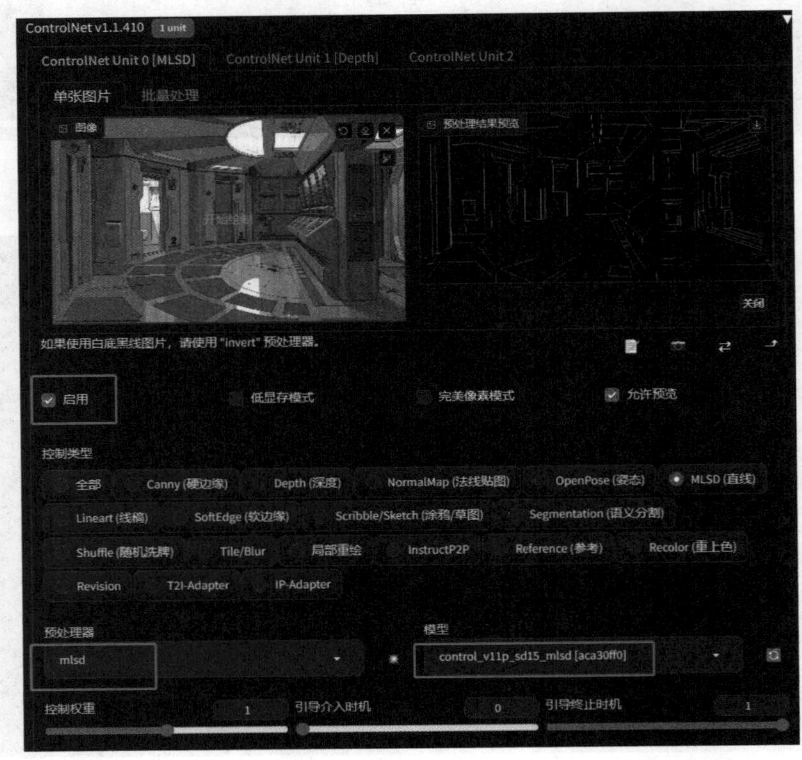

图7-20

2 根据项目需求在正向提示词输入框中输入提示词：masterpiece（杰作），best quality（最佳质量），indoors（室内），room（房间），interior（内景），couch（沙发），wood floor（木地板），model（模型），sunlight（阳光）。得到的结果如图7-21所示。

图7-21

同样，也可以用不同的提示词来生成多种风格的图像，如复古、科幻、园林设计等，如图7-22所示。对于正为背景创作而发愁的创作者来说，这个模型可谓雪中送炭。

图7-22

7.3.4 openpose模型功能及使用

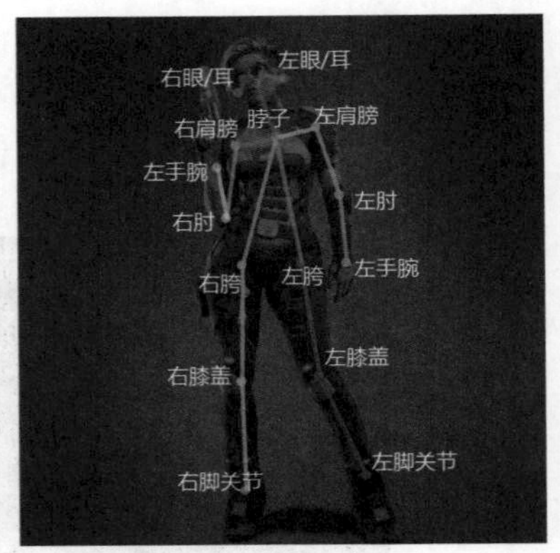

图 7-23

openpose（姿态控制）模型用于检测人物的姿态，它的预处理器可以提取底图中人物的骨骼数据，如图 7-23 所示，之后再交由 openpose 模型进行数据处理。具体操作方法如下。

1 勾选“启用”复选框，拖曳底图至图像加载区域，在“预处理器”列表中选择“openpose”选项，在“模型”列表中选择与之对应的参数“control_v11p_sd15_openpose [cab727d4]”，如图 7-24 所示。

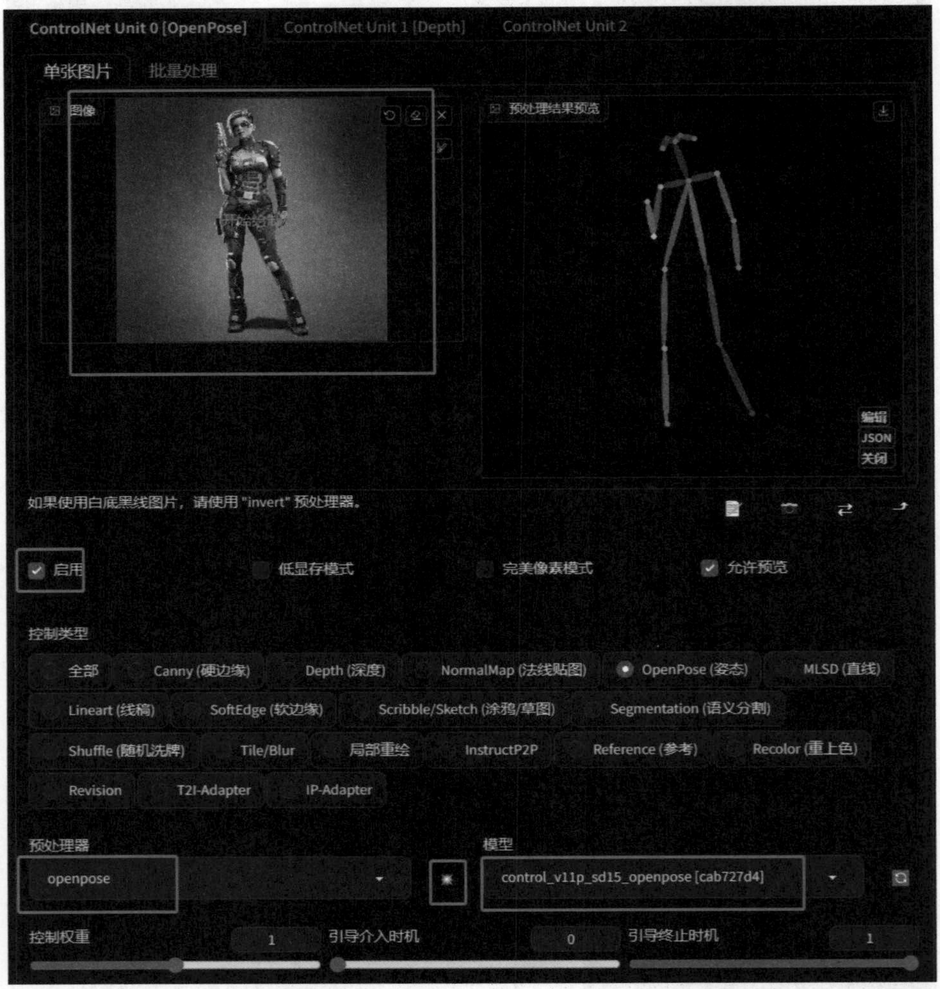

图 7-24

2 单击“预处理”按钮后可以看到底图的右侧出现了骨骼图，单击骨骼图右下角的“编辑”按钮可打开骨骼调整界面，此时可对每个骨骼的位置进行拖曳调整。确认骨骼的位置无误之后单击“生成”按钮，得到的结果如图 7–25 所示。

图 7–25

openpose模型还可以用来实现角色三视图设计，具体操作方法如下。

1 上传一张角色三视图作为底图，然后启用“预处理器”列表中的“openpose”选项就可以得到骨骼图，如图 7–26 所示。

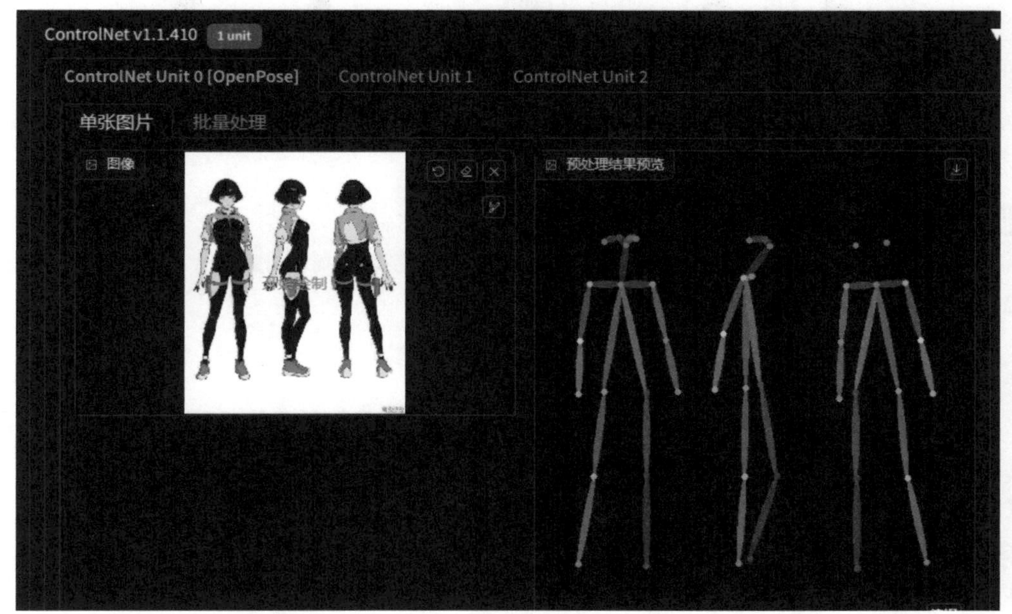

图 7–26

2 在提示词输入框中输入角色三视图相关的提示词，如“multiple views（多视角），three views（三视图），character set（角色设定），concept art（概念艺术）”，再搭配其他相关描述，就可以得到生成结果，如图7-27所示。

图7-27

温馨提示

如果角色三视图的生成效果不理想，可搭配使用模型网站中提供的三视图LoRA模型，或在图像生成之后手动对不合理之处进行调整再进行图生图。

7.3.5 normal_bae模型功能及使用

normal_bae（法线检测）模型可以识别底图中主体的轮廓及凹凸信息，通过预处理器将底图转换为法线图，再由法线图来进行新图像生成，通常用于影视、游戏、室内和工业设计等领域。其具体操作方法如下。

1 勾选“启用”复选框，在“预处理器”列表中选择“normal_bae”选项，在“模型”列表中选择与之对应的参数“control_v11p_sd15_normalbae［316696f1］”，如图7-28所示。

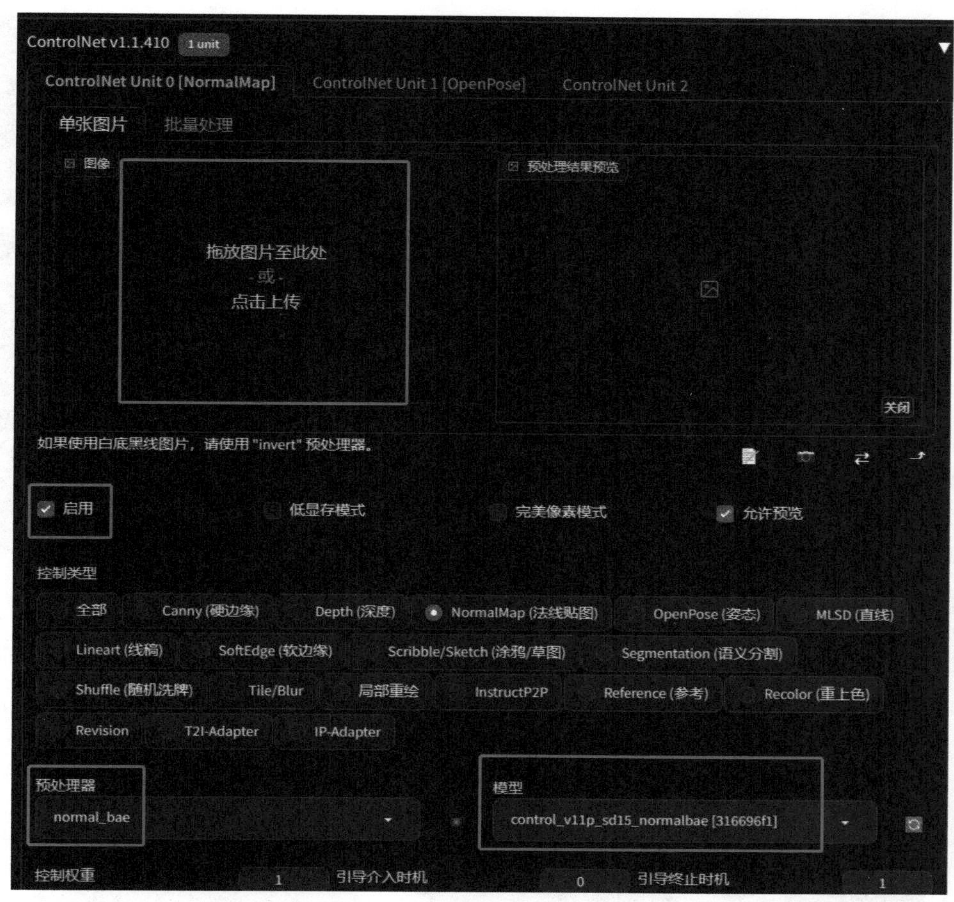

图 7-28

2 上传底图后进行图像生成，生成效果如图7-29所示。这个模型的特点是能够保留图像主体的轮廓及凹凸信息，使计算机依据这些信息识别物体，并搭配提示词来生成新图像。其本质是让计算机更好地识别图像的大小和形状，从而使生成的图像更加精准，适用于生成物体轮廓特征明显的图像。

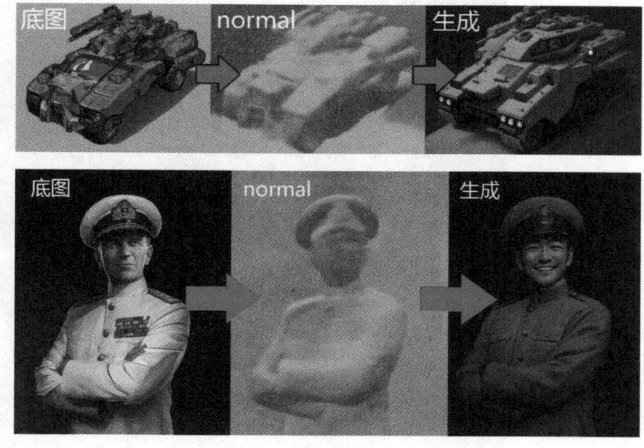

图 7-29

7.3.6 depth模型功能及使用

depth（深度检测）模型用于识别底图中物体的远近关系，并根据此关系来重新生成图像。在预览效果中可以看到经过depth模型处理后，距离越近的物体越白，反之则越黑，如图7-30所示。

使用此模型时先勾选“启用”复选框，拖曳底图至图像加载区域，然后在“预处理器”列表中选择“depth_midas”选项，在“模型”列表中选择与之对应的参数“control_v11f1p_sd15_depth［cfd03158］”，如图7-31所示。

此模型适用于体积感强或层次比较分明的底图。

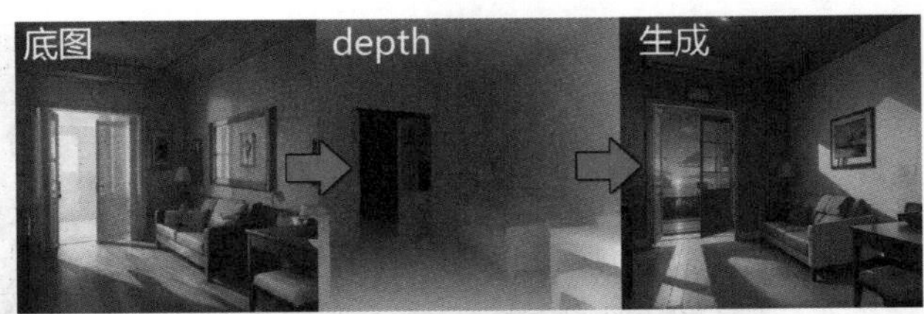

图7-30

图7-31

7.3.7 lineart模型功能及使用

lineart（线稿提取）模型类似于canny模型，也可以将底图转化为线稿，但相较canny模型生硬的边缘检测，lineart模型转化的线条更加干净、清晰。这里我们还是使用前面的宇宙飞船底图进行演示。如图7-32所示，可以明显看出，经过lineart模型预处理后的线稿拥有更好的识别度，所以生成图像的准确性自然也更高。

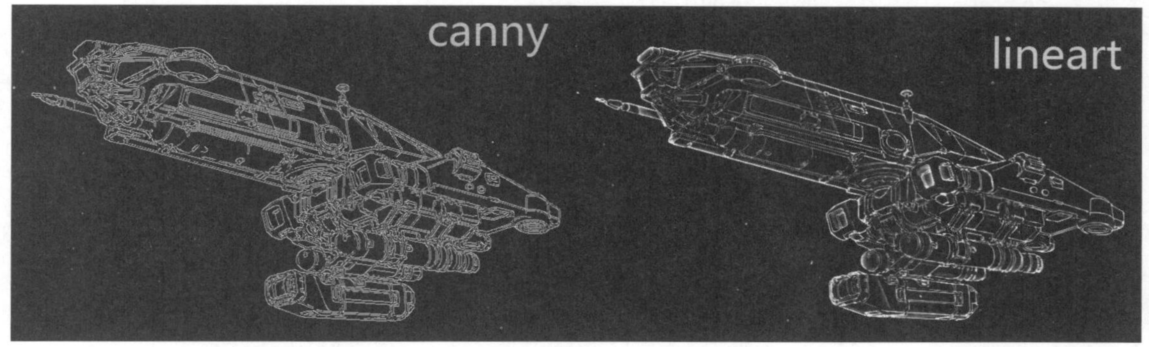

图 7-32

无
lineart_anime (动漫线稿提取)
lineart_anime_denoise (动漫线稿提取 - 去噪)
lineart_coarse (粗略线稿提取)
lineart_realistic (写实线稿提取)
✓ lineart_standard (标准线稿提取 - 白底黑线反色)
invert (对白色背景黑色线条图像反相处理)

图 7-33

lineart模型的具体操作方法如下。

1 勾选“启用”复选框，然后拖曳底图至图像加载区域，在“预处理器”列表中选择一个适合项目的线条提取方式，这里直接使用默认选项，如图7-33所示。

2 在“模型”列表中选择参数“control_v11p_sd15s2_lineart_anime［3825e83e］”，输入需要的提示词后配合ckpt模型或LoRA模型将lineart处理的线条渲染成图像即可。此处我们以一张“侠盗猎车手”系列游戏海报为底图进行生成，得到的结果如图7-34所示。

图 7-34

7.3.8 scribble模型功能及使用

scribble（涂鸦检测）模型主要用于渲染简单的线条，可以将简单的涂鸦转换为相对精细的图像。其使用方法具体如下。

勾选“启用”复选框，然后拖曳底图至图像加载区域，再在“预处理器”列表中选择适合项目的预处理方式。这里我们直接使用默认的“scribble_pidinet”预处理方式，最后在“模型”列表中选择参数“control_v11p_sd15_scribble [d4ba51ff]”，生成效果如图7-35所示。

图7-35

对于美术技能不太理想的创作者而言，这是一个非常实用的模型。

第8章

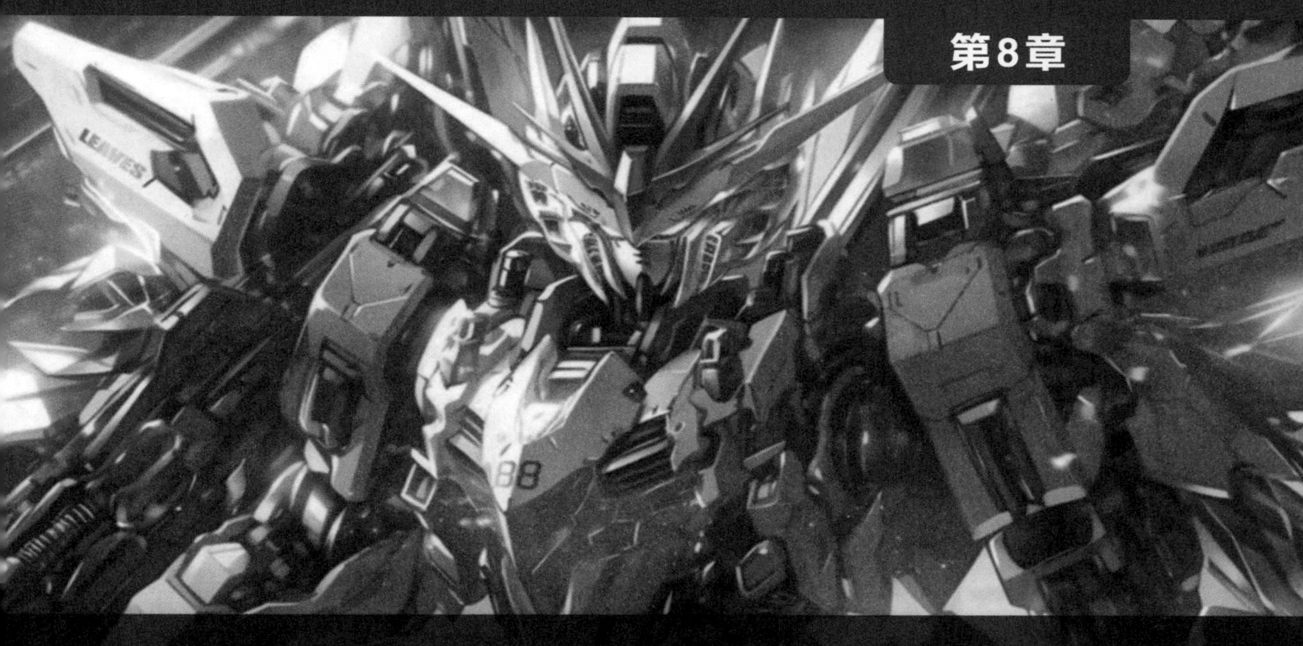

Stable Diffusion的模型训练

● 本章导读

前面我们学习了Stable Diffusion主要插件ControlNet的基本功能和使用方法。本章将讲解Stable Diffusion中最重要的内容——模型训练，帮助大家掌握模型训练的参数设置和操作方法。模型训练是基于Stable Diffusion开源特性的独特功能，只有学会了模型训练方法，才可以说真正掌握了Stable Diffusion的用法，进而创作出高品质的图像。

Stable Diffusion模型训练因其强大的可塑性，在打造画风和优化工作流程方面具有独特的优势，然而由于其复杂的参数设置和系统环境搭建，对使用者提出了较高的要求。但在诸多爱好者的关注和打磨之下，过去许多极其复杂的操作得到了简化，相信随着未来的不断完善与更新，Stable Diffusion将成为一款人人都能轻松掌握的AI绘画工具。

通过学习本章的内容，读者将学会Stable Diffusion中几种主要的模型训练方法，并在今后打造出自己专属的模型库。

8.1 什么是Stable Diffusion模型训练

模型训练是指AI用各种算法对人类提供的各类数据进行采集、分析、处理、反馈之后，形成一种模型数据，从而掌握所需的知识、功能和应用方法。例如，通过训练汽车驾驶技术模型，可让AI逐渐学会驾驶汽车。

Stable Diffusion的模型训练，是以打造AI绘画能力为出发点的机器学习，通过我们提供的图像信息，让Stable Diffusion理解不同提示词对应的具体目标内容，认识新的目标主体，最终输出符合目标特征的图像。如图8-1所示，创作者通过模型训练让Stable Diffusion学会了建筑设计方法，最终成功让其生成了一些充满奇思妙想的建筑设计图。这便是Stable Diffusion中模型训练的实用价值。

图8-1

目前Stable Diffusion最主流的模型训练有三种：Embedding、Checkpoint、LoRA。这里我们先介绍Embedding（嵌入式模型）的训练方法。

8.2 Embedding模型训练方法

Embedding是通过输入图像信息与文本描述（也就是提示词）产生关联来进行训练，使得到的生成图像与文字内容相匹配的一种模型。

8.2.1 Embedding训练参数设置

1. 设置训练环境

先选择Stable Diffusion主界面中的“设置”选项，然后选择“反推设置”选项，再进行相应的设

置，如图8-2所示。

（1）将“BLIP：最小描述长度”和“BLIP：最大描述长度”分别设置为24和48。

（2）将“CLIP：文本文件的最大行数”设置为1500。

（3）将“deepbooru：评分阈值”设置为0.7。

（4）取消勾选“deepbooru：按字母顺序排序标签”和“deepbooru：在标签间使用空格”复选框。

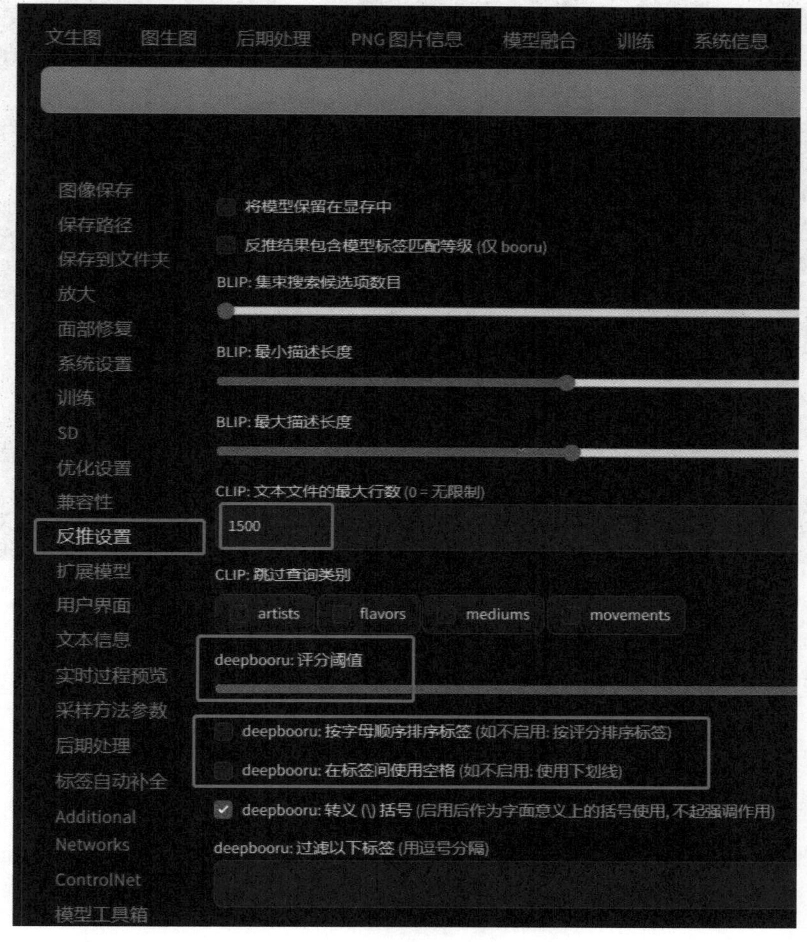

图8-2

2. 设置训练参数

选择“训练”选项，进行相关参数设置，如图8-3所示。

（1）勾选“如果可行，训练时将VAE和CLIP模型从显存移动到内存，可节省显存”复选框。

（2）勾选“每次训练开始时保存T1和Hypernetwork设置到文本文件中”复选框。

（3）将“刷新间隔，单位为秒；将待处理的Tensorboard事件和摘要刷新到硬盘”设置为120。

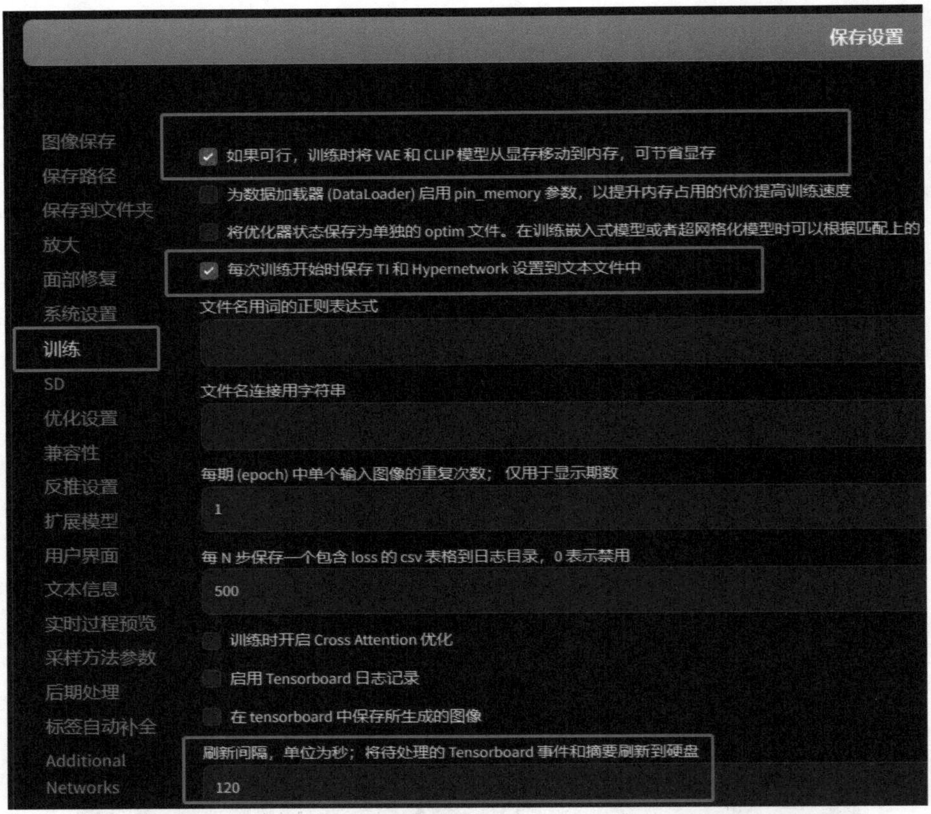

图 8-3

8.2.2 Embedding图像预处理

1. 图像收集

在图像收集过程中，需确保图像的品质、数量、尺寸、风格、文件命名等符合要求，具体如下。

（1）所有图像要统一为正方形，推荐尺寸为512px×512px，尺寸越大耗费的显卡性能和训练时间就越多。在这个案例中，我们以机动战士高达为训练图像，如图8-4所示。

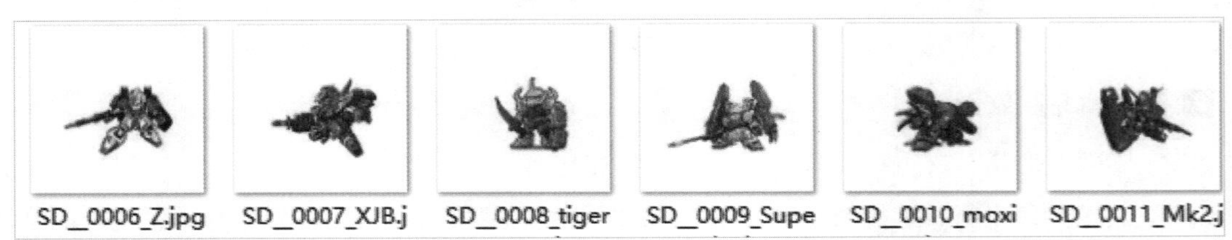

图 8-4

（2）提供给AI学习的所有图像，主体要清晰，背景要尽量干净整洁，不要过于繁复或带有文字，否则会影响AI识别图像主体，参考标准如图8-5所示。

图 8-5

（3）图像的风格差异不宜过大。

（4）图像数量要求最低为30张，人物训练推荐100张左右，尽量包含不同的视角。

（5）存放训练图像的文件路径中不能带有中文和特殊符号。

2. 图像分类

训练图像准备好之后，需将其转存到Stable Diffusion根目录下的文件夹中。在根目录下新建一个文件夹待用，这里将其命名为“Train”（训练）。接着，打开这个文件夹，并在其中新建一个名为“Embedding”的文件夹。然后在“Embedding”文件夹中新建一个文件夹，并将其命名为“in”，用于存放所有供AI学习的图像，如图8-6所示。最后，在“Embedding”文件夹中新建一个文件夹，并将其命名为“out”，用于存放Stable Diffusion为这些图像标注的提示词，如图8-7所示。

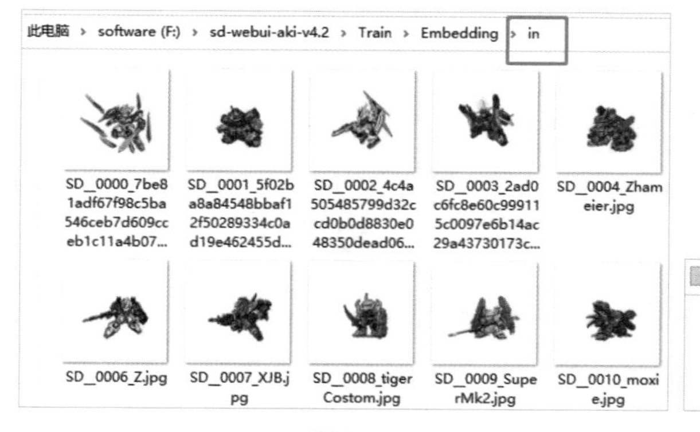

图 8-6

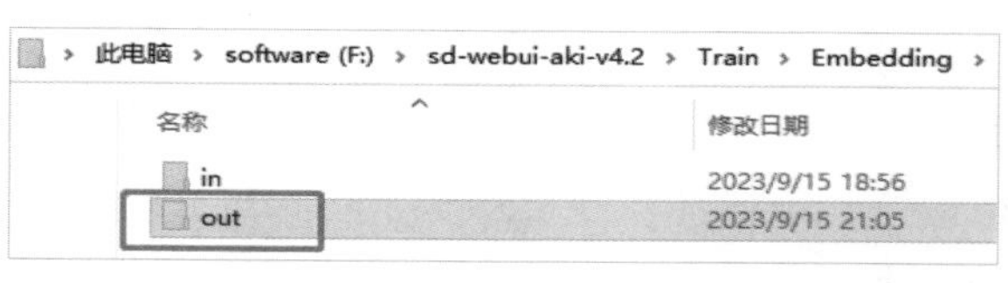

图 8-7

3. 创建嵌入式模型

文件夹创建完毕之后，返回Stable Diffusion的主界面。单击“训练”标签下的“创建嵌入式模型”标签，在“名称”栏中输入我们训练的模型的名称，如“SD_Mecha”。在“初始化文本”栏中，填入提示词“Mecha”（机甲），如图8-8所示。也就是说，当模型训练完成后，以后我们用到这个Embedding模型并以Mecha为提示词时，就会生成此次训练的结果。

然后在“每个词元的向量数”栏中填入一个大于5的数值，此数值根据图像数量多少而定，如有100张人物图像，需要填入15～20。创建好模型以后我们就可以在Stable Diffusion根目录下的“Embedding”文件夹中找到“SD_Mecha.pt”文件。不过这一步只是给模型制作了一个空壳。

图 8-8

4. 图像的预处理

具体操作方法如下。

1 单击“图像预处理”标签，在“源目录”栏中，填入我们之前存放所有训练图像的文件夹路径，这里我们复制文件夹“in”的路径，如图8-9所示。

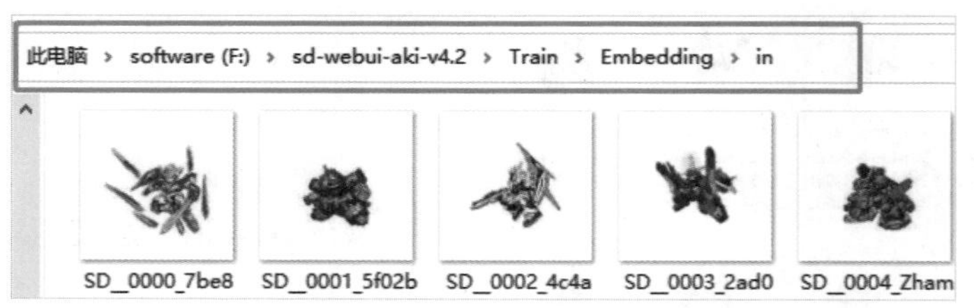

图 8-9

2 将文件夹路径粘贴到“源目录”栏中，并在“目标目录”栏中填入之前我们新建的文件夹“out”的路径，如图8-10所示。

3 根据图像的尺寸填写“宽度”和“高度”，因为我们使用的都是512px×512px的图像，所以这里保持512不变。

4 将“对已有标注的txt文件的操作”设置为“ignore”（无视），勾选“创建水平翻转副本”（增加供AI学习的素材数量）和“使用Deepbooru生成标签”（生成提示词的算法）复选框。

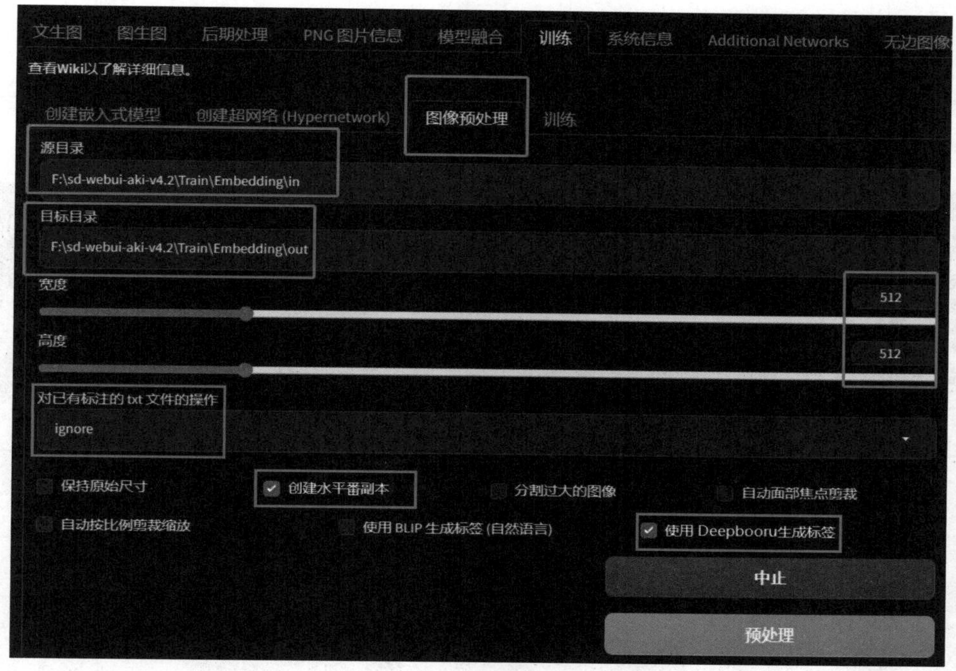

图 8-10

5 完成上述设置后，单击“预处理”按钮，Stable Diffusion将开始自动为所有的训练图像标注提示词。这个过程通常耗时不到1分钟，其间可检查一下控制台的黑色窗口中是否有报错信息，如有则根据错误提示进行修改。当提示词标注完毕后，我们就可以在“out”文件夹中看到Stable Diffusion为每张图像标注的提示词，如图8-11所示。

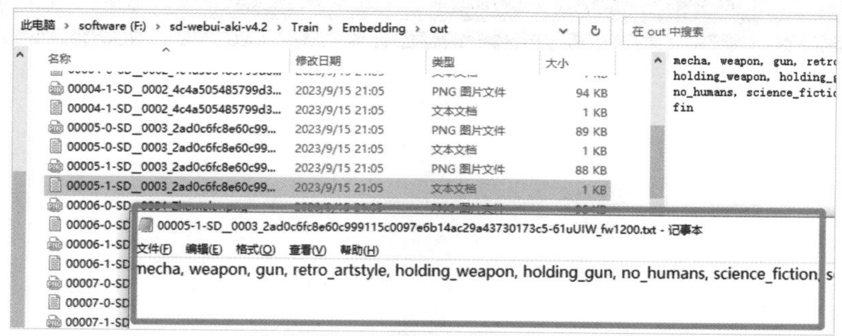

图 8-11

5. 训练模型

图像预处理完毕之后，单击Stable Diffusion主界面中的“训练”标签，然后对“训练”参数进行相应的设置，具体步骤如下。

1 单击“嵌入式模型”下拉按钮，选择“SD_Mecha”；“嵌入式模型学习率”保持默认值0.005即可，熟练使用后可尝试前100步设置为0.005，101～1000步设置为0.001，1000步以上设置为0.0001来优化训练质量。“单批数量”选择默认值1。在“数据集目录”栏中填入预处理后的“out”文件夹的完整路径（路径需准确无误，否则将无法启动模型训练）。“提示词模板”选择“subject_filewords.txt”，如图8-12所示。

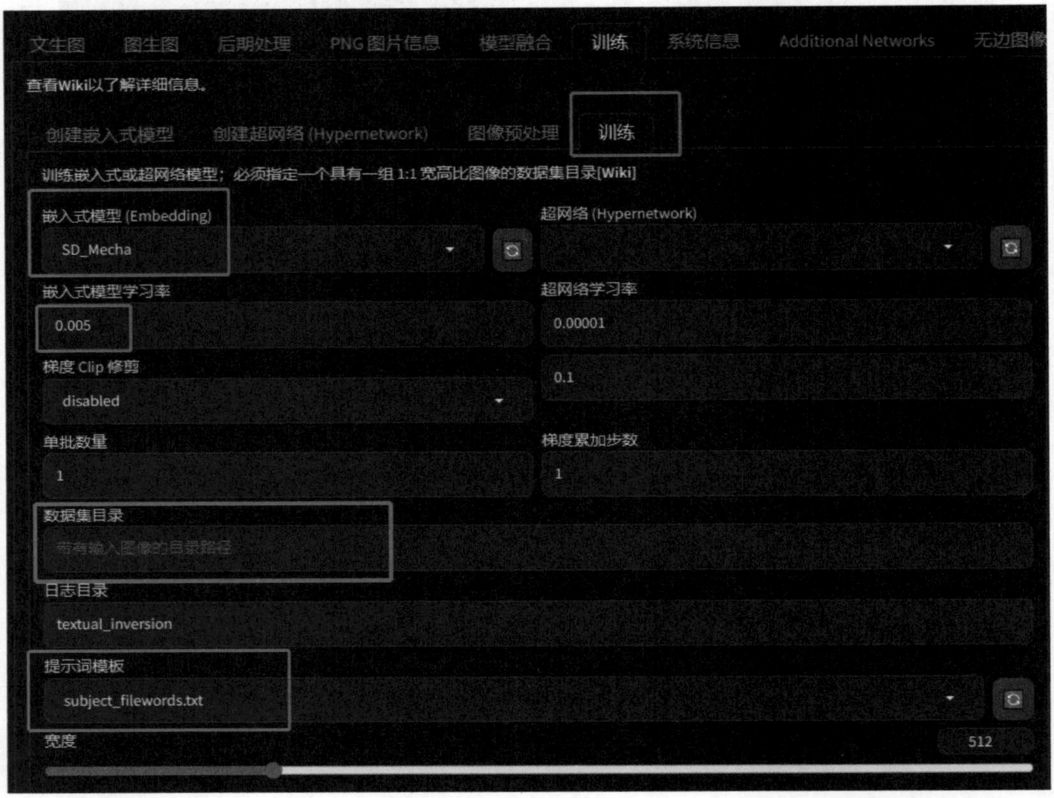

图8-12

2 在“最大步数”栏中填入10000，这个值是总的学习步数，类似于生成迭代步数，它根据图像数量而定，并非越高越好，因为过大的步数值不仅会让训练时间极其漫长，还容易产生过拟合现象，反而影响训练结果。“每*N*步保存一张图像到日志目录”，表示当训练到第*N*步时生成一张图像展现当前的学习成果，该项只起预览作用，并不影响模型的训练结果，本案例中填入了1000。“每*N*步将Embedding的副本保存到日志目录”则表示每训练*N*步后完成一个Embedding模型，该项主要用于生成多余的模型以对比不同步数下的模型效果，在实际应用中意义并不大，所以建议至少填入500，本案例中填入了1000，若不想产生多余的模型，也可填入0。这些中途生成的模型会被自动存放在“Stable Diffusion根目录\textual_inversion\训练日期\Embedding模型名称\embeddings”当中。其他参数保持默认值即可，如图8-13所示。

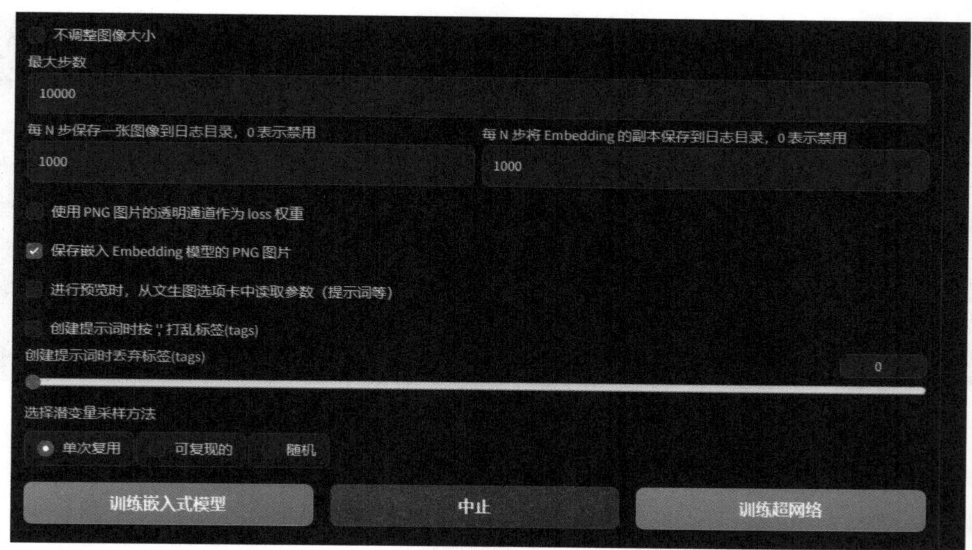

图 8-13

3 确认各项参数设置无误之后，就可以单击“训练嵌入式模型”按钮来启动训练。此时我们可以在Stable Diffusion主界面右侧看到训练进度，如图8-14所示。在整个训练过程中显卡的负荷较大，训练大约需要2小时，其间要确保计算机各项硬件的散热状况良好且电源畅通、稳定，以免造成硬件损伤。

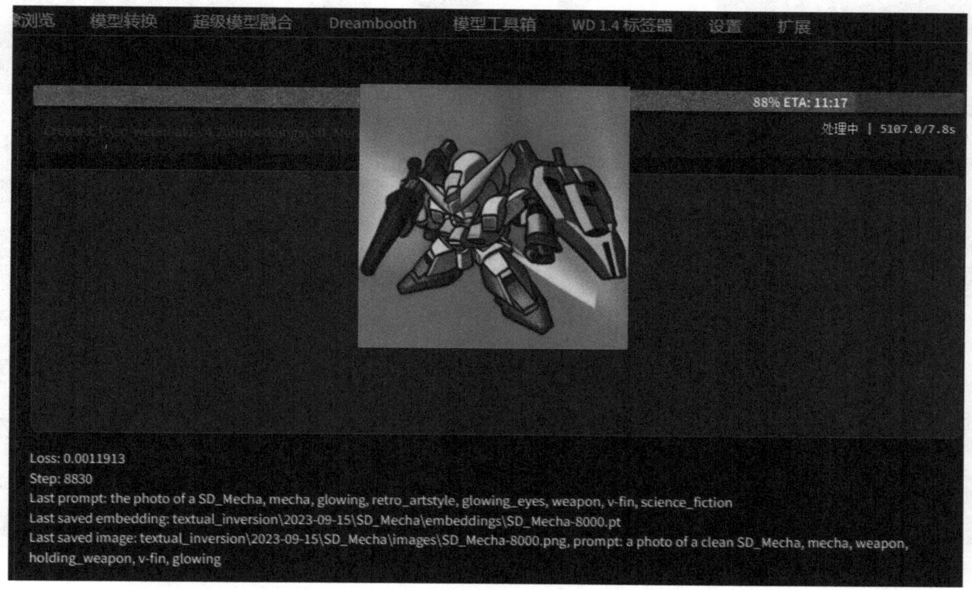

图 8-14

4 模型训练完毕后，单击Stable Diffusion主界面中的“模型切换”按钮可看到此模型。单击此模型，它就会像LoRA模型一样被自动添加到正向提示词当中，如图8-15所示。

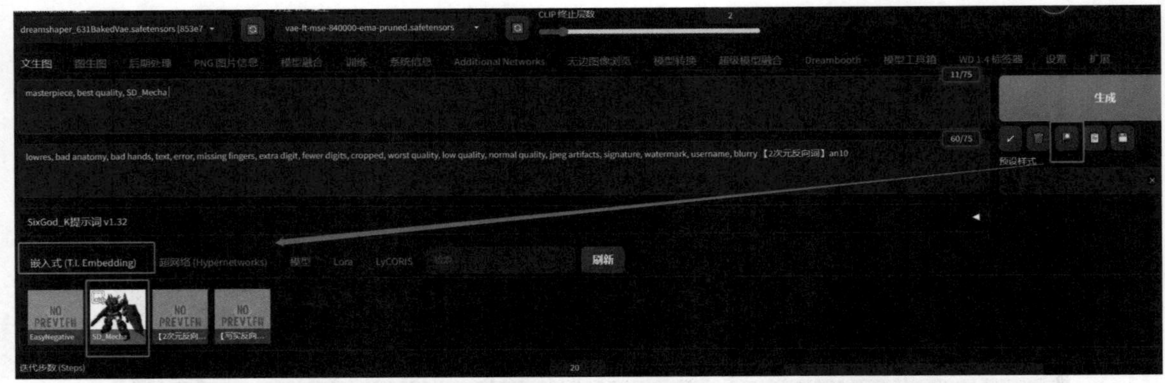

图 8-15

5 利用训练好的模型并结合符合我们预期的提示词来尝试生成一些图像以检验训练结果，如图8-16所示。在检验过程中，如果发现模型训练结果并未达到预期，我们也可以调整参数或更换训练图像，以获得更好的训练结果。

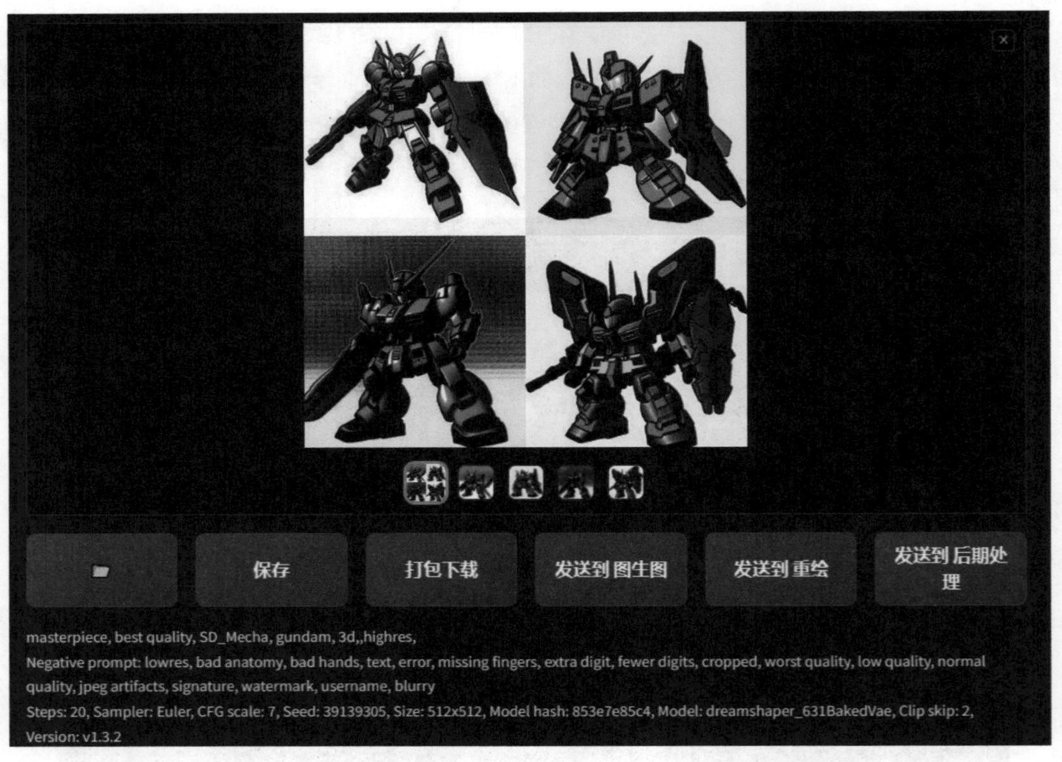

图 8-16

以上就是Embedding模型训练的完整过程。总的来说，Embedding模型训练的特点有模型体积只有几十KB，和LoRA模型一样点击即用，切换时不需要读盘加载，训练过程较为简单，训练时要求显存至少达到8GB，训练时间通常为2小时左右。

8.3 ckpt模型训练方法

ckpt模型训练是个人用户较少使用的一种训练，主要原因在于其对显卡要求过高，且实际运用效果近似于LoRA模型，但占用空间更大，切换麻烦，同时使用成本高。

要训练ckpt模型，需要用到Dreambooth插件，可在“扩展”标签下选择“从网址安装”标签，在“扩展的git仓库网址”栏中输入插件地址来获取，如图8-17所示。

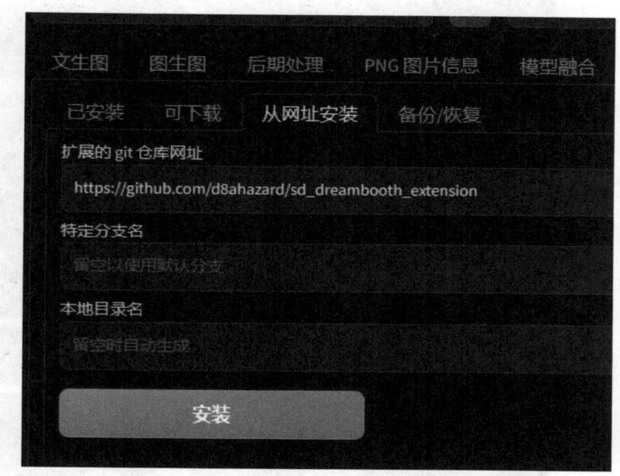

图8-17

Dreambooth插件可以直接用图像样本数据对整个已有的模型进行调整，训练的结果直接保存在新ckpt模型中，在原有模型风格和添加的图像之间实现了较好的平衡，对图像素材的要求也相对宽松。ckpt模型文件体积动辄达到1GB，有时甚至超过7GB，并且每次切换都需要加载很久。此外，Dreambooth插件对计算机硬件要求极高，其中显存的标准配置要求为24GB，最低要求为12GB。

8.3.1 图像的收集和预处理

ckpt模型对图像尺寸的要求没有Embedding模型那么高，因为Dreambooth插件能够自动裁切图像的尺寸。在ckpt模型训练中，通常要求图像满足以下要求。

（1）图像的尺寸不宜过大，尺寸越大耗费的训练时间越长。

（2）所有图像的画面要清晰，背景尽量干净整洁，不要过于繁复或带有文字，否则会影响AI识别图像主体。

（3）图像数量要求最低为30张，人物训练推荐100张以上，体现主体的不同视角和动态。

（4）和图像相关的文件夹路径中不能带有中文和特殊符号。

这里我们准备以写实风格的机甲图像作为训练图像。图像准备完毕之后，先在Stable Diffusion根目录下新建一个“Train”文件夹，在“Train”文件夹中新建一个文件夹并将其命名为“ckpt”，在“ckpt”文件夹中新建一个名为“in”的文件夹用于存放收集的训练图像（如图8-18所示），再在“ckpt”文件夹中新建一个名为“out”的文件夹用于存放预处理的输出文件，最后前往Stable Diffusion主界面，单击“训练”标签下的“图像预处理”标签。

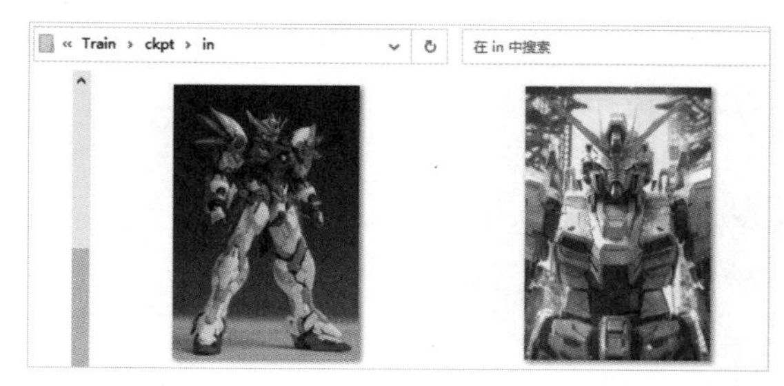

图8-18

在“图像预处理”标签下的“源目录”和“目

标目录”栏中分别粘贴“in”和“out”文件夹的路径，如图8-19所示。

图 8-19

这里的“宽度”和“高度”只是AI为收集的图像打标签用的，并不影响模型的训练效率，可以填入最大的一张图像的尺寸。

“创建水平翻转副本”表示在训练时使用图像的翻转版本，用已有的素材让模型学会翻转的画法。

“使用BLIP生成标签”和“使用Deepbooru生成标签”勾选一个即可，前者通常用于训练角色和场景，后者通常用于训练画法和物件。

设置完成后单击“预处理”按钮，Stable Diffusion将开始自动为每张图像添加提示词。

8.3.2 创建ckpt模型

返回Stable Diffusion主界面的“Dreambooth”标签下，注意不同版本的Stable Diffusion整合包的界面可能略有差异。其具体操作方法如下。

1 单击展开“创建”标签，在“名称”栏中输入训练的ckpt模型的名称。这里我们训练的是一套机动战士高达的模型，则可命名为“GundamSet_ckpt”。根据训练内容为模型命名，可以让使用者知道模型大致的应用方向。

2 “模型种类”根据需要选择，如图像尺寸都为512px×512px时选择“v2x-512”。

3 "源模型"表示训练基于哪个ckpt模型进行，我们可以选择一个较有代表性的成熟ckpt模型作为源模型，如写实类的"dreamshaper"、动漫类的"anything"等，也可以考虑使用Stable Diffusion的官方原版模型，这里我们使用的是"dreamshaper"模型，如图8-20所示。

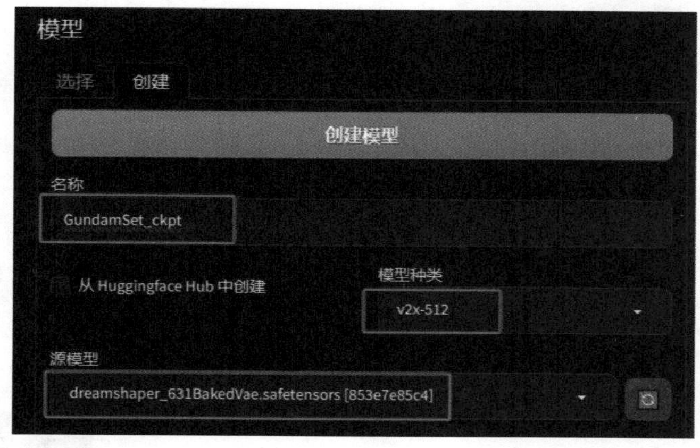

图8-20

4 完成上述操作后，单击界面中的"创建"按钮，等待模型文件创建完成。此时它还只是一个空壳文件，需要经过后续训练向模型文件中写入数据内容才能使用。

8.3.3 ckpt模型训练主要参数设置

创建好ckpt模型后，还需要对模型训练的相关参数进行设置，具体操作方法如下。

1. 设置"设置"标签

打开"设置"标签，然后从上到下依次进行参数设置，如图8-21所示。

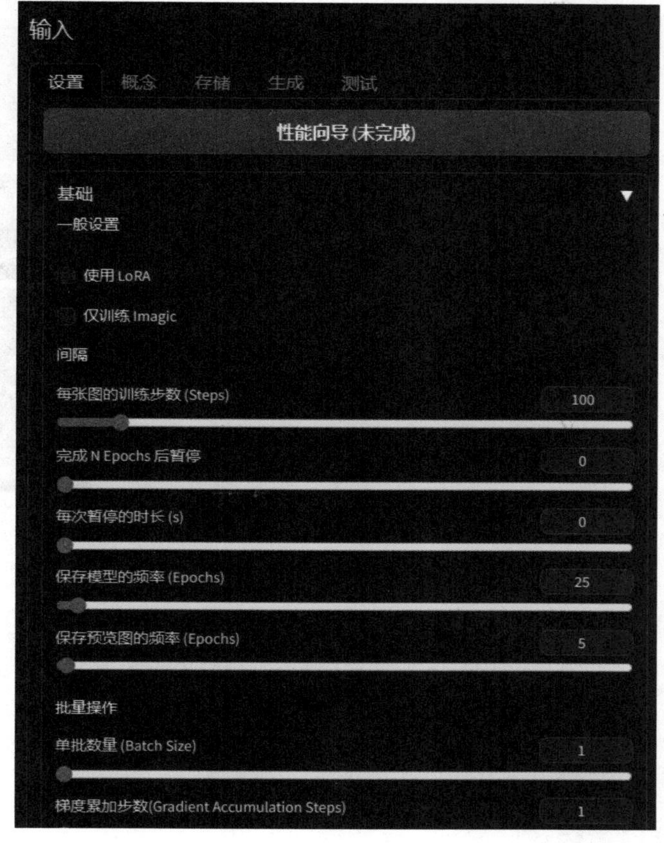

图8-21

相关参数设置及作用具体如下。

（1）使用LoRA：若希望训练LoRA模型，则勾选"使用LoRA"复选框，若希望训练ckpt模型则不勾选。

（2）仅训练Imagic：训练某个单一的角色或物件时可以勾选。

（3）每张图的训练步数：表示"in"文件夹中的每张图像被训练的次数。如果"in"文件夹中有40张图像，将此值设置为100就表示把40张图像训练100次，总步数为40×100=4000步。

（4）完成*N* Epochs后暂停：在学习*N*遍时暂停训练。这个选项的作用是防止训练过程中硬件因长时间工作而过热受损，通过中途暂停来让硬件散热。

（5）每次暂停的时长：用于设置暂停时长，单位是秒。

（6）保存模型的频率：在训练过程中生成模型，主要是为了备份生成结果并在训练完成时挑选不同阶段训练出来的模型。通常整个训练过程中生成4个模型即可。如果填写25，就代表每学习25遍生成一个模型。

温馨提示

需要注意的是，由于ckpt模型占用的硬盘空间较大，需要预留足够的空间。

（7）保存预览图的频率：类似于前一个选项，不过保存的对象是该模型生成的图像。

（8）单批数量：每次同时提供给计算机学习的图像数量。比如，单批数量设置为4，表示每次同时学习4张图像，虽然这能提高训练效率，但是也会占用更多显存，除非拥有很好的GPU，否则个人用户一般取默认值1即可。如图8-22所示。

图 8-22

（9）学习率：机器学习的跨度值，较高的学习率可以使模型较快完成训练，但可能导致在训练特定的图像时产生信息损失，所以较高的学习率适合训练较为宽泛的内容，如宇宙飞船、机甲、房间，等等。在训练某个特定的对象时，如某个特定的动画角色、某一品种的猫或狗、某一风格的场景，就要使用较低的学习率。但学习率并非越低越好，学习率越低耗费的训练时间越长，并且有可能导致模型收敛性差或过拟合。学习率有一定的波动性，需要经过多次尝试，摸索出一个合适的值。通常来说，对于较宽泛的内容可以设置学习率为0.00001～0.00005；对于具象的内容则设置学习率为0.000006～0.000001。

（10）学习率调度器：机器学习的算法，保持默认状态或选择“周期重启余弦”。

（11）学习率预热步数：填入总步数的1%～10%即可。

（12）最大分辨率：推荐填入512。图8-22中的其余选项保持默认状态即可。

（13）启用EMA：可优化模型训练，但需要占用更多的显存，通常不启用。如图8-23所示。

（14）优化器：选择“Lion”。

（15）混合精度：选择“fp16”。

（16）内存注意力：选择“xformers”。图8–23中的其余选项保持默认状态即可。

（17）CLIP终止层数：可保持默认状态，或设置为2，防止过拟合，如图8–24所示。图8–24中的其余选项保持默认状态即可。

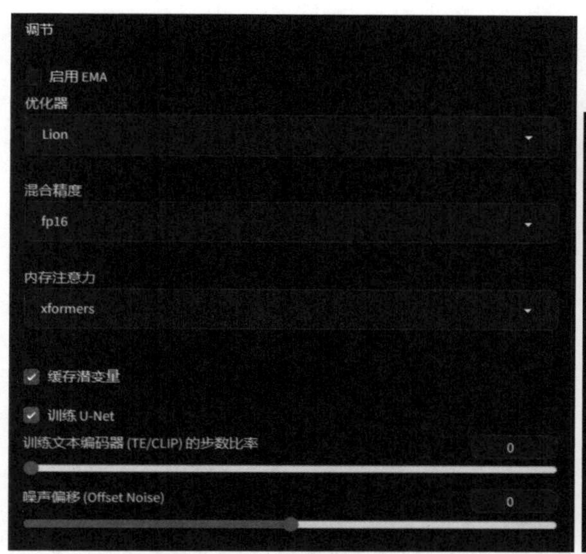

图 8–23

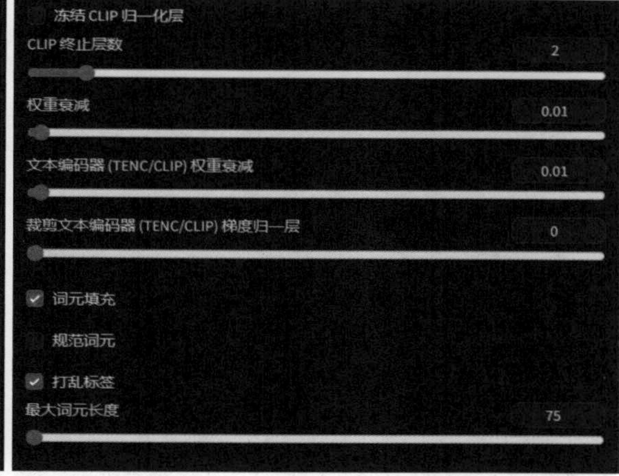

图 8–24

（18）合理性样本正向提示词：此处填写的是用来检查训练结果的提示词。如果我们想训练室内设计的模型，此处就要填入“room”（房间）、“indoors”（室内），那么在模型训练过程中，程序会自动检查有没有出现诸如汽车、人、动物等存在偏差的学习结果，这里我们填入的是“gundam”（高达）、“mecha”（机甲）、“robot”（机器人），如图8–25所示。

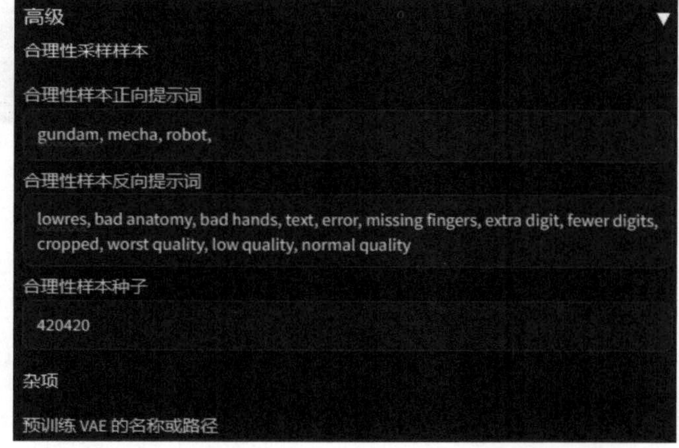

图 8–25

（19）合理性样本反向提示词：填入通用反向提示词即可。

（20）合理性样本种子：可取默认值，其作用也是检查在学习过程中系统用该种子生成的图像是否有偏差。

2. 设置“概念”标签

切换到“概念”标签，进行相应的参数设置，如图8–26所示。

（1）数据集目录：训练图像地址，输入ckpt模型的“in”文件夹路径即可。

（2）分类数据集目录：同一类型的其他图像的地址，此项用于指导AI从不同的视角学习我们给的图像。比如，我们给的训练图像是机动战士高达，那么分类数据集目录中就可以放变形金刚等其他机甲的图像，来让模型获得能够“泛用”的融合特性。此选项属于进阶内容，不设置也无妨。

（3）词元实例、词元类别：可不填写。

（4）提示词实例：用于描述文件夹中图像的文字，如“a picture of mecha”（一张机甲的图像），如图8-27所示。

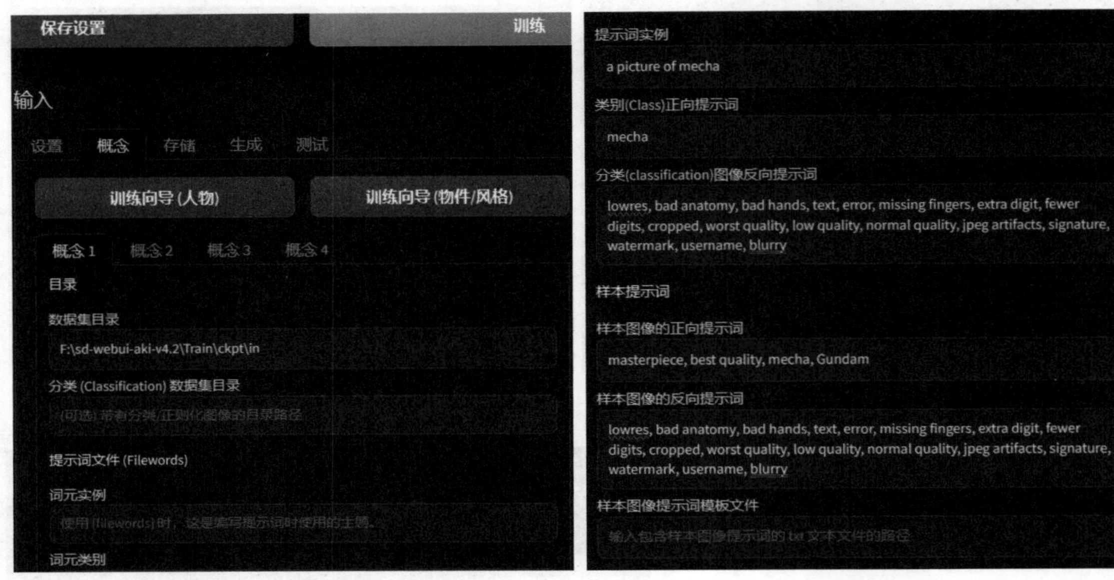

图 8-26　　　　图 8-27

（5）类别正向提示词：填写图像的类别。例如，本案例中的机动战士高达属于机甲类别，那么就填写“mecha”（机甲）；如果图像是女性角色，那么此处就填写“onegirl”（1个女生）。

（6）分类图像反向提示词：填写通用的反向提示词即可。

（7）样本图像的正向提示词：填写描述图像内容的正向提示词，这里填写的是“masterpiece”（杰作）、“best quality”（最佳质量）、“mecha”（机甲）、“gundam”（高达）。

（8）样本图像的反向提示词：同样填写通用的反向提示词即可。图8-27中的其余选项保持默认状态即可。

3. 设置“存储”标签

切换到“存储”标签，如图8-28所示，该标签用于设置如何保存训练的ckpt模型，可考虑勾选“训练过程中保存的同时生成一个.ckpt文件”和“手动取消训练时生成一个.ckpt文件”，来防止训练过程中出现意外导致模型无法生成。其余选项保持默认状态即可。

设置完成后在Dreambooth标签页右上角单击“训练”按钮即可开始训练模型，如图8-29所示。

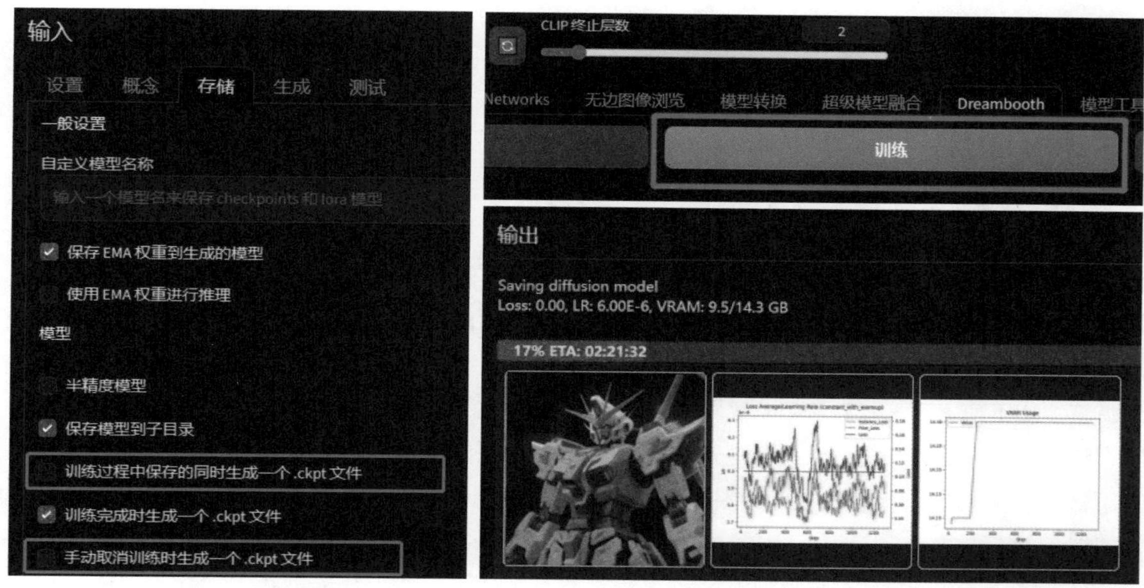

图 8-28　　　　　　　　　　图 8-29

训练完成后单击“生成模型”即可生成训练好的模型，然后就可以尝试使用训练好的模型生成图像了，如图8-30所示。

图 8-30

由于ckpt模型训练方式在很多方面存在不足，对个人用户而言实用性不强。

8.4 LoRA模型训练方法

LoRA模型所需的训练资源少，时间成本低，能搭配不同模型混合使用，文件体量小，是个人用户的首选。

8.4.1 LoRA模型训练工具

要训练LoRA模型，需要准备一套LoRA模型训练工具。这是一套独立于Stable Diffusion的程序（不是插件）。早期进行LoRA模型训练时一般要安装Python 3.1版本和Git 64位版本等软件来搭建运行环境并手动填入各种参数，流程非常烦琐。如今，随着AI绘画工具使用者增多，一些AI绘画爱好者对LoRA模型训练工具进行了整合，将以往烦琐的安装流程优化成了无须手动安装调试的工具包。现在我们只需下载“lora-scripts”LoRA模型训练工具，便能迅速上手进行LoRA模型训练。

解压工具包后先双击“A强制更新-国内加速.bat”文件来对该训练工具进行更新，从而使其与最新数据保持同步，如图8-31所示。

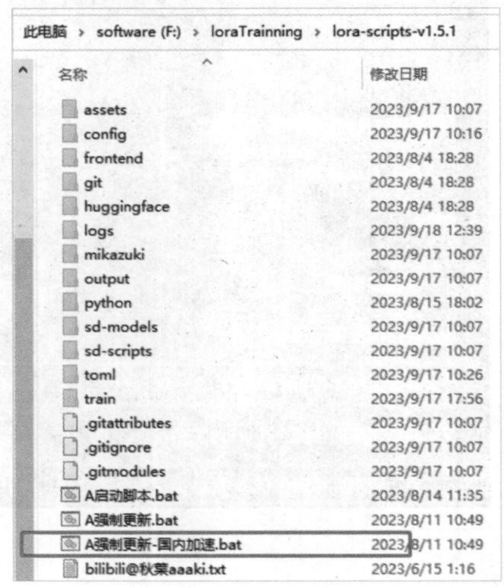

图8-31

更新完成后，双击“A启动脚本.bat”文件就能打开训练工具，其界面分为左、中、右三部分，如图8-32所示。其中，左侧部分是设置分类，用于切换不同的分类或工具；中间部分是参数设置项，用于设置所选分类下的详细参数；右侧部分是参数预览区域，以及开始训练、终止训练按钮，用于查看当前的所有参数信息。

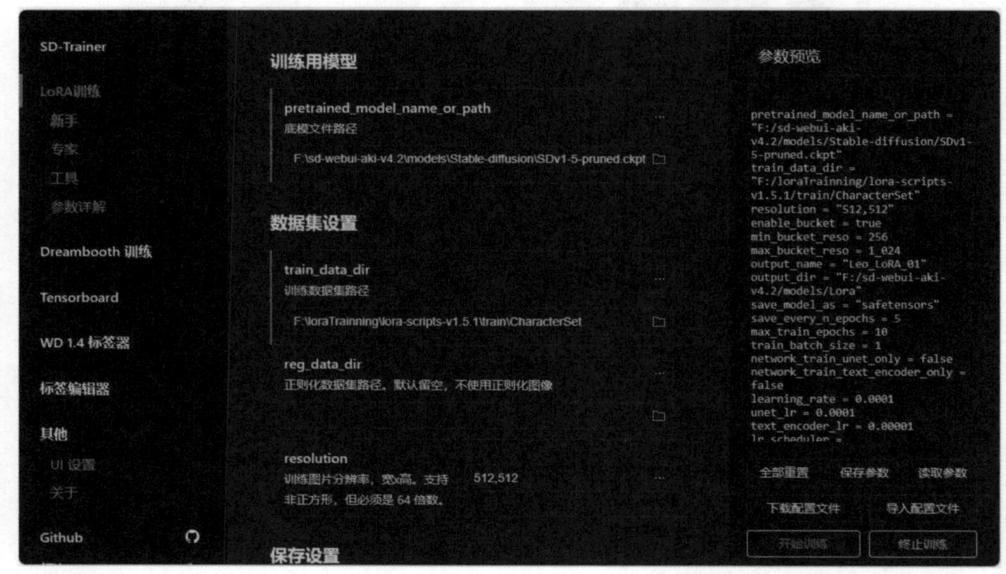

图8-32

温馨提示

需要注意的是，与训练程序同时开启的黑色控制台窗口启动后不能关闭，否则工具将无法运行。

8.4.2 LoRA模型训练的图像预处理

进行模型训练前需要先对收集的训练图像进行预处理，如裁剪和提示词标注。模型训练工具需要读取这些带有提示词的图像，并通过分析和学习来掌握其中的共性特征和绘画方法。所以我们要用Stable Diffusion上的图像预处理功能或直接用模型训练工具自带的提示词反推工具“WD 1.4标签器”来完成提示词标注，如图8-33所示。

训练图像的要求：图像应主题明确、画质清晰；至少需要准备15张，推荐准备50～100张；如果是训练某个具体的角色，图像应尽量包含不同的角度、距离和动态等。这里我们准备了一套具有时尚感的动画风格女性角色图像，图像预处理的具体操作步骤如下。

1 先在“train”文件夹中新建一个名为“CharacterSet”（人物训练）的文件夹，然后在其中新建一个名为“5_zkz”的文件夹用于存放训练图像，如图8-34所示。

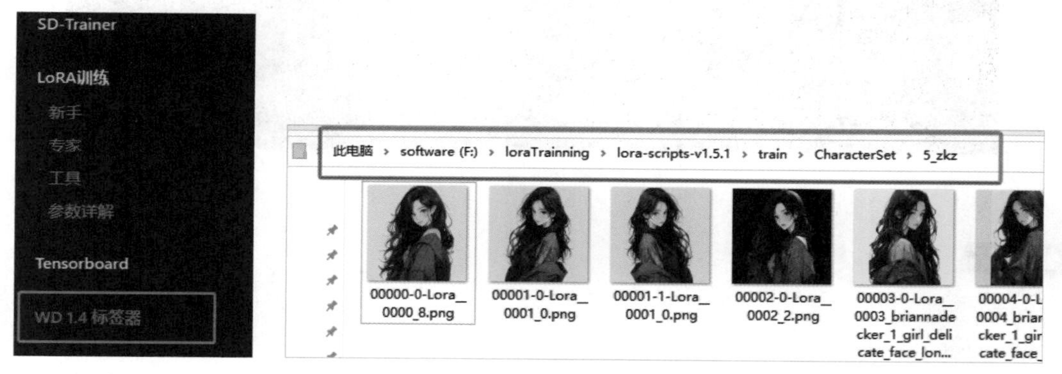

图8-33　　　　图8-34

2 单击训练工具界面左侧的“WD1.4 标签器”，在“图片文件夹路径”栏中粘贴存放训练图像的文件夹的完整路径。注意，路径中不能带有任何中文及特殊字符，如图8-35所示。

图8-35

3 单击训练工具界面右下角的“开始训练”按钮开始执行提示词标注任务。在正常情况下整个过程耗时不足1分钟，其间可检查黑色控制台窗口中是否有报错信息，若有则根据错误提示进行修改。当提示词标注任务完成后，我们就可以在训练工具根目录下“train”文件夹中的相关文件夹中看到Stable Diffusion为每张训练图像生成的提示词文本文件。

完成了提示词标注任务，就等于完成了所有前期工作，接下来就可以正式进行模型训练了。

8.4.3 LoRA模型训练的参数设置

单击训练工具界面左侧的“新手”标签展开训练数据设置界面。这是训练工具制作者为一般用户预设了主要参数的“傻瓜模式”，用户只需填写几项关键参数便能训练出效果不错的LoRA模型，具体方法如下。

1 设置源模型文件路径，在“训练用模型”下填入训练LoRA模型将用到的底模文件路径，如图8-36所示，在Stable Diffusion的文件夹中复制ckpt模型路径即可。

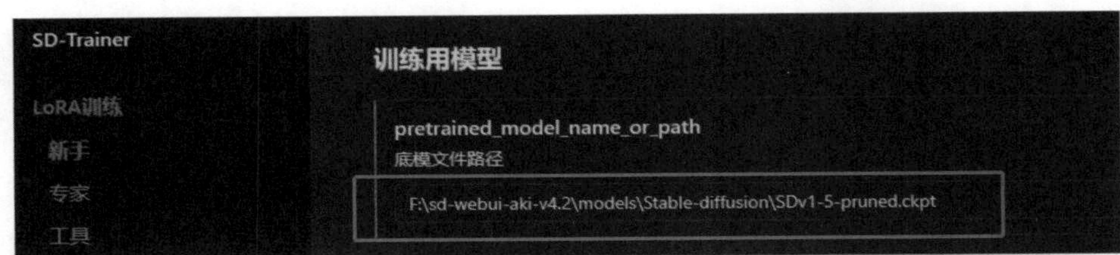

图8-36

温馨提示

在填写文件路径时，请确保包含ckpt模型的完整路径、具体的模型名称和后缀信息，如“F:\sd-webui-aki-v4.2\models\Stable-diffusion\SDv1-5-pruned.ckpt”。

2 在“数据集设置”下，将标注过提示词的训练图像文件夹的路径粘贴到“训练数据集路径”栏中，如图8-37所示。注意，训练图像存放在“train”文件夹中，路径要填写正确，否则会报错。例如，在本案例中，填写的路径为“F:\loraTrainning\lora-scripts-v1.5.1\train\CharacterSet”。

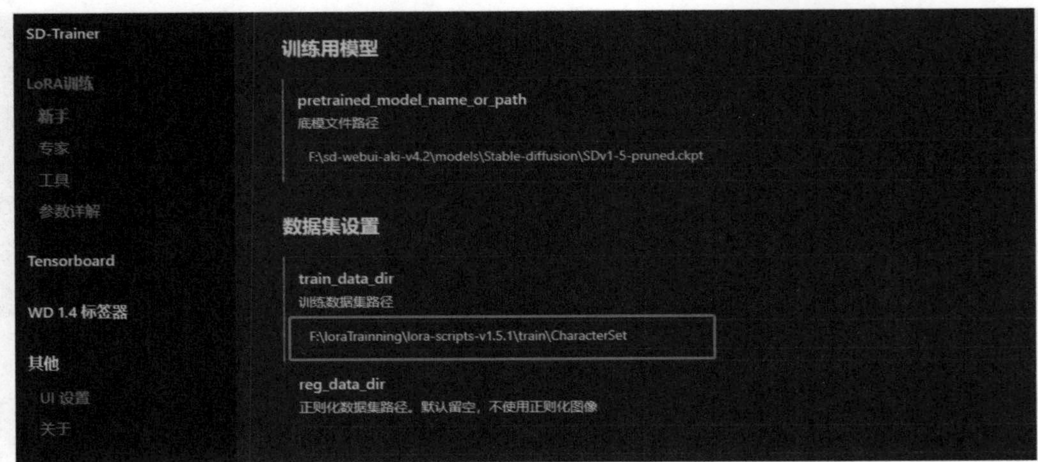

图8-37

3 为了达到训练总步数，此处需要手动设置每张图像的训练次数。计算公式：训练总步数 = 图像数量 × 训练次数 × 轮数 ÷ 批次大小。一般训练图像较少时（低于20张），训练人物图像至少需要1000步，训练画风至少需要2500步，而训练概念图则至少需要3000步。那么，以U-Net学习率的默认值1e-4为例，假如训练总步数为1000，图像数量为20，轮数为10，批次大小为1，那么就可以算出每张图像的训练次数为5。然后我们需要在训练图像文件夹中建立一个名称以“5_”开头的文件夹来存放图像。例如，在本案例中，我们将存放训练图像的文件夹命名为了“5_zkz”（该文件夹的完整路径是“F:\loraTrainning\lora-scripts-v1.5.1\train\CharacterSet\5_zkz”）。在训练时，当程序看到这个训练图像文件夹名称，就会自动把每张图像的训练次数设为5，如图8-38所示。倘若训练图像较多，就需要设置更多的训练总步数，可自行根据比例来计算。

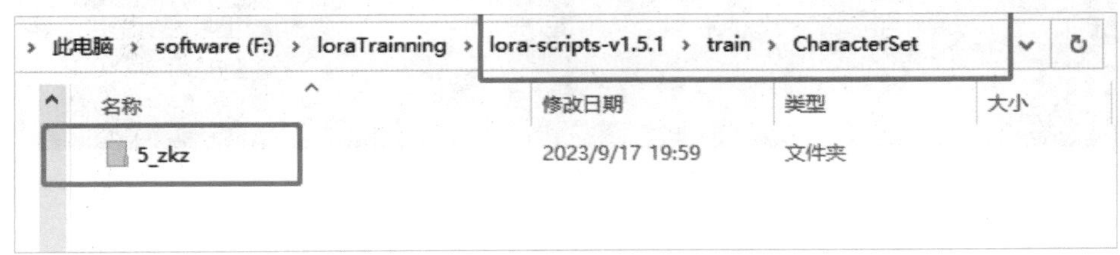

图 8-38

4 在“数据集设置”下的第二栏中填入正则化数据集路径，可默认留空，不使用正则化图像，如图8-39所示。

图 8-39

5 训练图像不一定都要是正方形，但尺寸须为64的整数倍。建议使用512px×512px到1024px×1024px之间的尺寸，像素越大训练越耗时。如果图像尺寸不统一，则可以根据图像的整体长宽比来设置尺寸。如果大多数图像为长图，可将尺寸设置为512px×768px，如果宽图居多则可将尺寸设置为768px×512px，总的来说正方形图像最佳，可兼顾各种不同的分辨率。在本案例中，由于图像都是512px×512px的正方形，可以取默认值。

6 在“保存设置”选项中进行以下参数设置。

（1）模型保存名称：填入本次训练的模型的文件名。

（2）模型保存文件夹：填入训练好的模型存放的路径（为了方便使用，推荐填写Stable Diffusion文件夹中存放LoRA模型的路径）。

（3）每N epoch自动保存一次模型：每训练N轮所有图像后，会保存一个LoRA模型，目的是备份训练结果，或对比不同训练轮数的模型效果。本案例中我们设置的值为5，也可以将其设置为0，具体设置根据需求而定，如图8-40所示。

图8-40

7 在“训练相关参数”下进行以下参数设置。

（1）最大训练epoch：是指总训练轮数，将所有图像训练一次称为一轮，该值可以根据训练总步数来调整，通常为10～20轮，此处取默认值即可，如图8-41所示。

（2）批量大小：指同时训练多少张图像，如填入4，就可以同时训练4张图像，通常取默认值1即可。如果显卡性能较好，可尝试逐步提高此值。

图8-41

8 在“学习率与优化器设置”下进行以下参数设置。

（1）U-Net学习率：代表对图像的学习率，其默认值1e-4表示0.1的4次方，即0.0001，可保持不变。

（2）文本编码器学习率：代表对图像带有的提示词的学习率，取默认值即可。

（3）学习率调度器设置：自动调整学习率，一般设为“cosine_with_restarts”。

（4）学习率预热步数：可不设置，也可设置为总步数的5%～10%。

（5）重启次数：可取默认值或设为不超过4的值。

（6）优化器设置：取默认值或设为“Lion”，如图8-42所示。

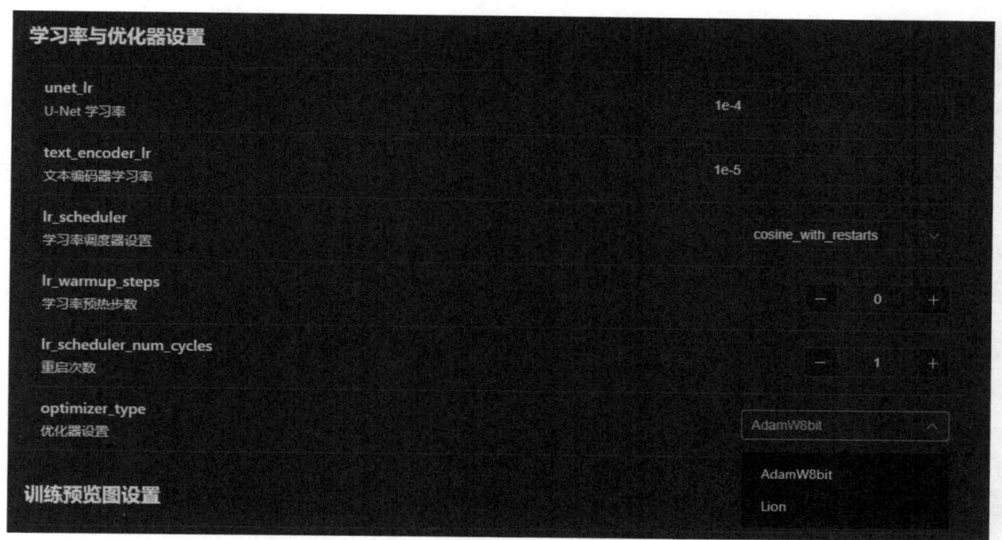

图 8-42

9 对“网络设置”下的参数进行设置。注意这里的网络是指机器学习中的神经网络学习方法，并不是互联网。“从已有的 LoRA 模型上继续训练，填写路径”是指在某个LoRA模型的基础上进行训练，可填入其路径，通常不填写。“network_dim”和“network_alpha”，可填入32～128的数值，训练人物可以填入64，也可以取默认值32，如图8-43所示。其余参数均保持默认即可。

图 8-43

10 在界面右侧查看各项参数的设置情况，如图8-44所示。确认无误后单击下方的“直接开始训练”按钮就能开启训练任务。

由于不同计算机的性能存在差异，在训练过程中可能会出现内存或显存（最低要求是6GB）不足的报错。显存不足可尝试减小训练图像尺寸，开启专家模式中的低显存设置或更换显卡；内存不足则可尝试通过设置虚拟内容来解决，具体方法如下。

1 右击“此电脑”图标，选择“属性”命令，打开“设置”窗口，在打开的窗口中找到并单击“高级系统设置”选项，如图8-45所示。

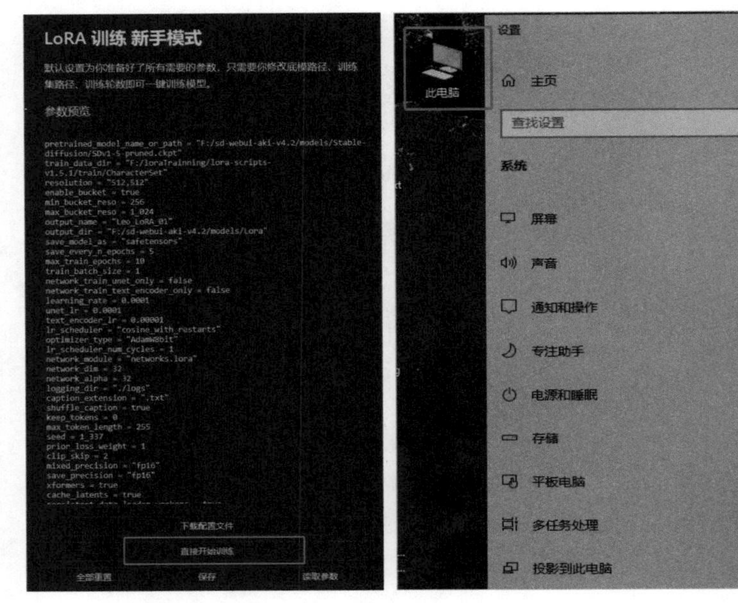

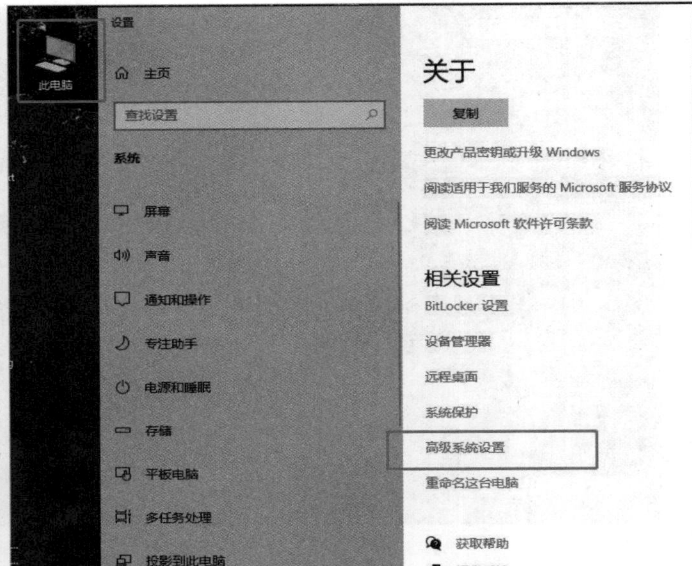

图 8-44　　　　图 8-45

2 在“系统属性”界面的“高级”标签下单击“性能”栏中的“设置”按钮，如图8-46所示。

3 打开“性能选项”界面，单击“高级”标签，然后在“虚拟内存”栏中单击“更改”按钮，如图8-47所示。

4 在弹出的“虚拟内存”界面中取消勾选“自动管理所有驱动器的分页文件大小”复选框；然后选择训练脚本所在的硬盘，如F盘；再选择下方的“自定义大小”选项，在“初始大小”和“最大值”栏中分别填入20000以上的数值，单击“设置”按钮保存；最后单击“确定”按钮关闭界面，如图8-48所示，设置完毕时系统会提示需要重启计算机，重启之后即可获得更多虚拟内存。

图 8-46　　　　图 8-47　　　　图 8-48

8.4.4 LoRA模型训练完毕

模型训练工具如果正常运行，将显示如图8-49所示的训练进度、速度、学习效率等信息。

```
C:\WINDOWS\system32\cmd.exe
checking cache existence...
100%|████████████████████████████████████████| 35/35 [00:00<00:00, 2070.91it/s]
caching text encoder outputs...
0it [00:00, ?it/s]
move vae and unet back to original device
create LoRA network. base dim (rank): 64, alpha: 64
neuron dropout: p=0, rank dropout: p=None, module dropout: p=None
create LoRA for Text Encoder 1:
create LoRA for Text Encoder 2:
create LoRA for Text Encoder: 264 modules.
create LoRA for U-Net: 722 modules.
enable LoRA for U-Net
prepare optimizer, data loader etc.
use Adafactor optimizer | {'relative_step': True}
relative_step is true / relative_stepがtrueです
learning rate is used as initial_lr / 指定したlearning rateはinitial_lrとして使用されます
unet_lr and text_encoder_lr are ignored / unet_lrとtext_encoder_lrは無視されます
use adafactor_scheduler / スケジューラにadafactor_schedulerを使用します
override steps. steps for 10 epochs is / 指定エポックまでのステップ数: 3500
running training / 学習開始
  num train images * repeats / 学習画像の数×繰り返し回数: 350
  num reg images / 正則化画像の数: 0
  num batches per epoch / 1epochのバッチ数: 350
  num epochs / epoch数: 10
  batch size per device / バッチサイズ: 1
  gradient accumulation steps / 勾配を合計するステップ数 = 1
  total optimization steps / 学習ステップ数: 3500
steps:   0%|                                      | 0/3500 [00:00<?, ?it/s]
epoch 1/10
steps:   0%|                    | 5/3500 [00:46<9:07:31,  9.40s/it, loss=0.141]
```

图 8-49

模型训练完毕之后，可将训练工具关闭以节省系统资源，再打开Stable Diffusion界面，在模型切换界面加载刚才训练的LoRA模型，配合提示词进行生成测试。训练的LoRA模型权重值可根据生成的效果来调整。在本案例中当权重值设为0.5～0.8时得到了较好的生成效果。如图8-50所示，左侧为训练图像，右侧为训练出的LoRA模型搭配不同风格的ckpt模型生成的图像。从图中可以看到，刚才训练的LoRA模型已具备了一定的泛用性，能较好地与写实和卡通类型的ckpt模型进行融合创作。

图 8-50

● 本章导读

前面我们学习了Stable Diffusion的主要功能。本章将介绍另一款强大的主流AI绘画工具Midjourney的用法。只有掌握不同工具的用法才能充分发挥它们的优势，从而创作出高品质的图像。

Midjourney相较Stable Diffusion更加简单易学，是一款入门级的AI绘画工具，其生成图像效果稳定且优质，因此成为不少专业工作者首选的AI绘画工具，但由于其程序简易，对图像的把控不如Stable Diffusion那么精细。所以，如何恰当地运用两者，便成了每位希望深入使用它们的用户需要认真考虑的问题。同Stable Diffusion一样，想要使用好Midjourney不仅要掌握相关的知识，还要通过大量的反复实践、总结来积累经验。

通过学习本章内容，读者能学会Midjourney的基础知识和操作方法，为游戏美术设计增添一个强大的工具。

9.1 认识Midjourney

Midjourney是一款基于人工智能技术的AI绘画工具。

9.1.1 快速了解Midjourney

Midjourney依靠机器学习和深度学习技术，让计算机模拟人类的创意思维，进而自动生成精美的数字艺术作品。Midjourney同Stable Diffusion一样也能将用户输入的自然语言转化为复杂、具有艺术感的图像，如图9-1所示。另外，Midjourney还支持涂鸦等操作，让用户可以随心所欲地创作和表达。

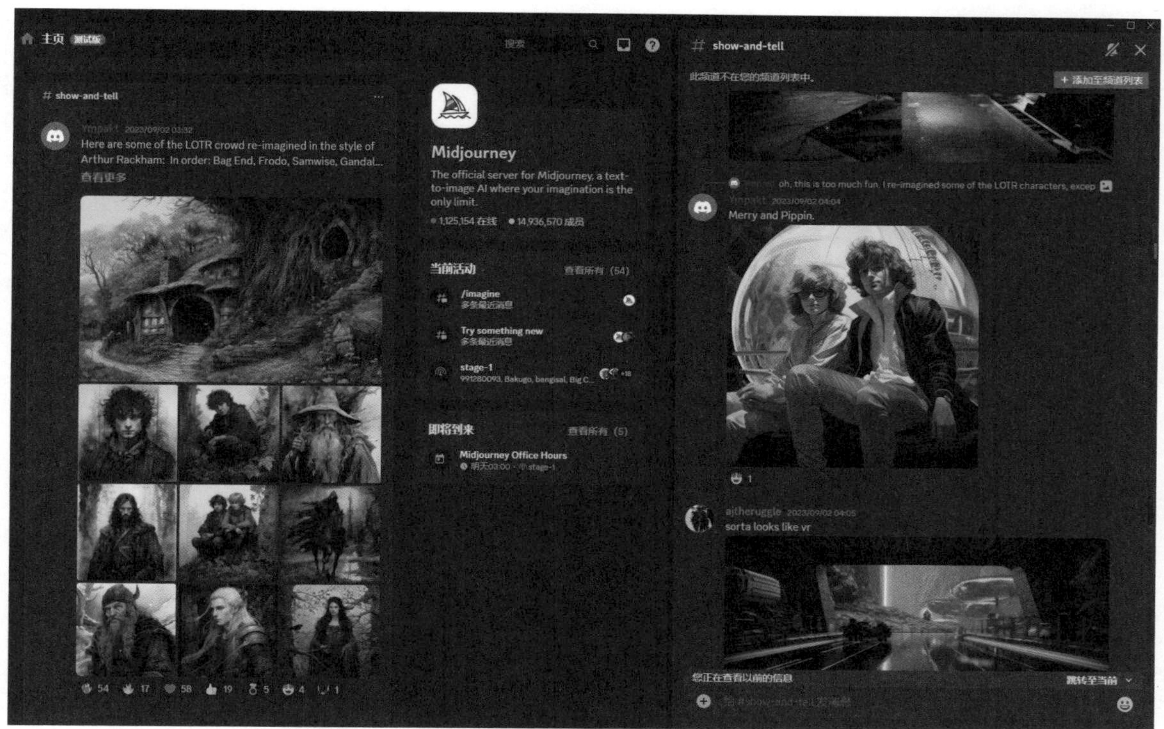

图 9-1

Midjourney的诞生颠覆了传统的美术创作方式，让越来越多的人无须接受系统、深入的美术技能训练，就可以创作出风格独特的优美作品，如图9-2所示。

图 9-2

除了美术领域，Midjourney还可以应用于建筑、医疗、教育等领域，为人们提供更加便捷和高效的绘图解决方案。例如，Midjourney不仅可以为用户提供绘画创作的平台，还可以通过分析和学习各种美术风格和绘画技法，为用户提供美术学习上的教育指导，这对于美术教育发展和普及具有积极意义。

但是由于大量美术产品今后可能通过Midjourney等AI绘画工具来生成，这在一定程度上会替代传统设计师的工作，并对美术市场的供给关系产生一定的影响。但能取代设计师的不是AI绘画工具，而是会使用AI绘画工具的人。

总的来说，Midjourney已在美术、建筑、医疗、教育等领域展现出巨大的价值。未来，随着人工智能技术的不断发展，Midjourney等AI绘画工具也将越来越普及，从而持续推动艺术和文化的发展和进步。

9.1.2 使用Midjourney前的准备工作

Midjourney没有独立的应用程序，而是搭载在游戏应用社区Discord中运行。因此，使用Midjourney前要先注册Discord账号。

1. 注册并登录Discord

注册并登录Discord的操作步骤如下。

1 打开Midjourney官网，单击网页右下角的“Join the Beta”进入Discord网站主页，如图9-3所示。

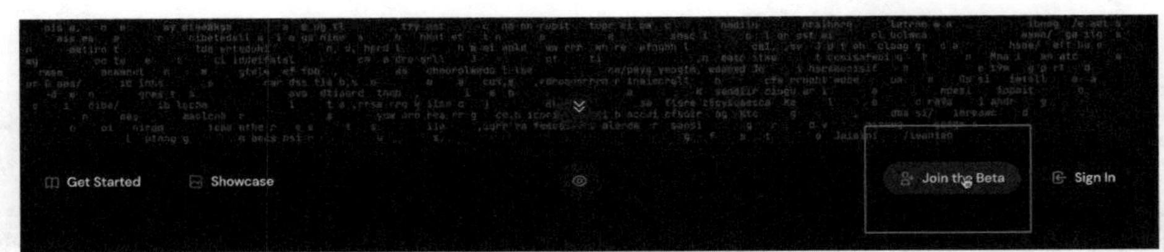

图9-3

2 在Discord网站中单击“Windows版下载”按钮将Discord下载至本地，如图9-4所示。

图9-4

3 下载并安装好Discord程序后，启动程序就能看到登录界面，“注册”按钮位于登录界面左下方，如图9-5所示。

4 单击“注册”按钮后，进入如图9-6所示的界面，填写好相关信息后单击“继续”按钮。

图9-5

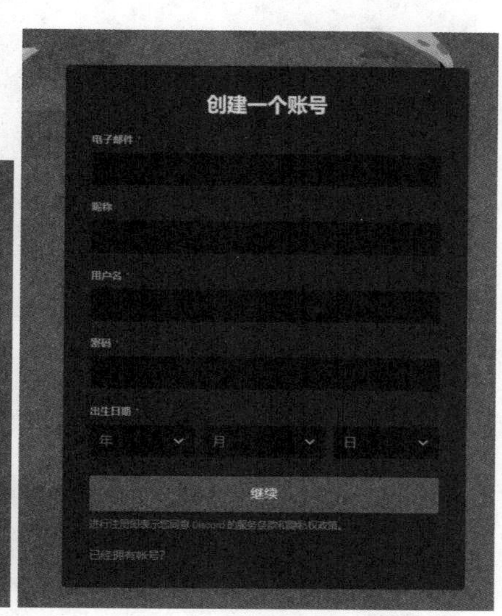

图9-6

5 进入人机验证阶段，勾选“我是人类”复选框之后按照后续指示进行选择即可，如图9-7所示。

图9-7

6 通过人机验证之后需要验证账号。如图9-8所示，单击“开始验证”按钮后，填写手机号码以接收Discord发送的验证信息，注意修改输入栏左侧的区号。

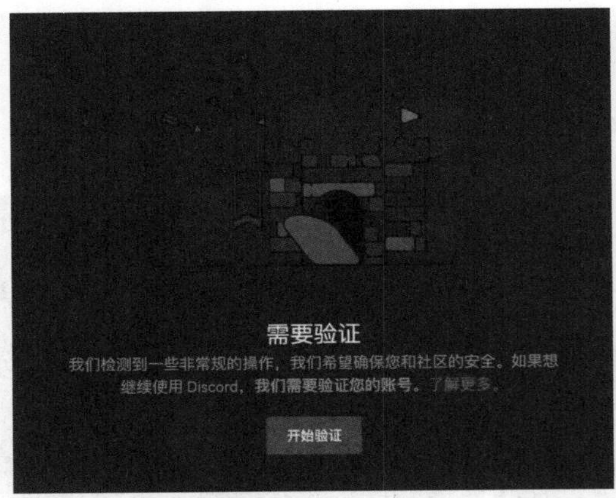

图 9–8

7 验证完成后，输入账号、密码登录到Discord的主界面，如图9–9所示。

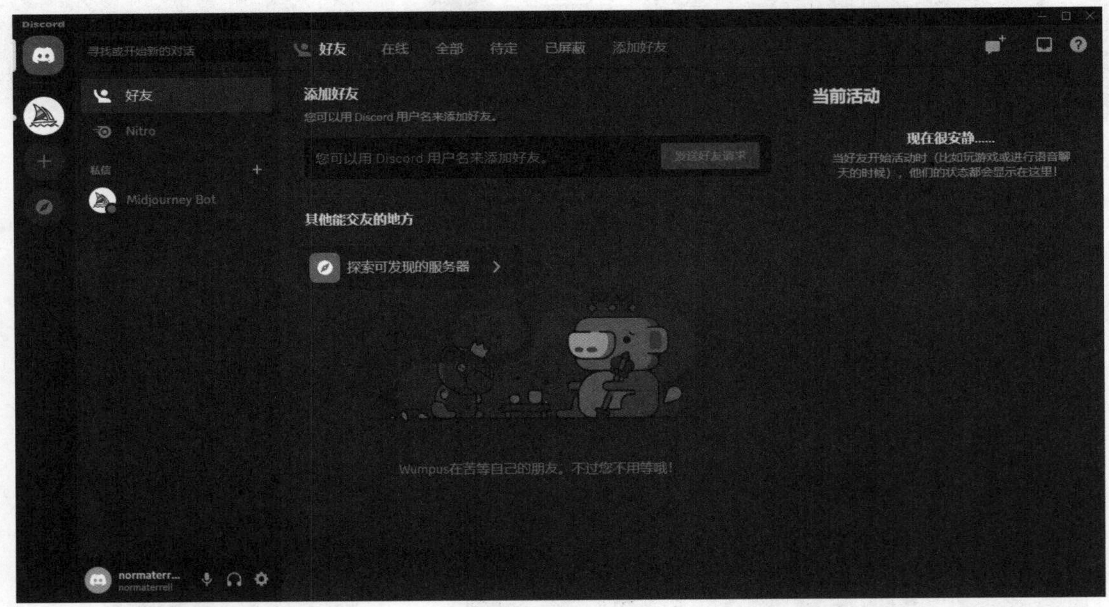

图 9–9

2. 组建私人服务器

Midjourney的AI绘画功能是通过Midjourney机器人来实现的，所以要使用它的AI绘画功能，需要先组建一个私人服务器，然后将Midjourney机器人添加到私人服务器，通过跟它对话来创作作品。

下面演示进入Discord主界面后添加Midjourney机器人的详细步骤。

1 在Discord主界面单击左侧服务器列表中的“添加”符号●，打开“创建服务器”界面，如图9–10所示。

2 单击“创建服务器”界面中的“亲自创建”选项，展开服务器使用范围选项，选择“仅供我和我的朋友使用”，如图9-11所示。

3 进入“自定义您的服务器”界面，单击“UPLOAD”可上传图标，在“服务器名称”栏中可以给服务器命名，然后单击右下角的“创建”按钮，如图9-12所示。

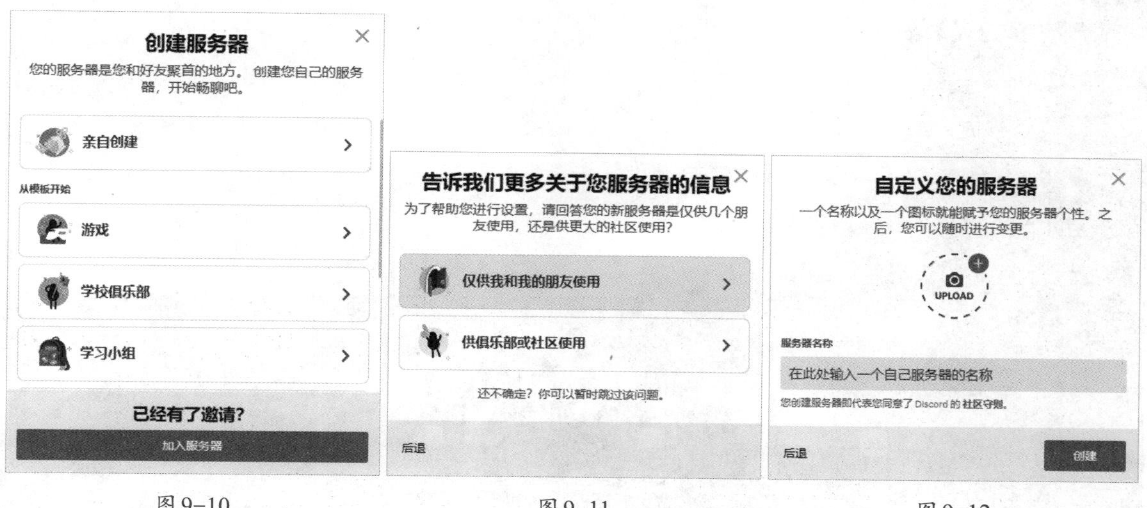

图9-10　　图9-11　　图9-12

4 创建完毕后便能在Discord主界面最左侧看到我们创建的服务器，单击它就可以进入，如图9-13所示。

图9-13

5 下面我们需要在服务器中添加Midjourney机器人，单击Discord主界面左侧的“探索可发现的服务器”图标◎，就可以看到Discord中的各种社区，如图9-14所示。

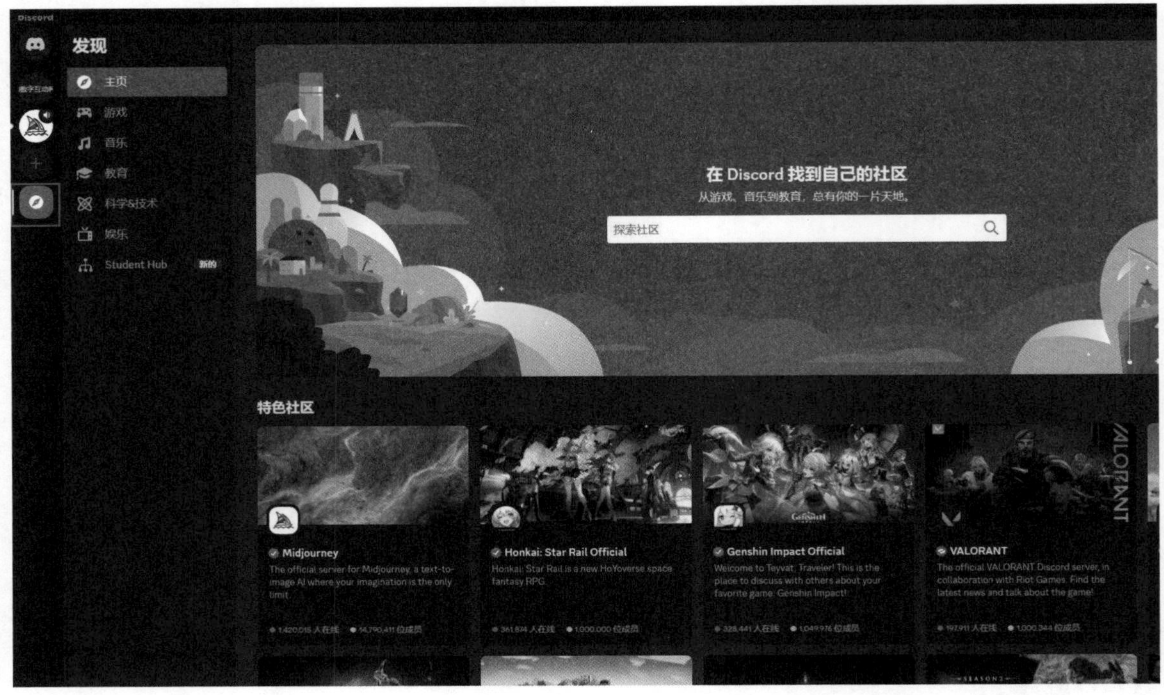

图 9-14

6 找到其中的Midjourney选项，如图9-15所示。需要注意的是，Midjourney服务器的在线人数通常很高，有时会遇到网络拥堵，导致我们尝试进入时可能没有任何反应，这是正常现象，解决方法是等待一段时间或换时间段进入，或者进入其他有Midjourney机器人的服务器。

7 成功进入Midjourney服务器之后，就可以看到使用Midjourney机器人生成的各种图像，如图9-16所示。这个服务器是Midjourney的AI绘画专用公共频道，Midjourney机器人就在用户列表当中。

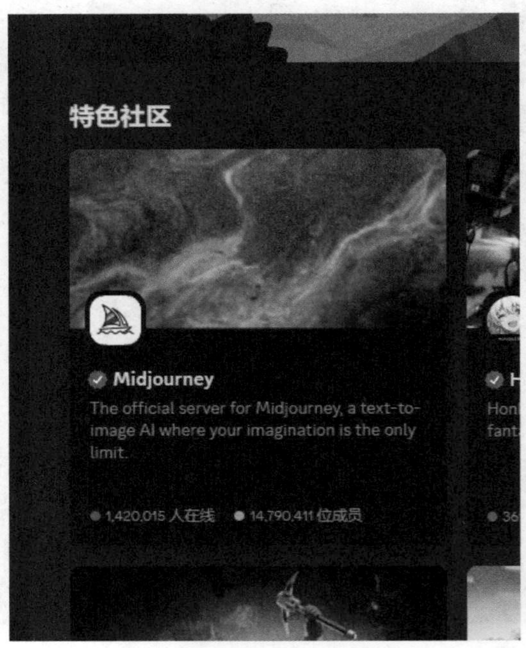

图 9-15

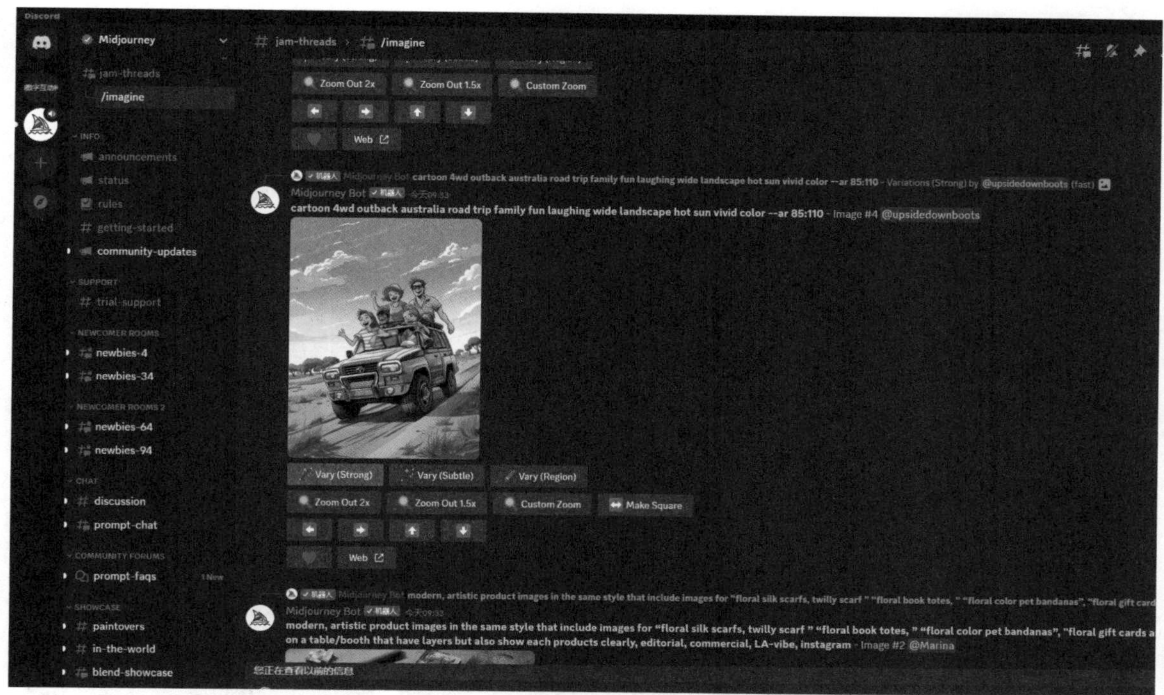

图 9-16

只要是有使用权限的用户都可以在这个公共频道里使用Midjourney的AI绘画功能。我们能在这里看到他人生成的图像，学习他人生成图像的提示词等。不过由于用户过多，我们自己生成的图像会被其他用户迅速挤掉，造成时间浪费和诸多不便。所以此处一般用于学习和交流，并不适合用来生成图像。要生成图像，我们需要使用前面建立的私人服务器。接下来单击Midjourney机器人，如图9-17所示。

图 9-17

8 在弹出的界面中单击“添加至服务器”按钮，如图9–18所示。

9 弹出“外部应用程序”界面，在该界面下方的下拉菜单中选择我们之前创建的服务器，单击右下角的“继续”按钮，如图9–19所示。

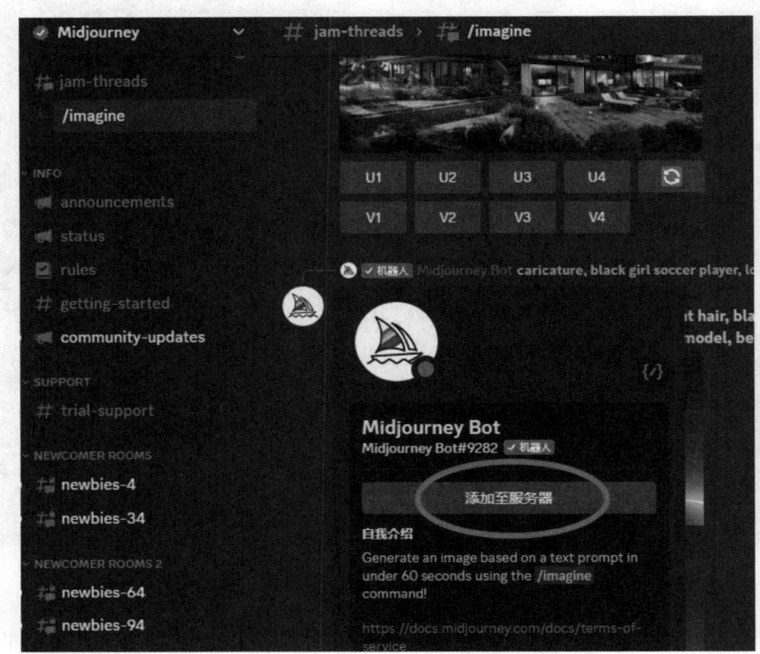

图9–18

图9–19

10 在弹出的授权界面中进行人机验证之后就能成功添加Midjourney机器人。此时单击Discord主界面右上角的“成员”图标，就能在主界面右侧看到Midjourney机器人，如图9–20所示。

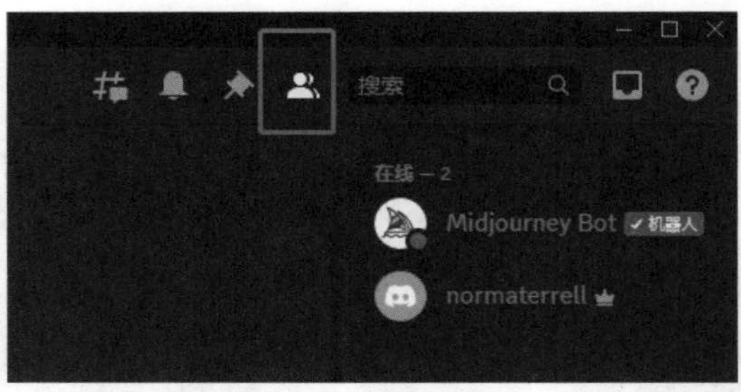

图9–20

至此，我们已成功完成了所有的准备工作，可以开启AI绘画之旅了！

9.1.3 Midjourney订阅服务

目前，Midjourney没有提供试用服务，只有付费会员才能使用Midjourney进行图像创作。Midjourney提供了以下几种不同价格的付费套餐，如图9–21所示。

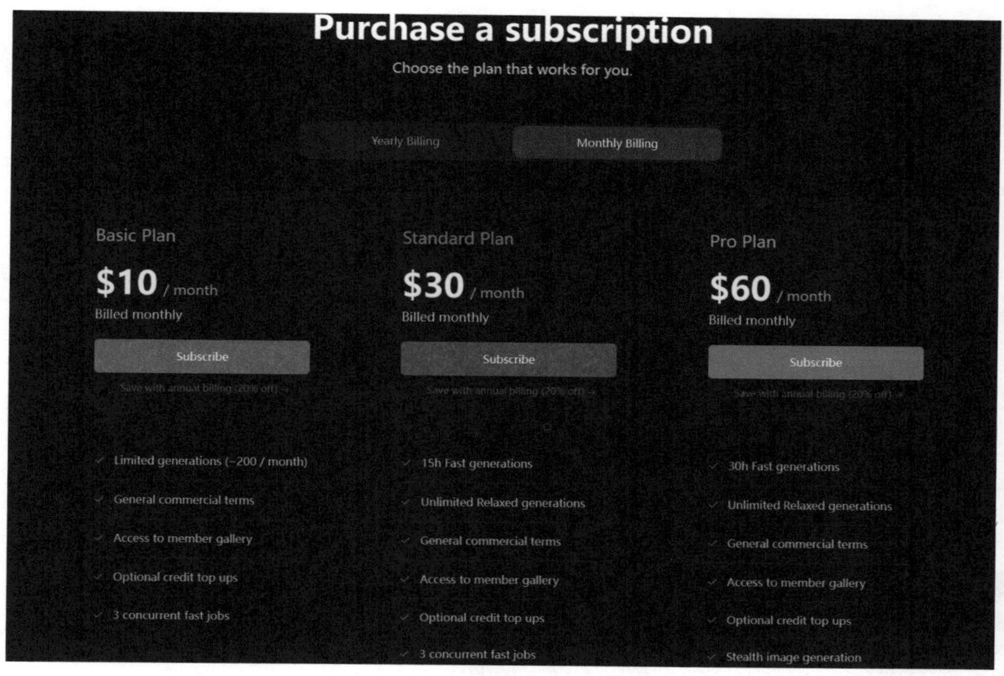

图9-21

（1）每月10美元的基础套餐：每月可生成200个批次的图像。

（2）每月30美元的标准套餐：图像生成批次无限制，同时提供每月15小时的快速生成时间。

（3）每月60美元的专业套餐：图像生成批次无限制，提供每月30小时的快速生成时间、12个并行生成队列和生成隐私保护等。

此外，选择按年付费可享受八折优惠，如图9-22所示。

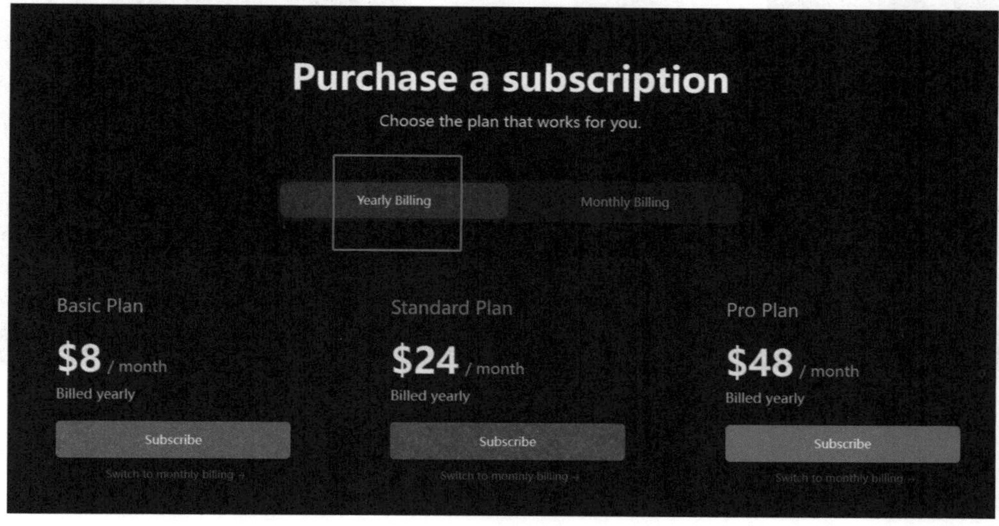

图9-22

我们可以根据自己的需求来购买合适的套餐。一般来说，兴趣爱好者购买每月10美元的基础套餐即可；从事相关工作的用户可购买每月30美元的标准套餐；图像生成需求量很大的工作室级别使用者，则可以考虑购买每月60美元的专业套餐。

9.2 使用Midjourney生成图像

前面大致介绍了Midjourney的基本情况，本节将开始讲解Midjourney绘画操作的相关知识。

9.2.1 Midjourney的操作方法

经过前面章节的学习，我们掌握了很多关于AI绘画的知识。这些知识也可以应用在Midjourney中，并且Midjourney的操作更加简便，生成图像的质量也更加稳定。下面将结合案例来分步讲解Midjourney的使用方法。

1. 图像生成

使用Midjourney进行图像生成的操作步骤如下。

1 找到Discord主界面下方的信息输入框，如图9-23所示。

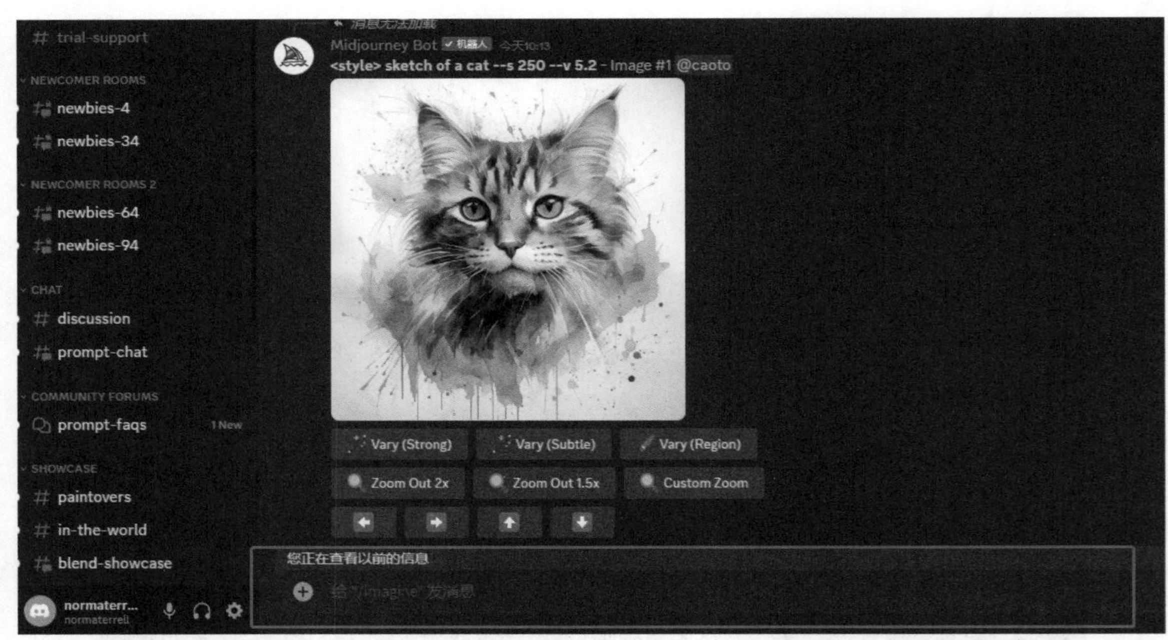

图9-23

在信息输入框中输入“/imagine”指令来呼叫Midjourney机器人，在输入过程中系统会自动补全指令，可单击选择“/imagine”选项，之后信息输入框中会出现“prompt”提示词输入框，如图9-24所示。

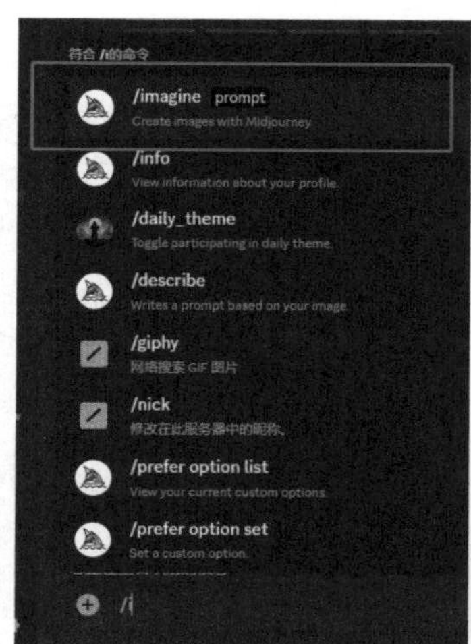

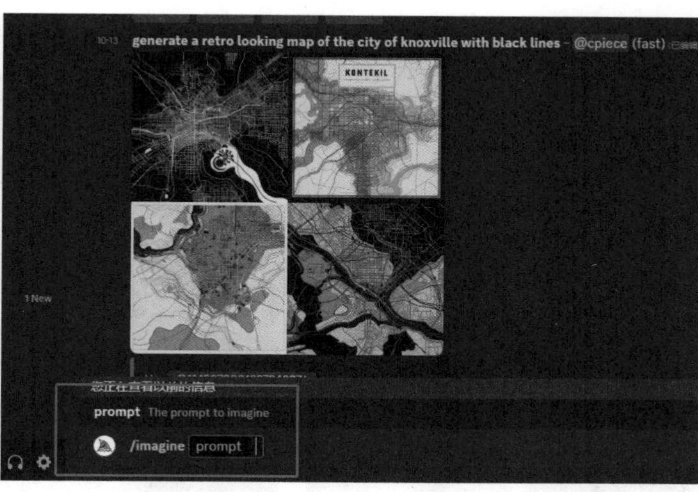

图 9-24

2 呼叫出Midjourney机器人之后，在提示词输入框中输入提示词，然后按Enter键向Midjourney机器人发送指令。

例如，我们尝试生成一张奇幻类型的游戏人物海报。在提示词输入框中输入英文提示词“a gleeman with gold coin（一个带着金币的吟游诗人）, glowing red skin（发亮的红皮肤）, adventurer in tavern（酒馆的冒险者）--ar 16:9（尺寸比例16:9）”，按Enter键之后等待Midjourney为我们生成图像。在快速模式下，Midjourney将生成4张图像，整个生成过程大约耗时半分钟，如图9-25所示。

图 9-25

3 调整图像。Midjourney生成的四张图像的下方有两行按钮，用于对生成图像进行调整，如图9-26所示。

Midjourney会根据它对提示词的理解，同时生成4张图像，目的是让用户从中挑选比较满意的图像。所以，为加快生图速度，每张图像的尺寸都不大。当我们找到一张比较满意的图像后，再将其放大即可。U1、U2、U3、U4，以及V1、V2、V3、V4按钮可以分别对4张图像执行放大和重新

生成操作，如图9-27所示。

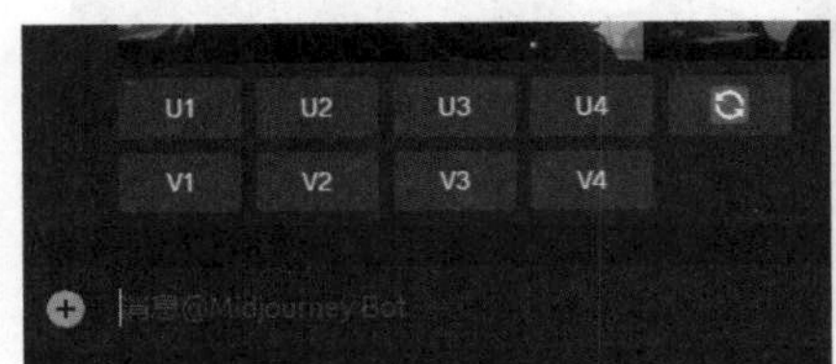

图9-26

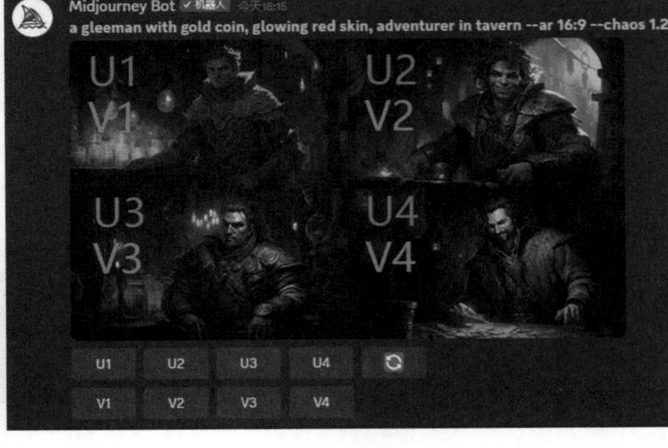

图9-27

2. 图像调整

（1）V按钮用于按照所选图像，生成风格类似的4张新图像，它的效果类似于Stable Diffusion中的图生图功能。当我们觉得生成的图像中，某张图像比较符合预期但又不完全满意时，就可以单击“V+对应数字”按钮对这张图像执行重新生成操作，如V1按钮表示对第一张图像执行重新生成操作。例如，对图9-25中左下角的图像执行重新生成操作，就可以单击“V3”按钮，结果如图9-28所示。

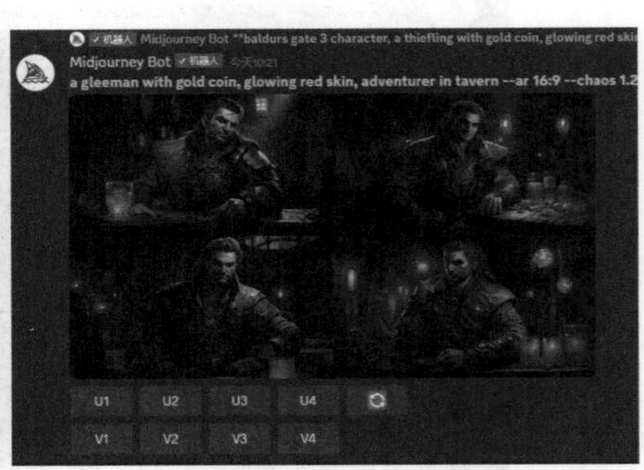

图9-28

从图中可以看到，重新生成后，人物的形象和整体画面氛围被较好地保留了下来，但人物姿态、服装样式、镜头角度、物件摆放等都被进行了不同程度的重新设计。倘若对这次生成的图像不满意，也可以再次单击“V3”按钮来执行重新生成操作。

（2）“重新生成”按钮 用于按照提示词重新生成图像。当我们对生成的图像都不满意时，就可以单击此按钮来进行重新生成。我们还是以图9-25为例执行重新生成，结果如图9-29所示。

图 9-29

从图中可以看出，此次的生成结果内容变化较大，若对生成结果还是不满意，可以再次单击按钮执行重新生成。

（3）U按钮用于放大图像尺寸，如U1按钮表示放大4张图像中左上角的图像的尺寸。以图9-29为例，单击U1按钮，将左上角的图像放大，生成的结果如图9-30所示。

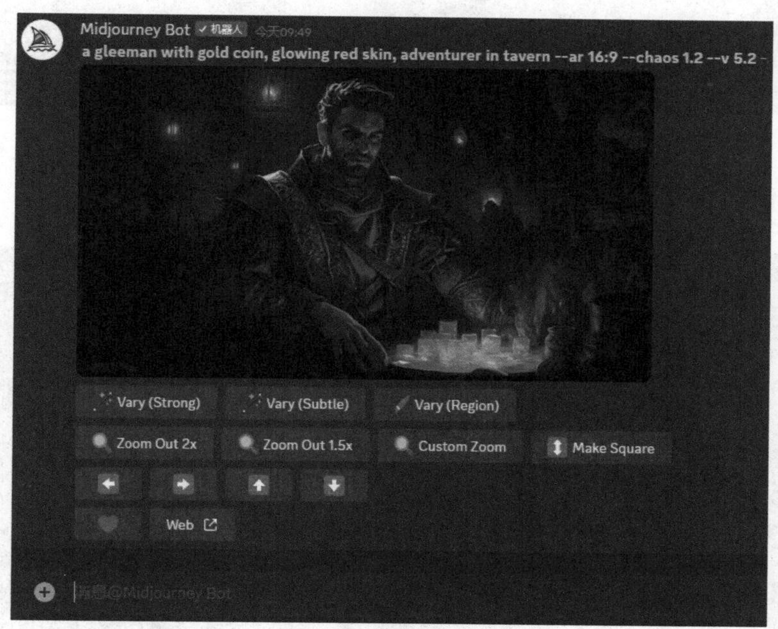

图 9-30

3. 图像定制

放大图像后，其下方会出现3行操作按钮，如图9-31所示，这些便是图像定制选项。

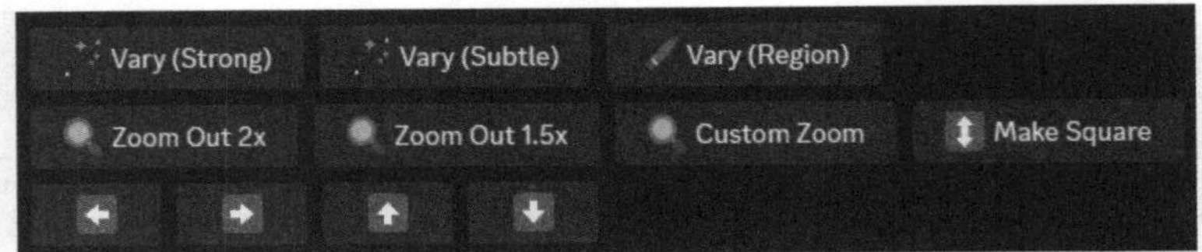

图 9-31

下面我们以图 9-30 为例，介绍每个图像定制选项的作用与意义。

（1）Vary(Strong)：以原图为依据，大幅改动图像内容。单击该按钮后得到的结果如图 9-32 所示。

图 9-32

（2）Vary(Subtle)：小幅改动图像内容。单击该按钮后得到的结果如图 9-33 所示。

图 9-33

（3）Vary(Region)：局部重绘。单击该按钮后会弹出一个新界面，该界面中有简单的编辑功能，我们可以框选图像中需要重绘的区域，仅对选中区域进行改动，然后在图像下方的提示词输入框中输入提示词。例如，框选出人物的眼部，并在提示词输入框中输入“sunglass”（墨镜），如图9-34所示。

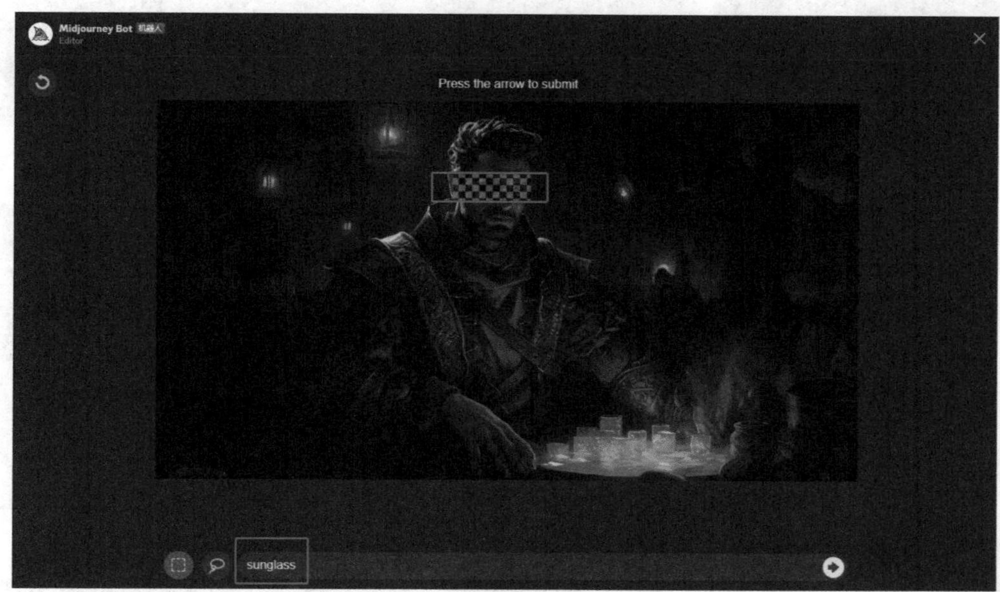

图9-34

输入提示词后按Enter键开始生成，最终得到了戴墨镜的人物图像，放大后的效果如图9-35所示。从图中可以看到，Midjourney按照我们输入的指令进行了局部重绘。

图9-35

（4）Zoom Out 2x：将图像扩展为原来的2倍。我们可以通过不断单击“Zoom Out 2x”按钮来扩展图像，如图9-36所示。

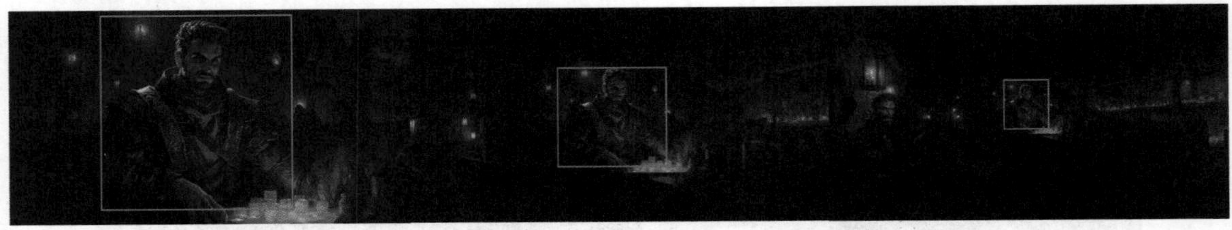

图9-36

（5）Zoom Out 1.5x：将图像扩展为原来的1.5倍。

（6）Costom Zoom：自定义缩放倍数。单击该按钮后会弹出一个界面。在这里我们可以重新输入提示词并自定义缩放倍数，如图9-37所示。

图9-37

（7）Make Square：将图像调整为正方形。

（8）[箭头按钮]：按箭头方向对图像进行扩展，如单击第一个箭头就会得到向左扩展的图像，如图9-38所示。

图9-38

9.2.2 参数的全局设置

前面介绍了图像生成的主要指令，接下来我们将学习“/settings”指令的用法，这是Midjourney中一个常用的指令。该指令用于进行全局设置。

在提示词输入框中输入“/settings”，按Enter键之后即可看到全局设置选项，如图9-39所示。

（1）单击版本切换下拉按钮，系统将展示所有的大模型版本，单击相应的选项即可实现切换，如图9-40所示。例如，“Midjourney Model V5.1”代表的是Midjourney大模型5.1版本。

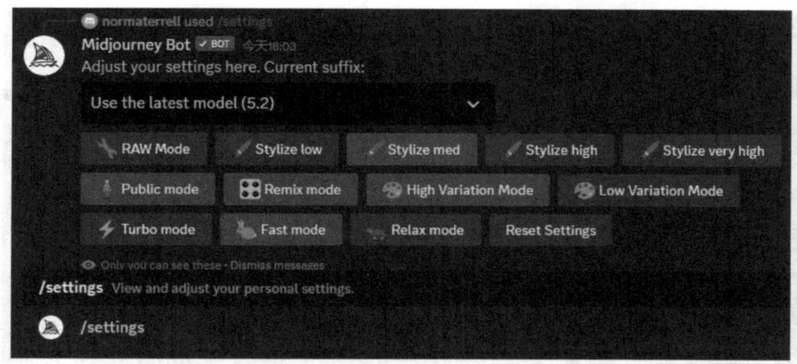

图9-39

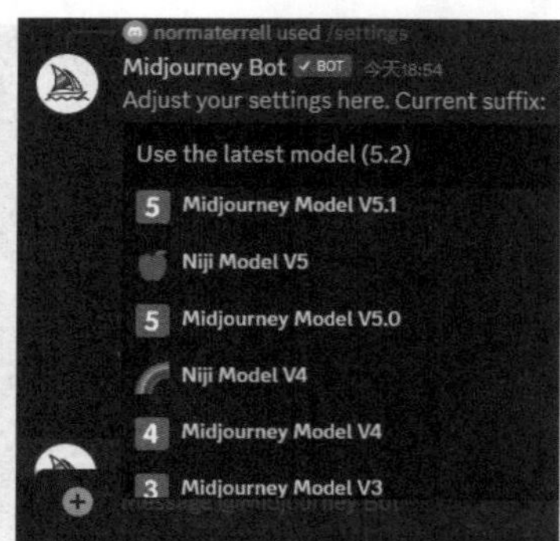

图9-40

从图9-40中可以看到，Midjourney与Stable Diffusion的模型不同，它只使用一个大模型，并以编号来命名版本。各个大模型在生成效果上存在明显的差异，通常版本越高的大模型出图效果越好。这里我们使用不同版本的大模型分别生成一组赛博朋克风格的作品，生成结果如图9-41所示。从图中可以看到，早期版本的大模型生成的图像从画质和逻辑关系来看都存在非常明显的瑕疵，直到V4版本生成质量才逐渐变得较为可靠，而V5.2版本将整体画面氛围和质感都提升到了一个较为惊艳的高度。

图9-41

（2）RAW Mode：此选项仅在V5.1及以上版本中出现，可以限制AI生成图像时的自由度。当开启此选项时，系统会尽量按照提示词来生成图像；而关闭此选项后，系统就会在生成图像时自行添加它认为更理想的画面元素。例如，我们分别开启和关闭此选项，让Midjourney生成一组男孩肖像，得到的结果如图9-42所示。从图中可以看到，在开启“RAW Mode”时，生成的图像较为稳定和平淡，而关闭“RAW Mode”后Midjourney自行对画面质感、人物服饰、光影等进行了发挥。

图 9–42

（3）Stylize low/med/high/very high：不同程度的风格化倾向。它们可以让图像看起来更有质感。这里我们输入提示词“1boy”（一个男孩）让Midjourney生成相应的图像，生成结果如图9–43所示。从图中可以看出，随着风格化程度的提高，图像效果逐渐从生活照变为个性十足的模特写真或人像海报。

图 9–43

（4）Public mode：公共模式，作用是允许其他人看到你生成的图像，默认无法关闭，升级为60美元的专业套餐可关闭该选项。

（5）Remix mode：修改模式。开启后每次单击V按钮或“重新生成”按钮时，都会弹出一个修改界面，如图9–44所示。我们可以在该界面中修改这张图像之前使用的提示词和参数。如果关闭该选项，则会跳过这一步直接生成图像。

图 9–44

（6）High/Low Variation Mode：高/低差异化模式。它可

以改变同一组生成图像之间的差异化程度，生成效果如图9-45所示。左侧的图像开启了Low Variation Mode，生成的同一组图像的差异较小；而右侧的图像开启了High Variation Mode，同一组图像表现出了明显的差异。

图9-45

（7）Turbo/Fast/Relax Mode：出图速度设置。Turbo mode（极速出图模式）会消耗会员套餐中的快速生成时间，生成图像的时间约为10秒；Fast mode（快速出图模式）也会消耗快速生成时间；Relax Mode（慢速出图模式）不消耗快速生成时间，可无限制使用。

（8）Reset Settings：初始化所有设置。单击该选项后，所有参数恢复到默认设置。

9.2.3 独特的Niji模型

Niji模型是Midjourney中一个独特的模型，专门用于生成二次元风格图像，用户可以通过设置界面切换至该模型。这里我们再次输入提示词“1boy”，并使用Niji模型来生成一组图像，生成效果如图9-46所示。从图中可以看到，生成的图像都是二次元风格的。

图9-46

Niji模型的各项设置同其他版本的模型基本相同。这里仅介绍全局设置中的不同之处，如图9–47所示。

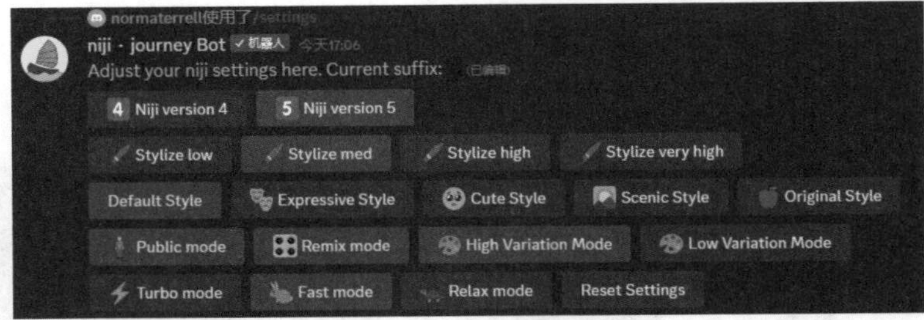

图9–47

Niji模型的全局设置的不同之处主要体现在第三行的5个风格选项按钮。这些选项按钮用于设置Niji模型的画风，可简单理解为次级小模型。

每个风格选项按钮的作用如下。

- Default Style：默认风格，即常规的二次元风格。
- Expressive Style：表现力风格，图像立体感和色彩搭配的表现力更强。
- Cute Style：可爱风格，可以生成Q版角色。
- Scenic Style：背景风格，适合生成需要表现场景的图像。
- Original Style：原创风格，适合生成富有想象力的图像。

5个风格的生成效果如图9–48所示。

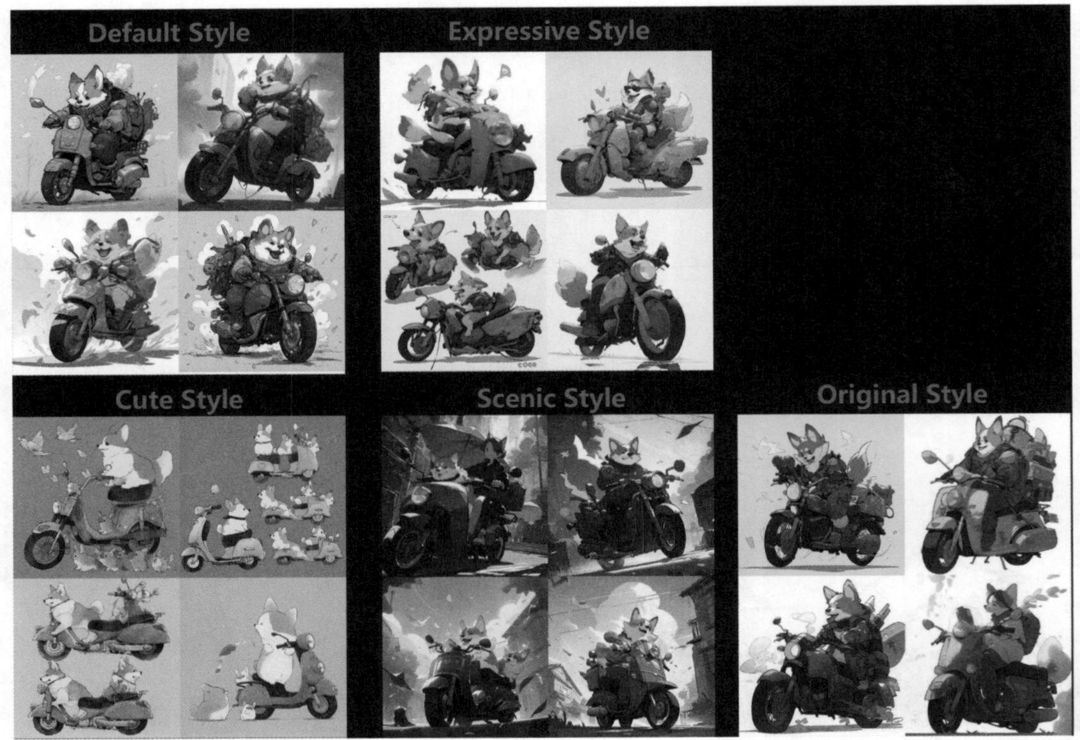

图9–48

9.2.4 Midjourney的图生图

Midjourney同样也有图生图功能，但操作方法比较特别，下面通过一个案例来进行介绍。

1 在主界面中上传一张图像作为参考图。将要上传的图像拖曳到主界面中央后释放，然后按Enter键便可上传，如图9-49所示。加载完成后即可在消息列表中看到上传的图像。

2 先在信息输入框中输入"/imagine"，再将消息列表中显示的上传的图像拖曳到提示词输入框中释放，系统会自动为我们填入此图像的链接，如图9-50所示。

图9-49

图9-50

3 在图像的链接之后输入提示词（注意，输入的提示词与图像的链接要用空格分隔），再按Enter键，Midjourney即可结合上传的图像和输入的提示词来进行图生图。这里我们以《银河护卫队》中星爵的草图作为参考图进行图像生成，生成的结果如图9-51所示，从图中可以看到，Midjourney根据一张草图生成了人物海报。

图9-51

9.3 Midjourney的提示词和参数

了解了Midjourney生成图像的基本操作方法之后，接下来我们将学习Midjourney的提示词和参数的用法。

Midjourney的提示词总体而言可以与Stable Diffusion通用，但一些参数设置存在差别，我们需要了解相关的规则和用法。

9.3.1 Midjourney提示词写法

前文介绍Stable Diffusion时，讲过提示词对于AI绘画的作用和重要性。Midjourney同样支持自然语言输入，可以将图像内容需求拆分为提示词，并设置提示词权重来生成想要的图像。Midjourney的优势是能很好地识别句子并生成相应的图像。如图9-52所示，我们输入“a boy standing under the star”（一个男孩站在星空下），就得到了非常好的生成结果。

温馨提示

Midjourney中提示词权重是用“::+数值”来书写。

Niji模型甚至还支持使用中文提示词。输入中文句子作为提示词，同样可以生成符合要求的图像，如图9-53所示。

图9-52

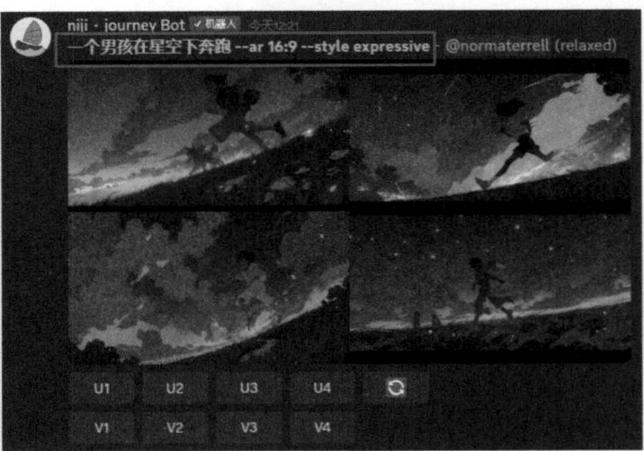

图9-53

这种“傻瓜式”的操作方式正是Midjourney在细节处理上优于Stable Diffusion的关键所在。

9.3.2 Midjourney的参数指令

Midjourney的参数指令只能作为后缀添加在提示词之后，用于调整相关的属性，其书写格式为“--参数名”+“数值”。以“--ar 3:2”为例，其中“--ar”是图像尺寸参数，后面的“3:2”是这项参数的数值，组合在一起就表示生成图像的比例为3:2。

要注意的是，参数名和数值之间要用空格分隔，否则会导致参数无法被识别。如图9-54所示，由于参数书写有误，导致系统无法识别“--ar3:2”指令。

下面对Midjourney的几个主要参数指令进行介绍。

（1）图像比例（--aspect或--ar）：用于设置图像的比例，是最常用的指令，Midjourney的默认图像比例是1:1。

书写语法：“--aspect”或“--ar”，数值只能设置为整数之比。如图9-55所示，这里设置的图像比例是7:3。

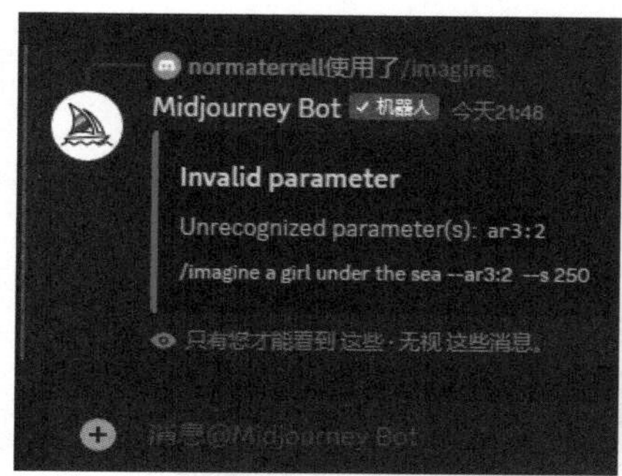

图9-54

图9-55

（2）混沌指数（--chaos或--c）：表示生成图像的创意程度。数值越高，AI自行发挥创意的空间越大。

书法语法：“--chaos”或“--c”+“数值”（0～100），生成效果如图9-56所示。

（3）反向提示词（--no）：此参数类似于Stable Diffusion中的反向提示词，用于移除图像中的元素。例如，“--no plants”表示移除图像中的植物。

书写语法：“--no”+“反向提示词”，如图9-57所示，通过使用提示词“--no fish”，移除了图像中的鱼类。

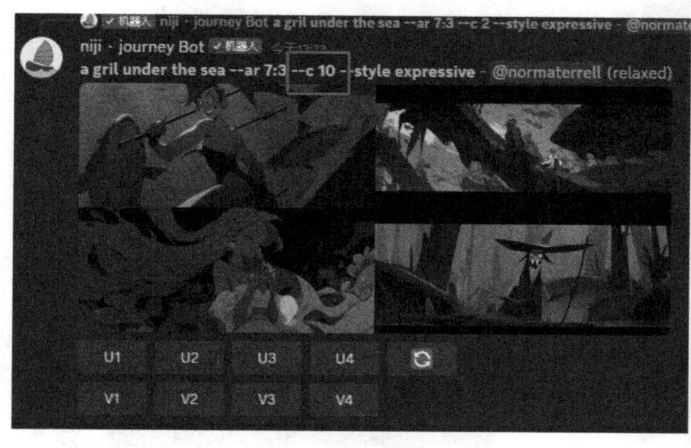

图9-56

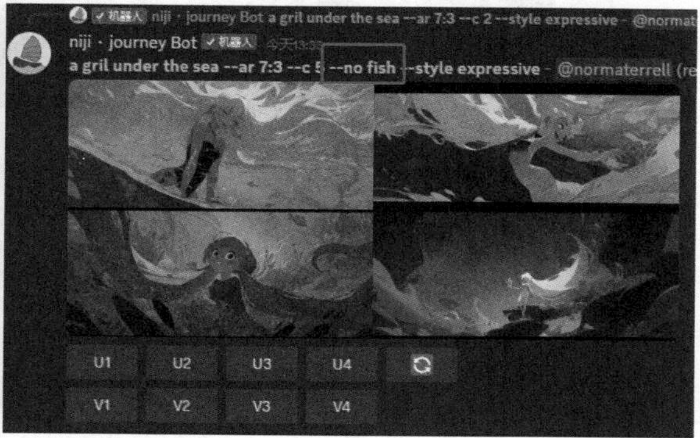

图9-57

（4）质量（--quality或--q）：用于调整生成图像的质量，默认值为1。在设计平面Logo类图像时，可设置较低的数值来提升出图效率。

书写语法："--quality"+"数值"，数值设置为1以内的小数时，可不写前面的0，如".25"。

（5）重复生成（--repeat或--r）：用单个提示词创建多个作业。

书写语法："--repeat"或"--r"+"数值"，标准套餐用户可将此数值设置为1～10，专业套餐用户可将此数值设置为1～40。

（6）参考图权重（--iw）：设置参考图的权重相对于文本提示词权重的比例。iw是"image weight"（图像权重）的缩写。

书写语法："--iw"+"数值"，默认值为0.25。如图9-58所示，展示了使用同一张参考图，但设置不同的参考图权重的生成结果。

图9-58

（7）随机数种子（--seed）：为每张生成的图像随机生成的编号。Midjourney中随机数种子的概念与Stable Diffusion一样，但获取seed值的方式有很大不同，需要经过以下步骤。

1 单击Discord界面左下角服务器列表旁边的"用户设置"按钮⚙打开设置界面，如图9-59所示。

2 选择设置界面左侧的"隐私与安全"选项，开启"允许服务器成员直接向您发起私聊"选项，允许机器人给我们发送私信，如图9-60所示。

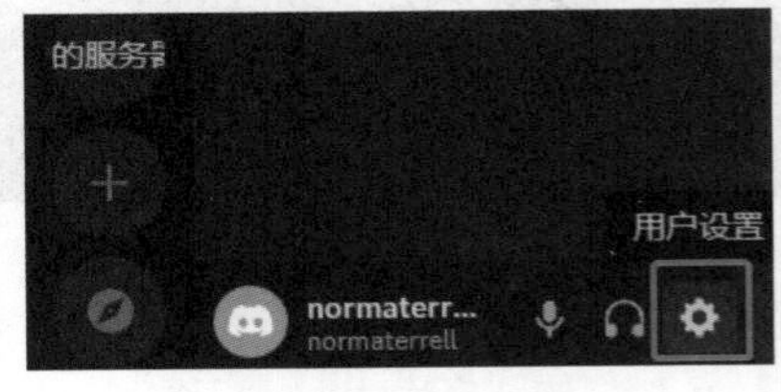

图9-59

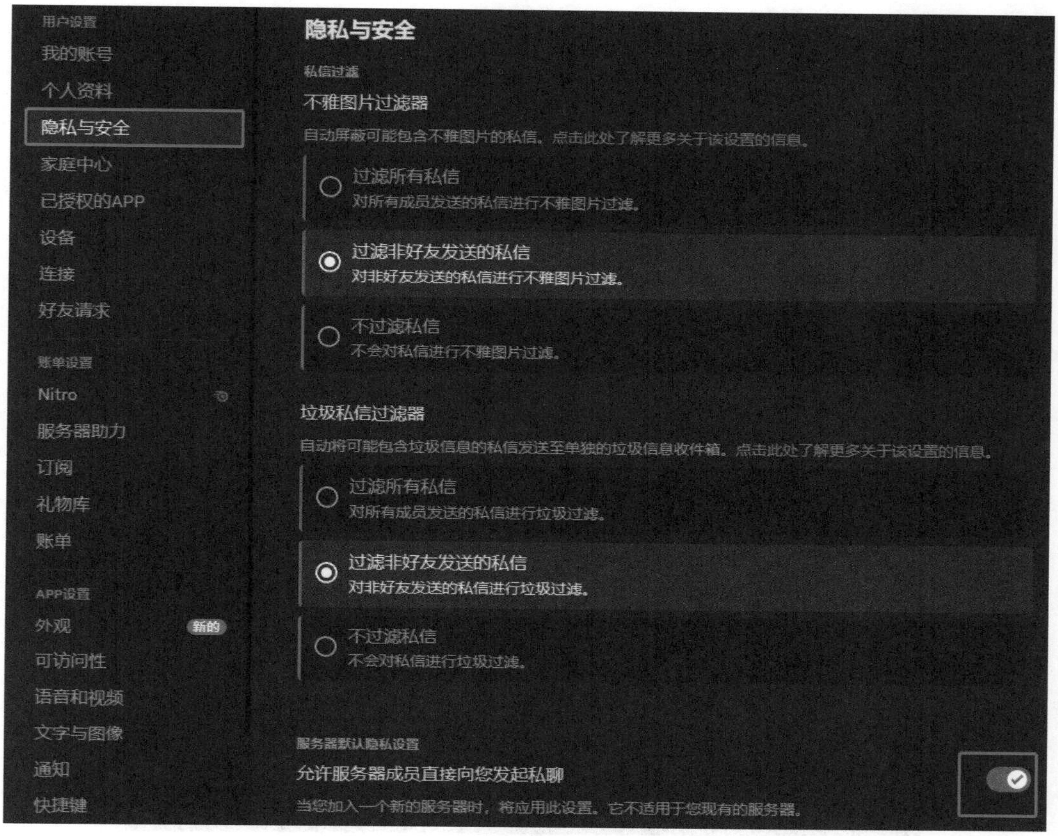

图9-60

3 将鼠标指针指向需要获取seed值的生成图像，单击右上角的“...”按钮，选择“添加反应”选项，单击“显示更多”命令，如图9-61所示。

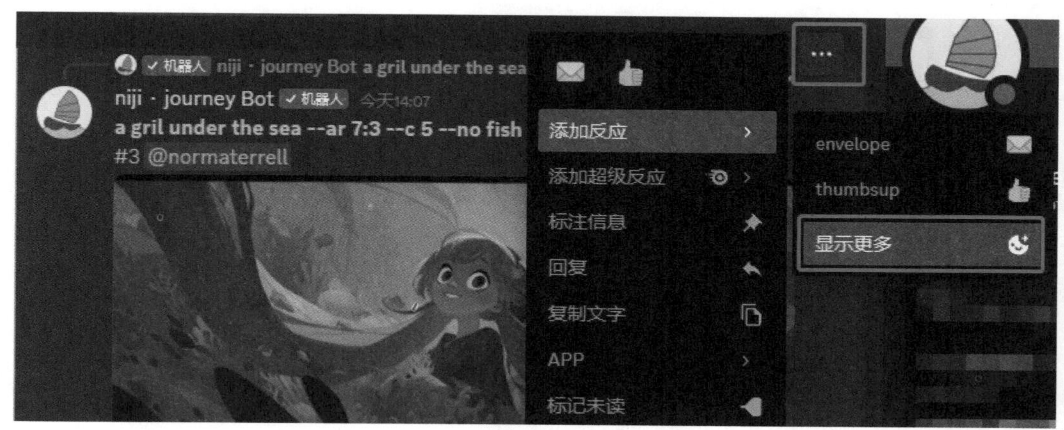

图9-61

4 在弹出界面上方的输入框中输入“envelope”，就能看到一个信封图标，如图9-62所示。单击此图标就能得到该生成图像的seed值。

图9-62

5 之后再生成图像后，单击右上角的“...”按钮，信封图标会自动出现在菜单中，如图9-63所示，直接单击此图标即可获取生成图像的seed值。

图9-63

书写语法：“--seed”+“数值”（0～4294967295的整数）。这里我们使用图9-63中的seed值得到了如图9-64所示的结果。从图中可以看到，图像的整体构图和色调均与参考图大致保持了一致。

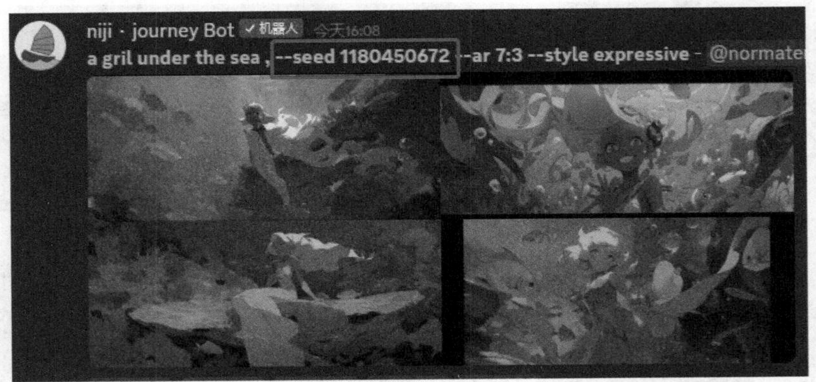

图9-64

（8）停止渲染（--stop）：类似于Stable Diffusion中的“迭代步数”设置。设置本参数可使进行中的任务停止，从而提升出图效率，适用于一些精度要求不高的项目。在较早的时间停止可能会生成模糊、细节缺失的图像。

书写语法："--stop"+"数值"（10～100的整数）。例如，使用"--stop 60"生成的图像如图9-65所示，虽然数值设置得较小，但生成的图像清晰度仍然在可接受范围内，并且出图速度极快。

（9）样式（--style）：也就是Niji模型全局设置中的"Niji画风设置"。

书写语法："--style"+"风格类型"（expressive、cute等）。可切换Niji模型的不同版本，如"--style expressive"。

（10）风格化程度（--stylize或--s）：用来调整生成图像的风格化程度。

书写语法："--stylize"或"--s "+"数值"（0～1000的任意整数）。数值越大，图像的艺术性越强，同时生成图像和提示的偏差也会越大。使用--s 378生成的图像如图9-66所示。

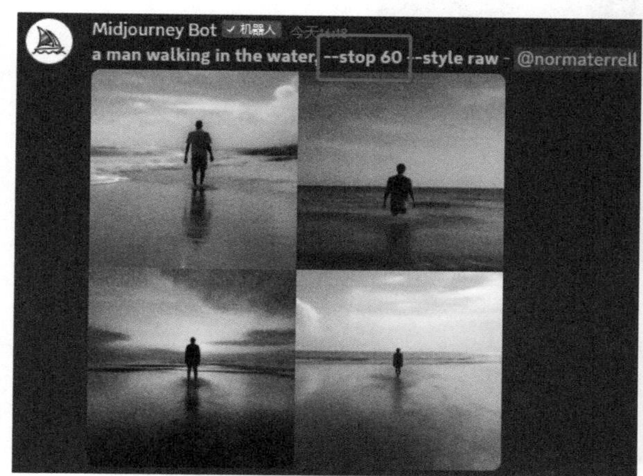

图9-65

图9-66

（11）平铺图像（--tile）：使用该参数可以生成制作面料、壁纸和纹理的无缝平铺图案，如图9-67所示。此参数仅支持V1、V2、V3、V5及后续版本。

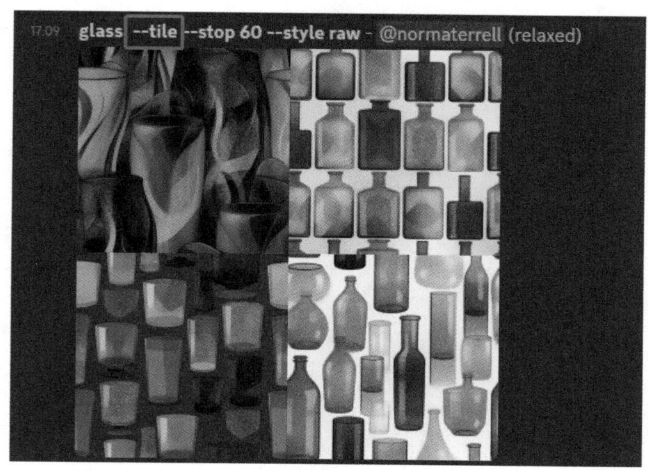

图9-67

书写语法："--tile"。

（12）模型版本（--version或--v）：也就是全局设置中的"模型版本"切换。

书写语法："--version"或"--v"+"对应Midjourney版本号"，如"--v 5.1"，生成的图像如图9-68所示。

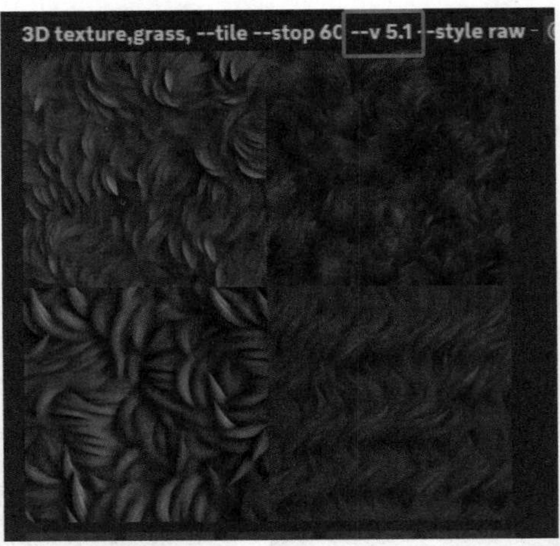

图9-68

第10章

项目实战：AI绘画工具在游戏美术设计中的应用

● 本章导读

经过前面章节的系统学习，相信大家已经掌握了Stable Diffusion和Midjourney的相关知识。然而这只是一个开始，如何在将来的实践中运用好这些工具才是关键。所以在本章中，我们将对AI绘画工具在实际项目中的运用方法进行介绍，但这些运用方法并不是一成不变的，具体怎么用好它们，什么时候可以用它们，是每一位AI使用者都要思考的问题，因为只有不断尝试和创新才能开拓新领域。

目前AI绘画工具在游戏美术设计中最直接的作用是提升原画设计、平面设计、灵感创意等方面的创作效率。本章将结合案例向读者展示AI绘画工具在游戏美术设计中的应用，从而帮助读者更好地运用AI绘画工具。

通过学习本章的内容，读者可以对AI绘画工具在游戏美术设计中能发挥作用的主要环节进行快速浏览，对如何落地应用有一个大致认知，为此后制作实际项目中的美术产品打好基础。

10.1 AIGC工作流在游戏美术设计中的应用

在AIGC应用加速落地的当下，游戏行业如何充分应用这一新技术，是每一个从业者应该思考的问题。

10.1.1 什么是AIGC工作流

AIGC工作流是指围绕AIGC技术打造的生产流程，可对游戏美术设计中的起稿、润色、最终产出等流程进行优化。如图10-1所示，在AIGC工具的加持下，仅需要准备一张左上图这样的简单的草图就能够创作出风格多样的人物图像。

图10-1

10.1.2 AIGC工作流的受益群体

首先，AIGC工作流最直接也是最大的受益群体是内容开发者。AIGC可以帮助内容开发者打破特定领域的技术垄断，更大胆地放开自己的创作思路，并提高创作效率。AIGC技术相较传统的人工创作，在技术和创意方面均展现出显著的优势，如图10-2所示。

图10-2

其次，AIGC工作流可以帮助技术从业者更有效地完成以往由于试错成本高和灵感不足等原因而难以推进的项目，从而降低项目成本。如图10-3所示，将AIGC工具与Photoshop和手绘技能结合，技术从业者可以非常迅速地完成作品初稿。

图10-3

最后，消费者也可以间接受益，因为厂商生产效率的提升最终会使市场上出现更多的产品，从而降低消费者的购买成本。

这些都是AIGC工作流在游戏美术设计中的显著优势。虽然建立一条成熟完整的AIGC工作流需要经过一段时间的摸索，但这对于中小游戏厂商而言是一个巨大的机遇。依靠AI打破技术垄断有望使它们与大厂商在某些领域达到优势平衡，甚至实现“弯道超车”。

10.1.3 认识游戏美术设计的4个阶段

在介绍游戏美术设计的AIGC工作流之前，让我们先了解一下游戏美术设计流程，并对每一个阶段进行工作流解析，从而找出最优的AIGC工作流。游戏美术设计流程大致包括以下4个阶段。

（1）草图阶段：设计和起稿。

（2）配色阶段：对主体尝试应用各种色彩搭配方案。

（3）刻画阶段：刻画主体的细节。

（4）收尾阶段：进行整体精修直到完成。

在草图阶段，AI绘画工具通常只能为人类设计师提供有限的灵感，主要是由于游戏美术设计的原创性要求较高，AI绘画工具很难出彩地完成这类创作，人类设计师却能够用自己天马行空的想象力，对各种创作思路做到融会贯通。在该阶段，AI绘画工具只能完成10%～20%的工作。

在配色阶段，AI绘画工具能够快速生成大量不同的色彩搭配方案。这些色彩搭配方案经过人类设计师修改后即可使用。如图10-4所示，AI绘画工具根据最左侧的黑白图生成了多个色彩搭配方案。在该阶段，AI绘画工具能够完成超过40%的工作。

图10-4

在刻画阶段，由于设计工作较少，质感刻画等缺乏创新的、高度程式化的工作较多，非常适合使用AI绘画工具来完成。如图10-5所示，在草图定稿后，AI绘画工具能够迅速刻画出大部分细节，之后再由人类设计师进行必要的补充和修正即可。在该阶段，AI绘画工具能够完成40%～70%的工作。

图10-5

在收尾阶段，因为AI生成存在噪点随机和无法收敛等问题，生成作品无法做到尽善尽美，所以需要由人类设计师对整个作品进行精细打磨和微调，这部分工作无法用AI绘画工具来完成。

总的来说，工作的创新性越弱，AI发挥作用的空间就越大，反之人类设计师的价值就越大。

10.2 如何使用AI绘画工具生成草图

上一节我们阐释了AIGC工作流对游戏美术设计的意义，本节我们将深入介绍AI绘画工具在草图阶段的应用。

10.2.1 在草图阶段应用AI绘画工具

在游戏美术设计中，最难的部分实际上是“从0到1”的草图设计，面对一张白纸，即便是经验丰富的设计师也常常感到无从下手。如今AI绘画工具的加入很大程度上缓解了这一“万事开头难”的问题。

例如，如果要设计一个室内游戏场景，可以先将脑海中已有的想法归纳为提示词，“floor plan of the house with some furniture and a fireplace（有家具和壁炉的房子平面图）, in the style of biomorphic abstraction（生物形态抽象的风格）, rinpa school（琳派风格）, diorama（立体模型）, heavy outlines（重描边）, compact layout（紧凑的布局）, boldly black and white（明确的黑白关系）, cartoon scene（卡通场景）--ar 219:155”，然后使用Midjourney中的Niji模型来进行图像生成。生成效果如图10-6所示。

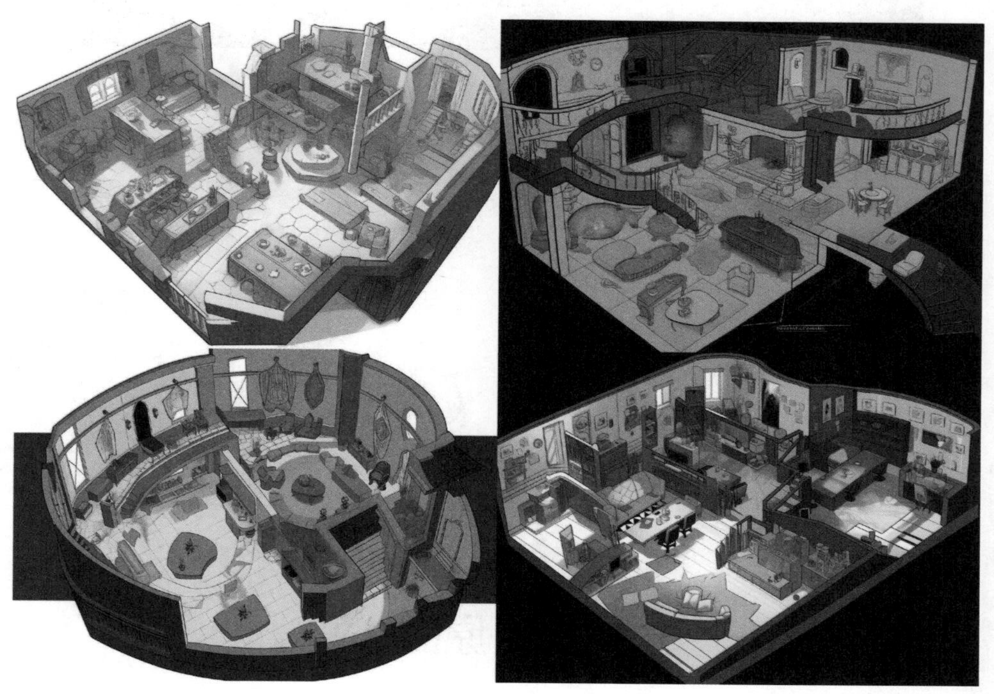

图10-6

如果发现Midjourney生成的图像不太理想，可考虑修改提示词中的部分内容和参数，并添加一张参考图来进行图生图。如图10-7所示，左侧的原图即我们上传的参考图，右侧则为AI绘画工具在原图基础上生成的图像，从图中可以看到，生成的图像颇有创意，能为人类设计师提供一定的灵感。

图 10-7

10.2.2 如何使用AI绘画工具刻画草图

我们还可以将草图交给AI绘画工具进行加工，具体操作如下。

1 上传草图。在Stable Diffusion图生图界面上传草图作为原图，如图10-8所示，输入提示词"masterpiece（杰作）, best quality（最佳质量）, simple background（简单的背景）, 2D, animated（动画风格）, smile（微笑）, ponytail（马尾辫）, Disney style（迪士尼风格）, cartoon（卡通）, nice（好看的）, fashion（时尚）, colorful（色彩丰富的）"，将重绘幅度设置为0.45～0.6，然后选择风格与原图接近的模型，即可得到初步的生成结果。

图 10-8

2 进行图生图迭代。在第一步生成的图像下方单击"发送到图生图"按钮，各项设置和参数保持不变，进行图生图迭代，得到新图像，如图10-9所示。从图中可以看到新的图像有了色彩，如果感觉生成效果不佳，可尝试调整提示词、改变参数设置或切换模型。

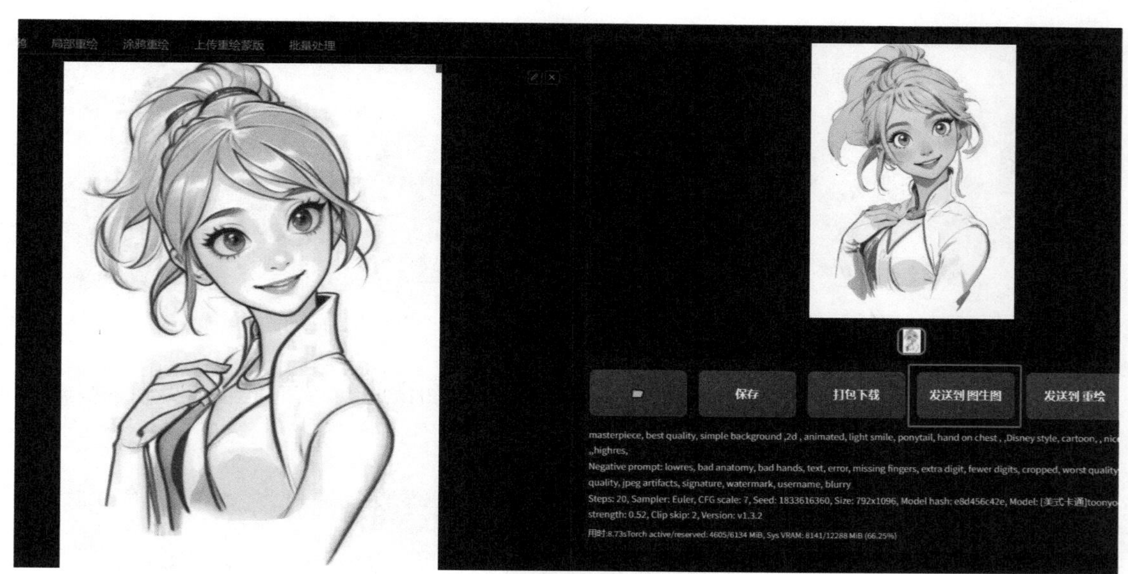

图 10-9

3 进行收尾及润色。经过多次迭代后可以得到一张较为精致的图像，其间还可以切换模型来让图像画风发生变化，如图10-10所示。然后由人类设计师手动对生成的图像进行调整，从而最终创作出一幅作品。

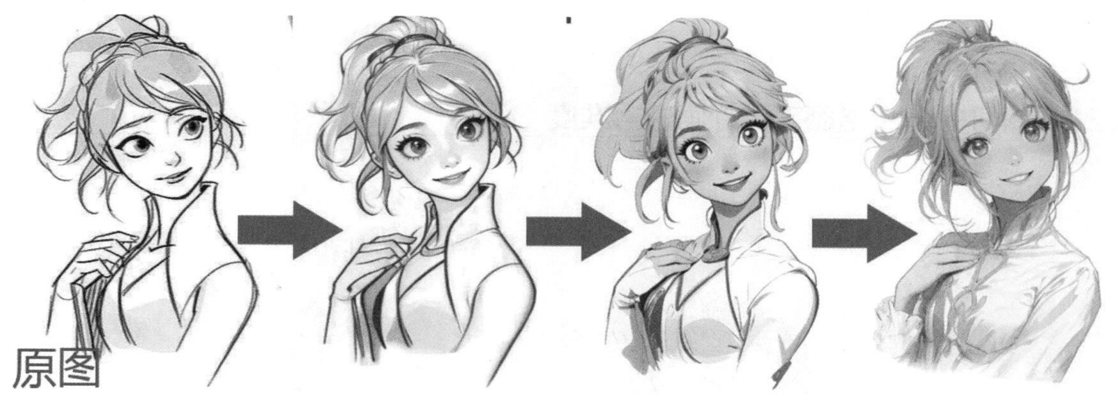

图 10-10

也就是说，通过这种简单的方法，我们可以尝试让AI绘画工具对原本粗糙的草图进行细化。场景建筑草图上色也能用类似的方法来完成。例如，在下面的案例中，可以先将草图上传到Stable Diffusion的图生图界面，并输入提示词“masterpiece（杰作），best quality（最佳质量），scenery（景色），house（房子），cloud（白云），blue sky（蓝天），plant（植物），cartoon（卡通），Disney style（迪士尼风格），shine（阳光），colorful（色彩丰富的），castle（城堡）”。经过数次迭代后得到的结果如图10-11所示。

图 10-11

另外，在迭代过程中使用ControlNet插件的相关模型，如lineart，有时候也会得到一些较好的生成结果，如图10-12所示。

图 10-12

10.2.3 如何提升AI绘画工具刻画的精准度

如果手绘的草图所展现的细节不够丰富，很难通过图生图迭代来实现AI加工，如图10-13所示。

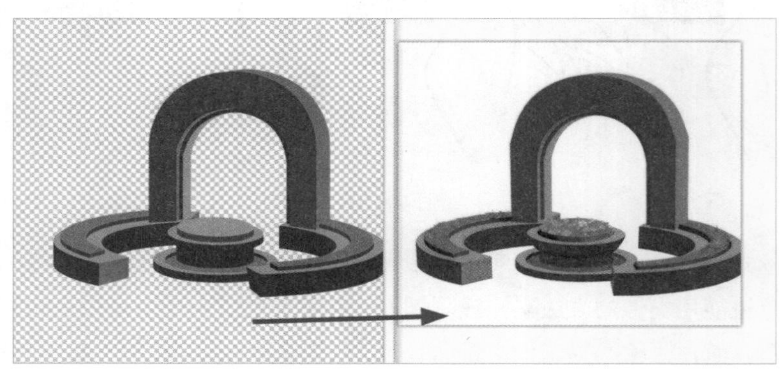

图 10-13

在这个案例中，尽管人类设计师可以非常轻松地看出图像展现的内容，但是AI却无法识别出各个色块所代表的意义，所以不敢“贸然行动”。在这种情况下，我们需要通过手绘或贴图的方式为图像添加细节，让AI能够识别出图像中的内容，如图10-14所示。

图 10-14

10.3 项目实战：AI绘画工具在游戏美术设计中的应用

了解了AI刻画的特点之后，接下来我们将结合案例来展示AI绘画工具在游戏美术设计中的应用。

10.3.1 案例：用AI绘画工具设计游戏人物

在进行设计前，要先选择一个适合当前游戏项目风格的模型，这样才能使AI生成的图像与游戏项目风格匹配。各种风格如图10-15所示。

图 10-15

下面将通过一个案例演示AI绘画工具在游戏美术设计中的应用。部分项目文档内容如下所示。

- 游戏类型：模拟经营类游戏。
- 美术风格：欧美卡通风格。
- 游戏故事背景：玩家将扮演游戏主人公薇薇安，经营因管理不善而濒临倒闭的家族裁缝店，并努力在时装设计界出人头地。

拿到项目文档之后，我们就要开始分步骤完成设计工作。具体操作步骤如下。

1. 项目分析

我们要先分析项目来指导美术设计，因为游戏美术设计要服务于游戏产品，所以设计师不能依照个人的审美习惯随意进行创作。

我们要根据游戏故事背景找到该游戏的卖点和受众。根据故事背景可知，该游戏是一款面向轻度游戏玩家的休闲类游戏，所以角色形象设计应体现轻松愉悦的特点。另外，该游戏讲述的是一个关于成长和励志的故事，所以主要受众是10～20岁的玩家。这个年龄段的玩家有了基本的善恶观念，但大多处于成长困惑时期，更需要积极的价值观引导，因此人物整体设计风格要偏向阳光，贴近他们想象中的美好生活。

2. 主人公设计

1 角色提示词设计。根据描述，主人公在一个没落的裁缝家族中长大，所以她的服装设计既要有一定的时尚感，又不能过于华丽。因为主人公通常代表玩家自己，所以还应展现出一种独特的个性。于是我们可以在草图阶段将这些设计思路转换为提示词，如“a pretty girl（一个漂亮的女生），smile（微笑），fashion（时尚），nice clothes（漂亮的服装），full-body（全身），cartoon（卡通），

Disney style::1.2（迪士尼风格：120%），2D --ar 9:16”。

生成的结果如图10-16所示。

图10-16

2 色彩提示词设计。根据前一步的生成结果构建出大致的设计思路，借助Photoshop画出线稿图，然后利用不同的Stable Diffusion模型进行图生图，或用ControlNet插件的lineart模型为其上色。使用的提示词要能描述线稿图的内容，如下所示。

（1）正向提示词可以是“masterpiece（杰作），best quality（最佳质量），Disney style（迪士尼风格），simple background（简单的背景），a pretty girl（一个漂亮的女生），smile（微笑），fashion（时尚），nice clothes（漂亮的服装），teenage（青少年），full-body（全身），cartoon（卡通），2D”。

（2）反向提示词可以是“lowres（低分辨率），bad anatomy（糟糕的结构），bad hands（糟糕的双手），text（文本），error（错误），missing fingers（缺失的手指），extra digit（多余的手指），cropped picture（被裁剪的图），worst quality（最糟糕的质量），low quality（低质量），normal quality（一般的质量），signature（署名），watermark（水印），username（用户名），blurry（模糊的）”。

3 设置参数。输入好提示词之后还要对各项参数进行设置，详细参数设置如下。

Steps（步数）：20；Sampler（采样方法）：Euler a；CFG scale（提示词相关度）：7；Seed（种子）：3335729099；Size（画面尺寸）：816px×1456px；Model hash（模型哈希值）：e8d456c42e；Model（模型名称）：toonyou_beta6；Clip skip（跳过层数）：2；ENSD（噪声偏移值）：31337；ControlNet 0：Module（ControlNet模型）：tile_resample；Model（预处理模型）：control_v11f1e_sd15_ tile [a371b31b]; Weight（权重）: 1; Resize Mode（展示样式）: Crop and Resize; Low Vram（低显存模式）: False; Threshold A（阈值）: 1; Guidance Start（启用阶段）: 0; Guidance End（停用阶段）: 1; Pixel Perfect（完美像素）: False; Control Mode（控制权重）: ControlNet is more important"; Version（版本）: v1.3.2。

4 挑选适合的生成图像。经过数轮生成后从结果中挑选出一些比较符合预期的图像，如图10-17所示。最后由设计师对图像进行精修，处理掉瑕疵，从而完成主人公的设计。

图 10-17

此外，有一种借助Photoshop实现的更为精细的上色方式。在绘制出线稿图后，先手动画出角色的固有色，并添加简略的阴影，如图10-18所示。

然后利用图生图功能对这张有固有色和阴影的线稿图进行进一步处理，注意将重绘幅度设置为0.5～0.6，得到的结果如图10-19所示。

图 10-18

图 10-19

再从中挑选出一张比较满意的图像，让设计师手动对不合理的地方进行调整，最终的效果如图10-20所示。

图10-20

3. NPC设计

主人公设计完成之后，我们便可以开始设计NPC了。

1 设计思路分析。NPC在游戏故事背景中的身份定位及与其他角色的关系是设计的核心。这里的NPC是主人公的合作伙伴——爱德华。根据游戏项目文档，他是一位地产企业的CEO，偶然结识了主人公，此后逐渐成为其合作伙伴，玩家在游戏中可以通过该NPC来购买经营场所，可考虑将其设计为一个帅气可靠的青年才俊形象。

2 提示词转换。将设计思路转换为提示词输入至Midjourney，让其生成一些设计方案，提示词可以是“masterpiece（杰作），best quality（最佳质量），animated（动画的），Disney style（迪士尼风格），cartoon（卡通），handsome boy（帅气男生），nice shirt（漂亮的衬衣），rich man（富翁），full-body（全身），fashion（时尚），fashion hair（时尚的发型）--ar 9:16”，得到的生成结果如图10-21所示。

图10-21

3 上色及刻画。根据前一步的生成结果绘制线稿图，然后利用不同的Stable Diffusion模型进行图生图，或用ControlNet插件为其上色。

正向提示词可以是“masterpiece（杰作）, best quality（最佳质量）, animated（动画的）, Disney style（迪士尼风格）, cartoon（卡通）, handsome boy（帅气男生）, nice shirt（漂亮的衬衣）, rich man（富翁）, full-body（全身）, fashion（时尚）, fashion hair（时尚的发型）”。

反向提示词可以是“lowres（低分辨率）, bad anatomy（糟糕的结构）, bad hands（糟糕的双手）, text（文本）, error（错误）, missing fingers（缺失的手指）, extra digit（多余的手指）, cropped picture（被裁剪的图）, worst quality（最糟糕的质量）, low quality（低质量）, normal quality（一般的质量）, signature（署名）, watermark（水印）, username（用户名）, blurry（模糊的）”。

基于与上一轮生图相同的参数设置，利用不同的模型进行数轮渲染，最后挑选出符合预期的图像，如图10-22所示。

图 10-22

4. 反派角色设计

接下来设计游戏中的反派角色雷蒙。具体步骤如下。

1 设计思路分析。考虑到这是一款休闲类游戏，反派角色不能简单设计为令人厌恶、与玩家对立的邪恶形象，而应塑造出拥有严厉感的硬朗形象。该角色是主人公的主线任务发布者，负责通过不同方式推动主人公成长并达成目标，根据故事背景，她谋划着收购主人公经营的裁缝店，聪明干练，有很高的艺术品位。玩家需要通过完成这名角色发布的任务来完成主线任务，所以输入的提示词要体现其富有时尚感且有内在力量的特点。

2 提示词转换。理解了项目需求后，将设计思路转换为提示词输入Midjourney，让其生成设计方案，提示词可以是“independent woman（独立女性），animated（动画的），Disney style::2（迪士尼风格：120%），cartoon（卡通），individual photo（单人照），white shirt（白衬衫），full-body（全身），fashion（时尚），high ponytail（高马尾）--ar 9:16 --chaos 1.2”。得到的结果如10-23所示。

图 10-23

3 上色及刻画。根据生成结果，绘制线稿图，然后利用不同的Stable Diffusion模型进行图生图，或用ControlNet插件为其上色。

正向提示词可以是“masterpiece（杰作），best quality（最佳质量），simple background（简单的背景），animated（动画的），Disney style（迪士尼风格），cartoon（卡通），individual photo（单人照），white shirt（白衬衫），full-body（全身），fashion（时尚），high ponytail（高马尾）”。

反向提示词可以是“lowres（低分辨率），bad anatomy（糟糕的结构），bad hands（糟糕的双手），text（文本），error（错误），missing fingers（缺失的手指），extra digit（多余的手指），cropped picture（被裁剪的图），worst quality（最糟糕的质量），low quality（低质量），normal quality（一般的质量），signature（署名），watermark（水印），username（用户名），blurry（模糊的）”。

利用不同的模型来生成图像，最后挑选出符合预期的图像，进行人工刻画收尾处理即可，如图10-24所示。

图 10-24

5. 主人公的奶奶设计

主人公的奶奶爱丽丝的设计也可以按同样的步骤来完成。具体步骤如下。

1 设计思路分析。根据故事背景，主人公的奶奶年轻时同爷爷一起开了一家裁缝店，这家裁缝店承载着小镇居民温馨的回忆。该角色能通过讲故事的方式为玩家提供增益效果，所以输入提示词应重点突出其和蔼可亲的特点。

2 提示词转换。将设计思路转换为提示词输入Midjourney，让其生成设计方案，提示词可以是"kindly grandma（慈祥的奶奶）, simple background（简单的背景）, amiable（和蔼可亲的）, glass（眼镜）, full-body（全身）, cartoon（卡通）, Disney style（迪士尼风格）"，生成结果如图 10-25 所示。

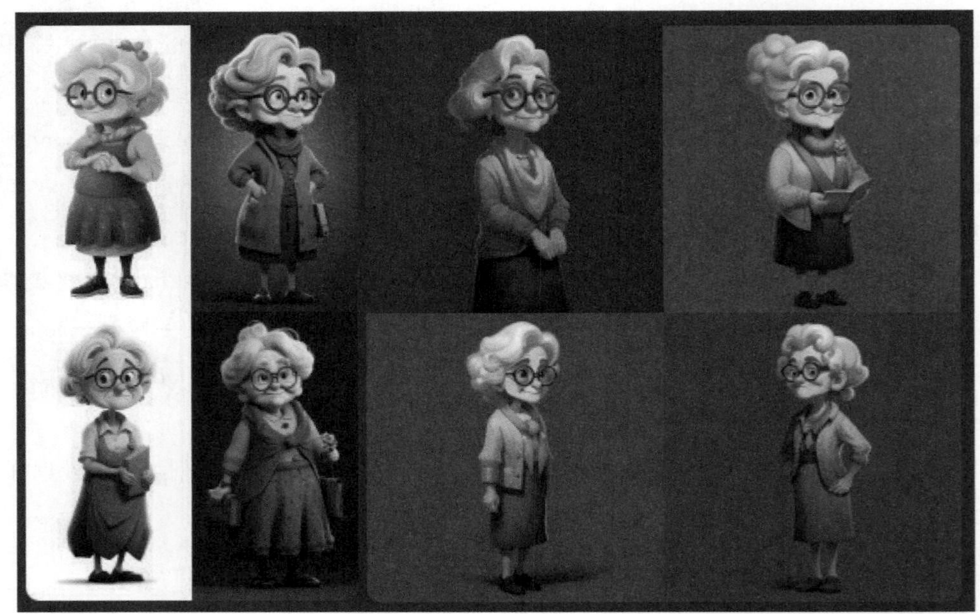

图 10-25

3 上色及刻画。根据生成结果绘制线稿图，利用不同的Stable Diffusion模型进行图生图，或用ControlNet插件为其上色。

正面提示词可以是“masterpiece（杰作），best quality（最佳质量），kindly grandma（慈祥的奶奶），cute style（可爱风格），old lady（老年女性），smile（微笑），white hair（白头发），simple background（简单的背景），animated（动画的），glass（眼镜），full-body（全身），cartoon（卡通），Disney style（迪士尼风格）”。

反向提示词可以是“lowres（低分辨率），bad anatomy（糟糕的结构），bad hands（糟糕的双手），text（文本），error（错误），missing fingers（缺失的手指），extra digit（多余的手指），cropped picture（被裁剪的图），worst quality（最糟糕的质量），low quality（低质量），normal quality（一般的质量），signature（署名），watermark（水印），username（用户名），blurry（模糊的）”。

利用不同的模型来生成图像，最后挑选出符合预期的图像，进行人工刻画收尾处理即可，如图10-26所示。

图10-26

使用相同的方法完成其他角色的设计，如图10-27所示。

图10-27

之后，我们将使用AI绘画工具来辅助设计游戏场景。

10.3.2 案例：用AI绘画工具设计游戏场景

下面我们以设计一个景色优美的小镇场景为例，介绍具体的设计方法。

1 设计提示词。选择或训练与需求风格匹配的模型，然后把我们想要呈现的图像内容转化为提示词并输入Stable Diffusion中，提示词可以是“masterpiece（杰作），high quality（高质量），buildings（建筑物），towns（小镇），skyscrapers（摩天大楼），street scenes（街景），traffic lights（交通灯），stores（商店），bus stops（公交站），traffic roads landscape（交通道路），map（地图），sandbox（沙盒），miniature landscape（微缩景观），bird's eye view（鸟瞰），big game map（游戏大地图），amazing（令人惊叹），atmosphere（大气），depth of field（景深）”，生成结果如图10-28所示。

图 10-28

2 处理加工。进行反复生成后挑选出满意的图像，并利用Photoshop加以拼合打磨，最终得到的效果如图10-29所示。

此外，我们也可用AI绘画工具来生成具体的场景图。例如，用提示词“masterpiece（杰作），high quality（高质量），scene graph（场景图），no humans（没有人类），town（小镇），shop（商店），ground（广场），tree（树木），outdoors（户外）”来生成街边小店。改变具体地点的提示词，如将其中的“shop”（商店）换为“outskirts”（郊外）或“street”（街道），可以生成郊外、街道等不同的场景图，如图10-30所示。

图 10-29

图 10-30

3 利用Midjourney生成图像。将这些生成结果上传至Midjourney作为参考图生成相似风格的图像，输入提示词可以是"city（城市）, game map（游戏地图）, look down（俯瞰）, cartoon style（卡通风格）, buildings（建筑物）, town（小镇）, street scenes（街景）, no human（没有人类）, sim city（模拟城市）--ar 16:9 --s 250 --chaos 1.2"，生成结果如图10-31所示。

图10-31

4 刻画收尾。从生成结果中选择一些最符合预期的图像来进行加工即可。

10.3.3 案例：借助AI绘画工具辅助设计Logo和UI

1. Logo设计

下面我们来为该游戏设计一个Logo。具体操作方法如下。

1 尝试生成。在Midjourney中输入提示词"game logo"（游戏Logo），得到如图10-32所示的结果。

图10-32

从图中可以看到，目前生成的Logo都与该游戏的风格存在较大差异。这是因为我们提供的提示词过于宽泛，AI难以准确识别设计任务。那么我们可以通过上传参考图的方式来让其理解项目需求。

2 搜索参考图。在图片素材网站中搜索"休闲类游戏Logo"，寻找较符合游戏风格的

Logo，如图10–33所示。

图 10–33

3 上传参考图。选择风格合适的Logo作为参考图上传至Midjourney，输入提示词“game logo（游戏Logo）, nice front（漂亮的字体）, angry birds（愤怒的小鸟）”，得到的结果如图10–34所示。从图中可以看到，生成的图像尚无法直接使用，但已经比较符合我们的预期。

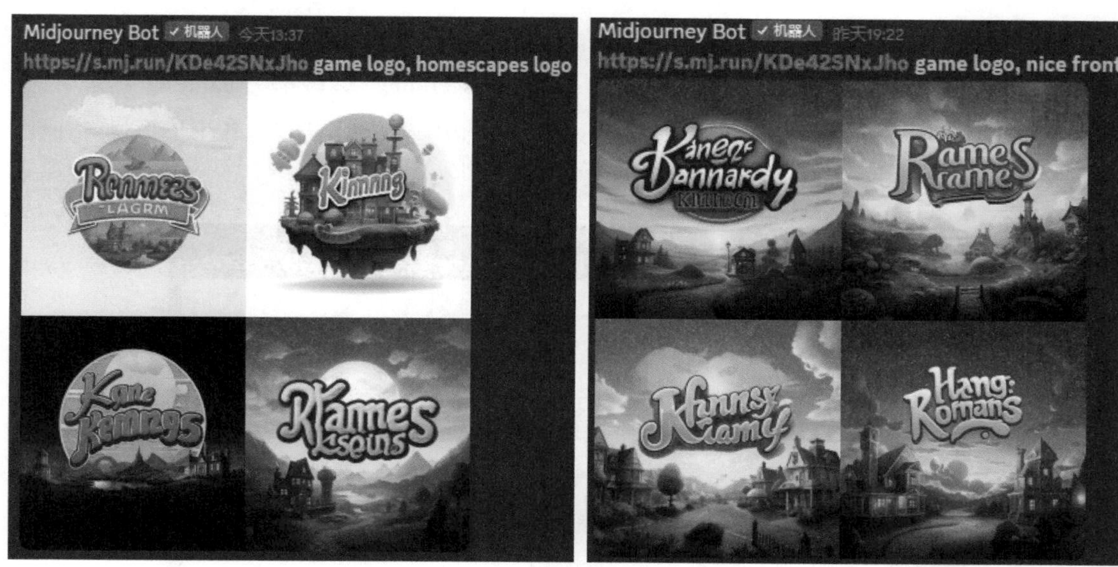

图 10–34

4 收尾处理。结合其他图像处理工具，如Photoshop，手动对生成的图像进行调整，最终效果如图10–35所示。

图10-35

2. UI设计

接下来，我们使用类似的方法，上传参考图至Midjourney来制作UI。具体操作方法如下。

1 搜索UI参考图。在图片素材网站中搜索“休闲类游戏UI”，找到符合游戏风格的UI，并上传至Midjourney作为参考图。

2 输入提示词。在Midjourney中输入提示词“chat frame（对话框）, game UI（游戏UI）, cartoon style（卡通风格）”，生成结果如图10-36所示，从中挑选一个最接近预期的结果，并进一步进行加工处理。

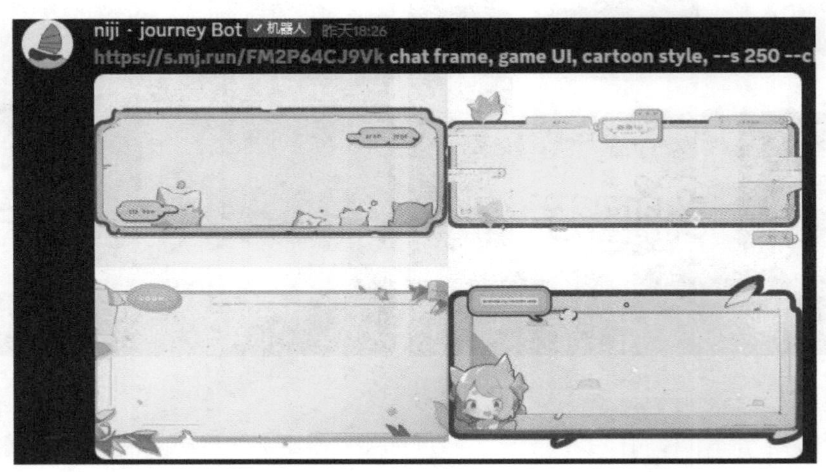

图10-36

3 测试效果。最后，我们将前面生成的内容同UI结合以查看效果是否符合预期，如图10-37所示，并对其进行相应的调整即可。

图10-37

10.3.4 案例：使用AI绘画工具设计游戏道具

道具是游戏美术设计中数量最多的元素。道具设计也可以使用AI绘画工具来辅助完成。下面简要介绍如何使用AI绘画工具来设计游戏道具，具体操作方法如下。

1 Midjourney生成。在这个游戏项目中，主人公经营的是裁缝店，所以我们在Midjourney中输入提示词来生成一些服装道具，提示词可以是“game item sheet（游戏物品表单），women clothes（女性服装），cute（可爱）”，得到的结果如图10-38所示。

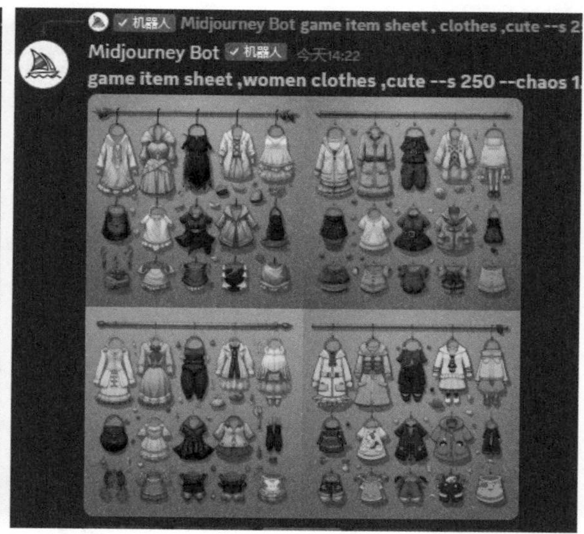

图10-38

温馨提示

注意，这里用到了一个很有用的单词“sheet”（表单）。在Midjourney中，它通常可用来生成排列整齐的图案列表。

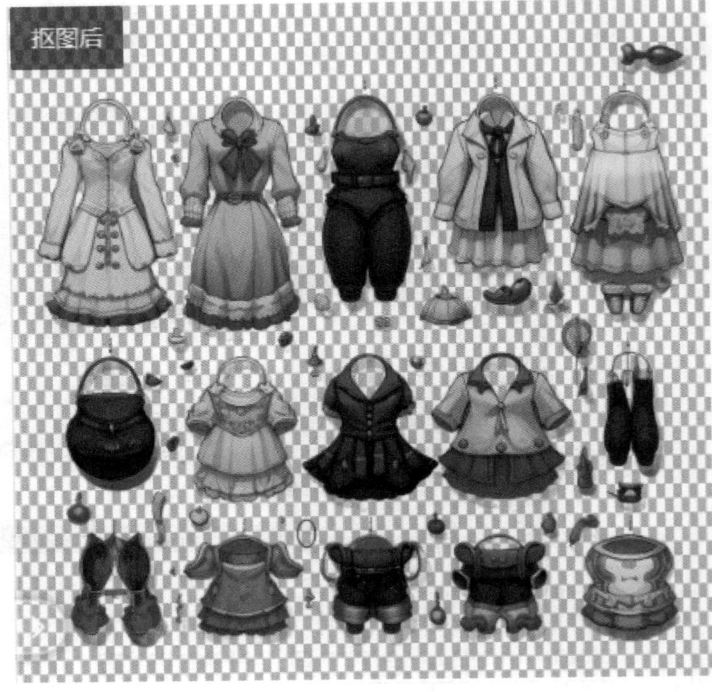

图 10-39

2 提取道具图像。通过输入提示词进行多次生成后，从中挑选出合适的道具图像，再利用Stable Diffusion的抠图插件rembg或AI抠图网站将图像内容提取出来即可，如图10-39所示。

至此，我们已经系统学习了游戏美术设计的完整流程。AI绘画工具，极大地提升了游戏美术设计效率，原本可能需要整个美术团队耗费大量时间才能完成的设计工作，利用AI绘画工具仅需一两天的时间就能完成。当然，为了更加充分地发挥AI绘画工具的潜力，我们还需要不断地进行探索和总结。

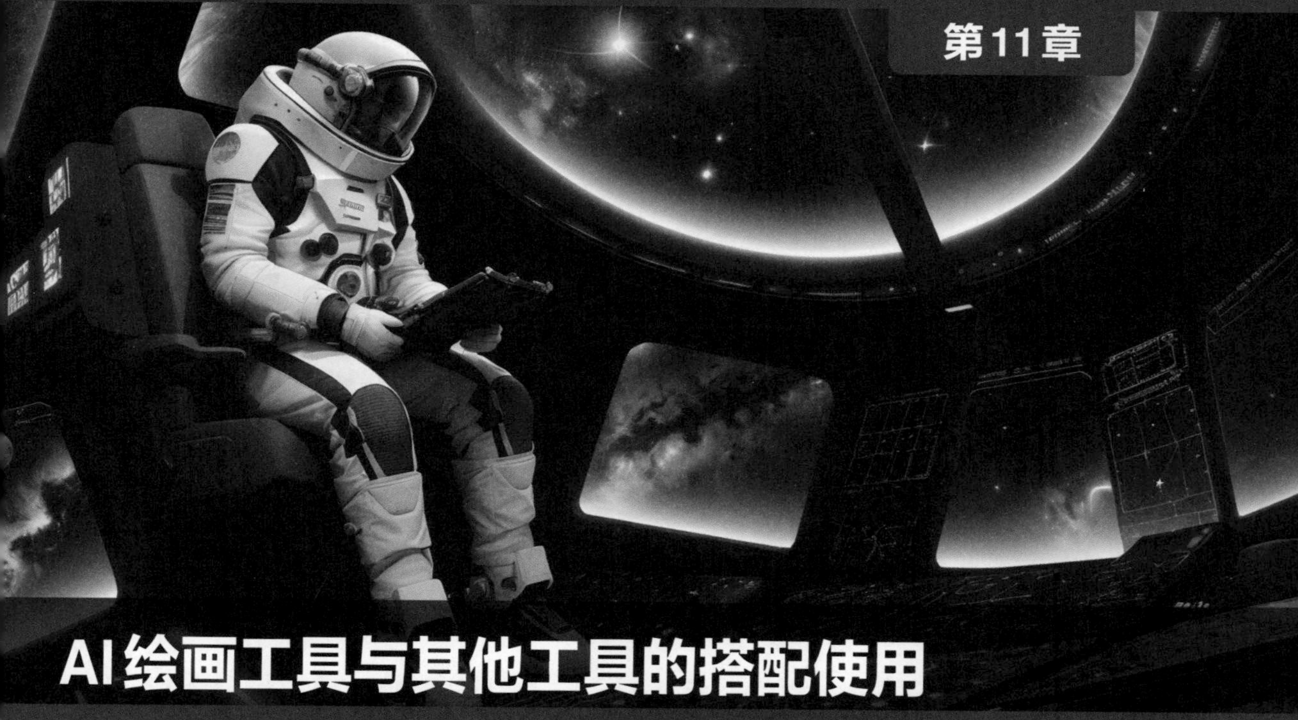

AI绘画工具与其他工具的搭配使用

● 本章导读

经过前面章节的学习，我们已掌握了AI绘画工具的使用方法。本章将通过具体的案例，介绍如何将AI绘画工具与其他工具搭配使用。

通过学习本章的内容，读者将获得更多关于AI绘画工具创意使用的启发。

11.1 使用ChatGPT生成绘画提示词

ChatGPT是生成式AI工具中的佼佼者，可以模拟人类的对话方式进行交互，帮助人们解决各种问题，如写作、做计划、翻译文献等，当然也可以生成绘画提示词。

11.1.1 用ChatGPT生成Stable Diffusion绘画提示词

这里我们先让ChatGPT解释Stable Diffusion是什么及其基本功能，从而正确输出符合规范的提示词。

我 用户输入请求：

我想让你学习一个AI绘画工具，它叫Stable Diffusion，支持通过使用提示词来生成新的图像。提示词包含图像的各种细节描述，如人物外观、背景、颜色、光线效果、图像主题和风格，并可以使用括号来表示权重，以指定某些细节的重要性，如（masterpiece: 1.5）、dark（暗的）、intense shadows（强烈的阴影）、in the rain（在雨中）等。其中（masterpiece: 1.5）表示作品质量是非常重要的，多个括号也有类似作用。现在请仿照这些例子，生成一些描述科幻场景的提示词，场景中有一名男子正在驾驶一架宇宙飞船。整段提示词的数量不能超过80个，直接给出提示词，不要用自然语言描述。

ChatGPT回答：

sci-fi，（futuristic: 1.5），（spacecraft: 1.2），（pilot: 1.5），（commander），high-tech controls，（interstellar navigation: 1.3），（luminescent displays: 1.4），advanced propulsion，（cosmic journey），（intergalactic: 1.2），（nebula backdrop: 1.3），（star-filled），sleek design，（captain's chair: 1.3），（cosmic exploration），（space-time warp），（thrusters blazing: 1.4），（zero-gravity），（futuristic outfit），（holographic interfaces: 1.5），（mission critical），（solar winds），（cosmic adventure），（unexplored galaxies），（alien encounters），（hyperdrive activation），（extraterrestrial realms），（lunar landscapes），（hyperspace coordinates），（silently soaring），（navigation mastery: 1.2），（unknown territories）.

我 用户输入请求：

请翻译一下这些内容。

ChatGPT回答：

科幻，（未来感：1.5），（太空船：1.2），（飞行员：1.5），（指挥者），高科技控制，（星际导航：1.3），（发光显示屏：1.4），先进推进，（宇宙之旅），（星际的：1.2），（星云背景：1.3），（星光满天的），流线型设计，（船长椅：1.3），（宇宙探索），（时空扭曲），（推进器火焰飞舞：1.4），（零重力），（未来感服装），（全息界面：1.5），（任务关键），（太阳风），（宇宙冒险），（未探索的星系），（外星人相遇），（超空间激活），（外星领域），（月球地貌），（超空间坐标），（静静地飞翔），（导航精通：1.2），（未知领域）。

确认内容无误之后，接下来我们将英文提示词复制并粘贴到Stable Diffusion中生成图像，得到的结果如图11-1所示。从图中可以看到，生成的图像效果基本符合我们的要求。

图11-1

11.1.2 用ChatGPT生成Midjourney绘画提示词

同样，我们也可以用ChatGPT来为Midjourney生成绘画提示词，具体操作方法如下。

我 用户输入请求：

我想让你学习一个AI绘画工具，它叫Midjourney，支持通过使用提示词来生成新的图像。提示词包含图像的各种细节，如人物的外观、背景、颜色、光线效果、图像的主题和风格，如light（浅色的）、dark（深色的）等表示颜色的词，以及in the rain（在雨中）、cloudy（多云的）等表示天气的词。现在请仿照前面给出的例子，生成一些提示词来表现美国漫画风格的游戏过场动画，表现角色逃离现场的情节，主色调为黑、白、红。整段提示词的数量不能超过20个，直接给出提示词，不要用自然语言描述。

ChatGPT回答：

Style：comic book，1950s

Color：black，white，red

Scene：a dimly lit back alley

Character 1：detective in a trench coat and fedora，determined expression

Character 2：criminal fleeing the scene，panicked look

Action：high-speed chase，dynamic poses

Lighting：dramatic shadows，strong rim light

Mood：intense pursuit，suspenseful atmosphere

Frame：9 box grid

我 用户输入请求：

请翻译一下这些内容。

ChatGPT回答：

风格：漫画书，20世纪50年代

颜色：黑色、白色、红色

场景：昏暗的小巷

角色1：穿着风衣和软呢帽的侦探，坚定的表情

角色2：逃离现场的罪犯，惊慌的表情

动作：高速追逐，动态的姿势

灯光：戏剧性的阴影，强烈的边缘光

情绪：紧张追逐，悬疑氛围

画框：9宫格

确认内容无误之后，将英文提示词复制并粘贴至Midjourney中生成图像，结果如图11-2所示。从图中可以看到，虽然ChatGPT给出的提示词与生成效果略有出入，但是整体风格符合要求，后面只需对部分提示词进行修改即可。

图 11-2

11.2 使用Photoshop协助AI绘画

Photoshop是美术设计中的常用工具，将AI绘画工具和Photoshop结合使用也能创作出一些有趣的作品。下面将展示如何结合使用AI绘画工具和Photoshop来设计服装模特上身效果图，具体步骤如下。

1 处理服装设计图。先将获取的服装设计图在Photoshop中打开，如图11-3所示，然后裁剪出需要上身的部分，并使用白色底色保存。

2 为服装制作蒙版。在Photoshop中修饰好需要上身部分的服装细节，如头部、手部会穿过的区域，然后制作一张黑色的蒙版图，并使用白色底色保存，如图11-4所示。

图 11-3

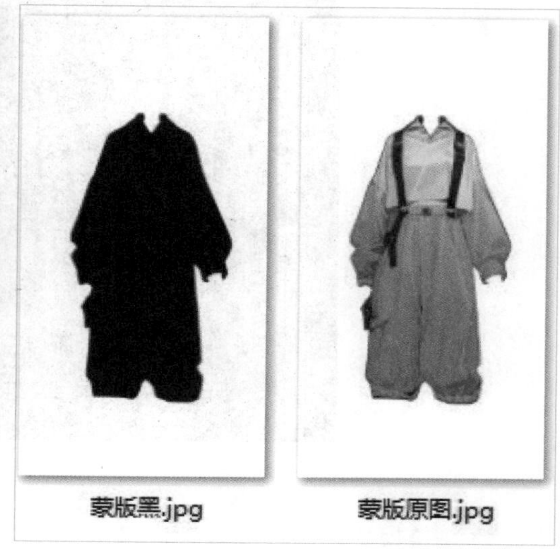

图 11-4

3 使用匹配的人物图像。找一张姿势与服装匹配的人物图像（多数情况下选择正面的人物全身图像即可），将其放进服装设计图中，调整好比例关系后保存，如图11-5所示。这一步是为了提取人物的骨骼，方便后面使用openpose模型生成模特，所以要尽量选择AI容易识别的人物图像。

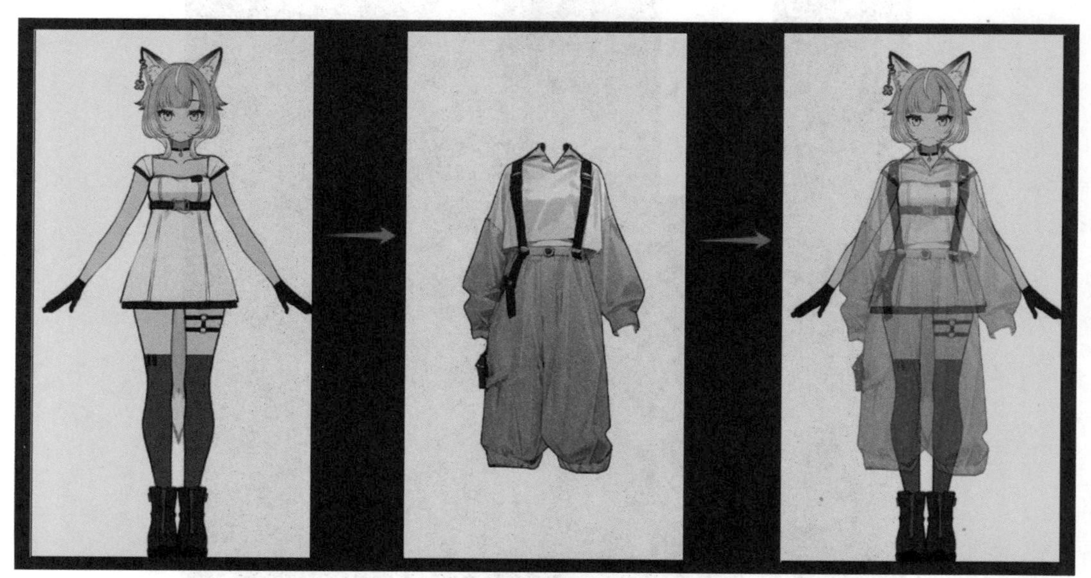

图 11-5

4 上传服装设计图和蒙版图。在Stable Diffusion图生图功能中单击“上传重绘蒙版”标签，然后上传制作好的服装设计图和蒙版图，如图11-6所示。

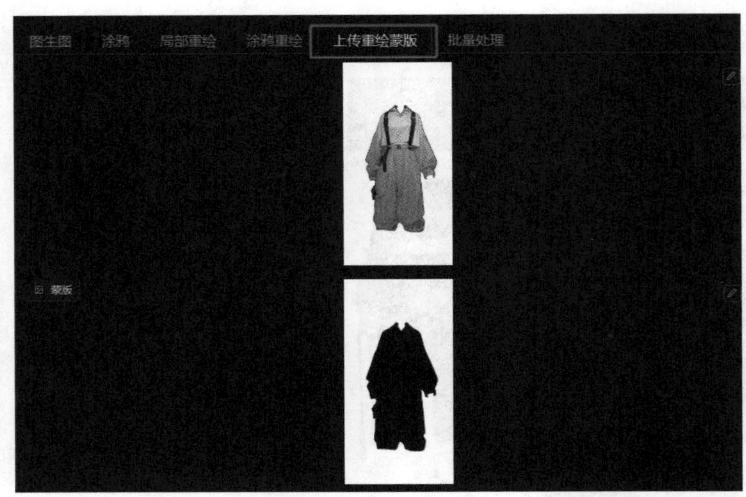

图 11-6

5 调整模特骨骼。启用ControlNet插件，并单击“上传独立的控制图片”选项，上传保存的人物图像，然后使用openpose模型进行预处理，就可以得到人物骨骼的处理结果，如图11-7所示。在预处理结果中单击“编辑”按钮，对获取的人物骨骼进行调整，使生成的模特姿势更加贴合服装。

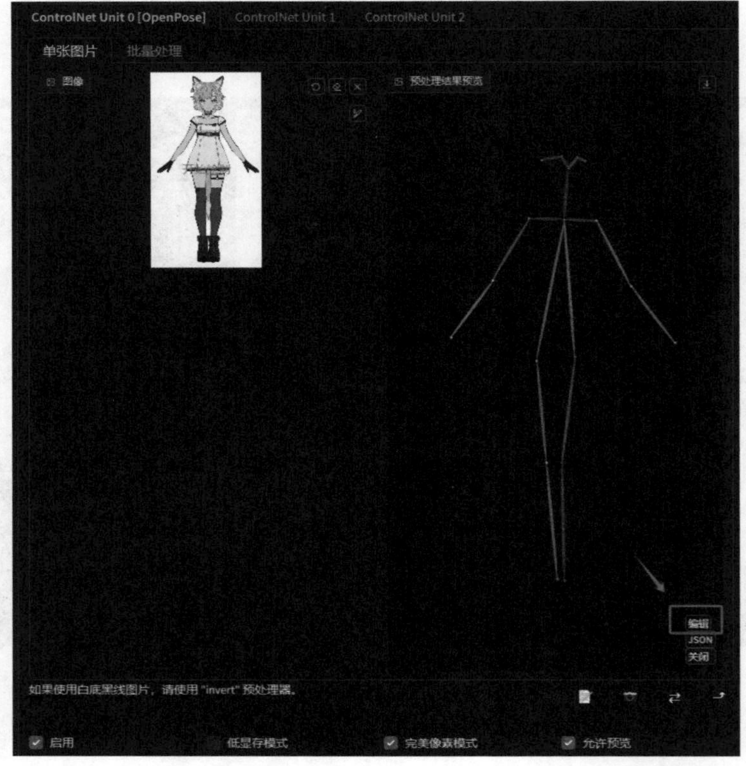

图 11-7

调整完毕后单击左上角的“发送姿势到ControlNet”按钮，这样我们就有了适合生成模特的素材，如图11-8所示。

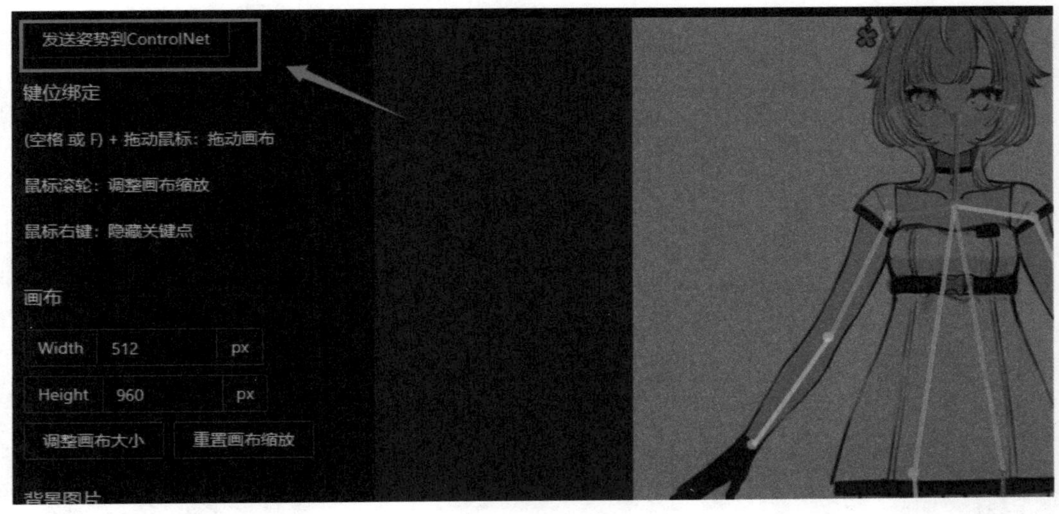

图11-8

6 使用Stable Diffusion重绘。回到Stable Diffusion界面，根据具体情况填写合适的提示词，如“1girl（1个女生），short hair（短发），face（脸），animated（动画的），simple background（简单的背景），full-body（全身），smile（微笑）”等，在图生图功能的参数选项中选择“重绘蒙版内容”“填充”“整张图片”选项，如图11-9所示。设置好图像尺寸后进行图像生成，如果生成的模特姿势有细微偏差，就回到openpose预处理步骤中进行调整。

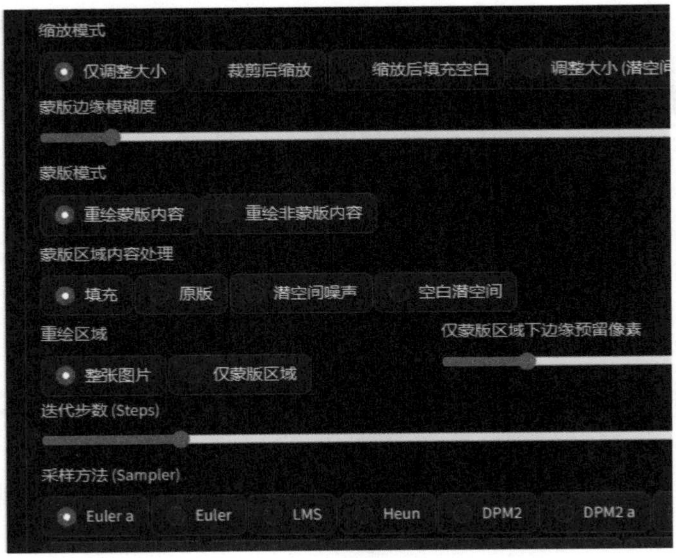

图11-9

7 在Photoshop中进行优化。找出几张生成效果比较理想的图像，根据需要在Photoshop中进行优化和打磨，之后就能得到一张服装模特上身效果图，如图11-10所示。

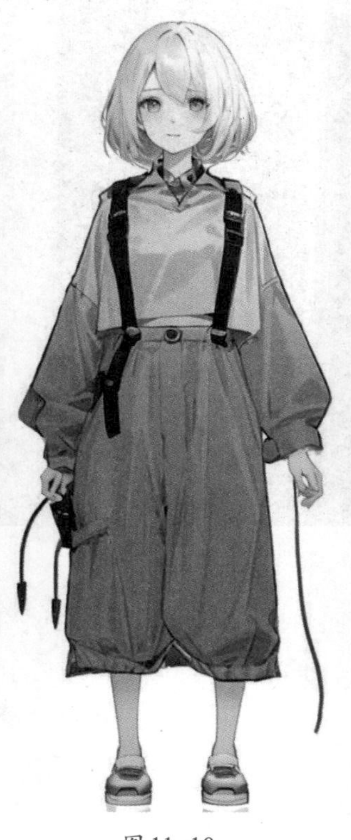

图11-10

11.3 使用虚幻引擎协助AI绘画

虚幻引擎（Unreal Engine）是一款基于游戏开发而诞生的编辑系统，因其出色的写实渲染能力和直观的操作方法，被广泛应用于数字孪生、影视制作、建筑设计、教育、元宇宙开发等游戏制作以外的领域。虚幻引擎尤其适合没有美术基础但又希望画面呈现可控效果的用户使用。例如，在虚幻引擎中摆放人物和物体，然后截图上传到Stable Diffusion中进行图生图，最终能得到一些有趣的图像。

下面我们将通过案例来简单介绍如何借助虚幻引擎的“Brush（笔刷）盒体”功能搭建场景，具体方法如下。

1 摆放盒体。打开虚幻引擎后，在界面左侧的菜单中选择“基础”选项，将二级菜单中的“立方体”等盒体拖曳至场景中，调整好它们的位置关系和体积大小，搭建出场景，如图11-11所示。

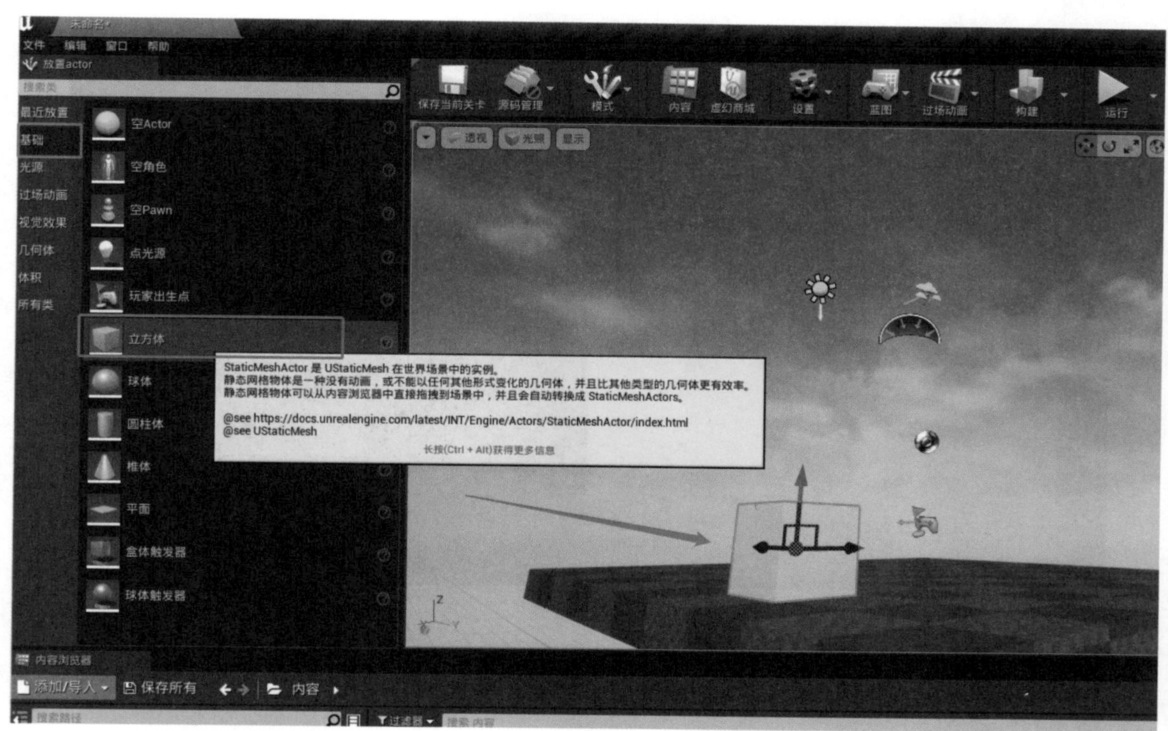

图 11-11

此处我们使用了多个“立方体”盒体，通过设置其位置和体积，摆放出一个类似建筑物群的高低起伏的白模，如图 11-12 所示。

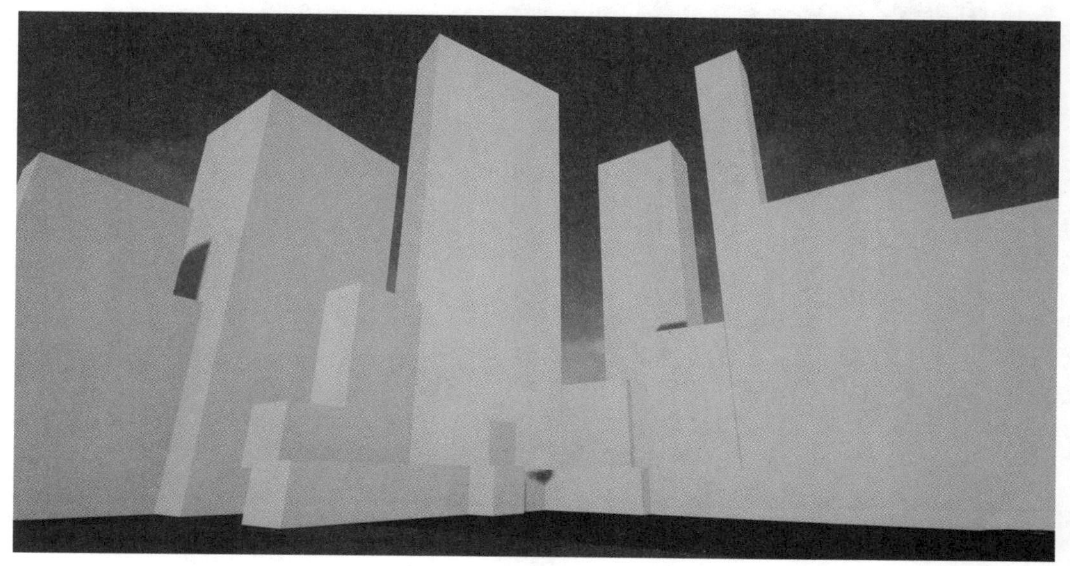

图 11-12

2 截图并上传至Stable Diffusion。将搭建好的场景截图保存并上传到Stable Diffusion中，启用

ControlNet插件中的mlsd模型来对此截图进行识别，得到的识别结果如图11-13所示。

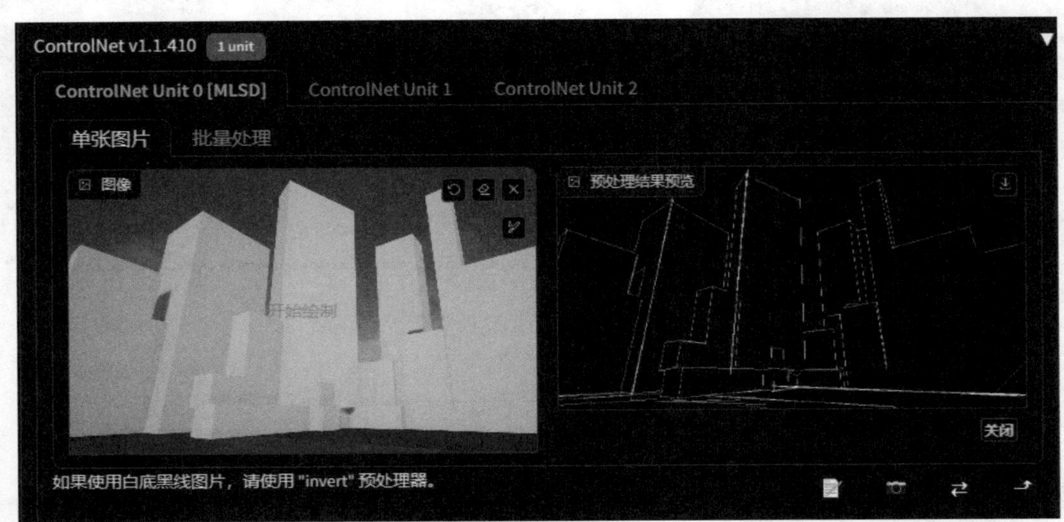

图 11-13

3 渲染输出。在正向提示词和反向提示词输入框中分别输入相应的提示词。例如，在正向提示词输入框中输入“masterpiece（杰作）, best quality（最佳质量）, skyscraper（摩天大楼）, building（建筑物）, city（城市）”，再使用与建筑设计相关的LoRA模型就可以生成城市建筑的图像，如图11-14所示。

图 11-14

同样，我们也可以通过虚幻引擎中的动画人偶模型来生成一些有故事感的图像，具体操作方法如下。

1 放置角色。先根据我们的设计构想，在虚幻引擎资源库中找到一些人偶及相关的物体，摆放到场景当中，并设置好镜头位置，如图11-15所示。

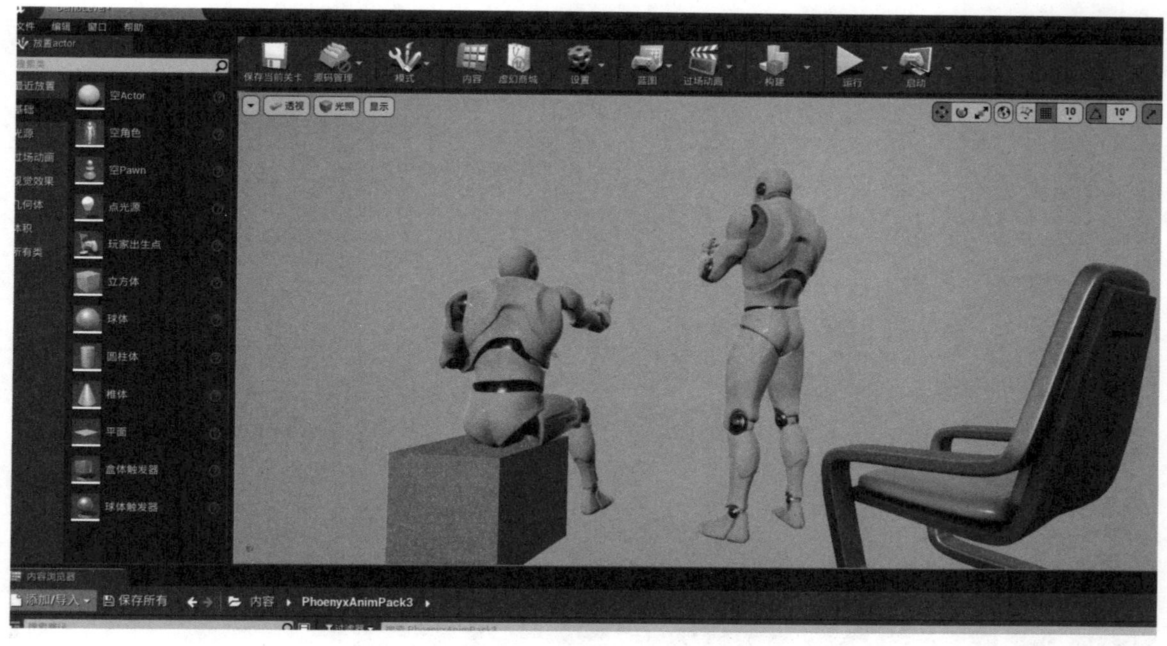

图11-15

2 截图并上传至Stable Diffusion。确认场景内容后截图保存，然后上传至Stable Diffusion，借助ControlNet插件中的openpose或depth等模型来识别截图，如图11-16所示。

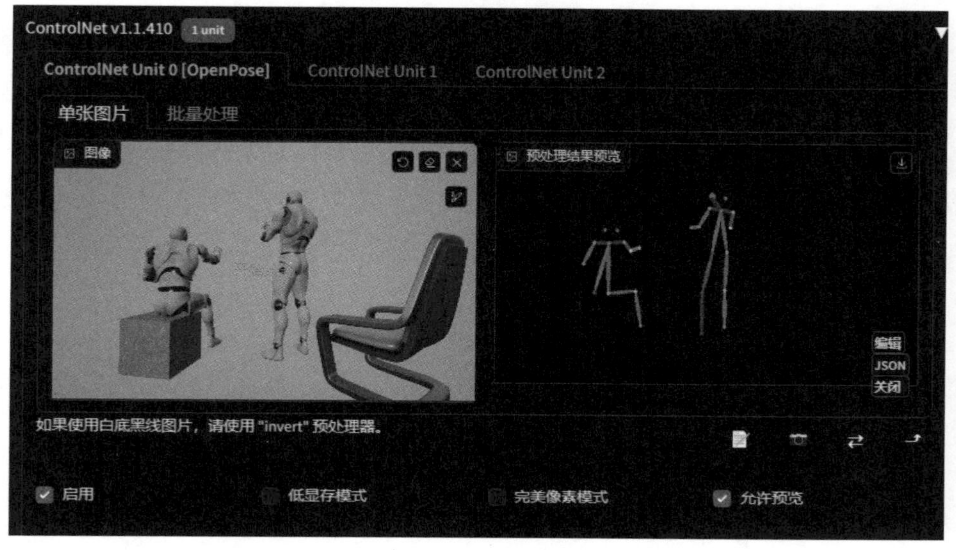

图11-16

3 渲染输出。在正向提示词和反向提示词输入框中输入相应的提示词。例如，此处在正向提示词输入框中输入“masterpiece（杰作）, best quality（最佳质量）, 2 men（2个男子）, sitting on the chair（坐在椅子上）, looking away（看一边）, 1man（1个男子）, pointing（指向）”，然后使用写实风格的模型进行图像生成。此处我们得到了类似电影剧照的图像，如图11-17所示。

图11-17

附录1　Midjourney指令速查表

序号	指令名称	功能解释
Midjourney指令		
1	/imagine	使用提示词生成图像
2	/fast	切换至快速出图模式。使用该模式会消耗快速生成时间
3	/relax	切换至慢速出图模式。使用该模式不会消耗快速生成时间，使用高峰期出图较慢
4	/turbo	切换至极速出图模式。使用该模式会消耗快速生成时间
5	/info	用于查询用户账户信息，包括剩余快速生成时间和正在运行的工作等
6	/subscribe	为用户生成订阅会员链接，进入后可以选择不同级别的套餐
7	/ask	向Midjourney机器人提问并获取答案
8	/help	显示关于Midjourney的基本帮助信息和提示
9	/settings	设置Midjourney的相关属性
10	/stealth	专业套餐用户专属的隐私模式，生成的图像不会出现在公共频道
11	/public	切换至公共模式，生成的图像会出现在公共频道，非专业套餐用户只可使用公共模式
12	/describe	基于用户上传的图像生成4个提示词
13	/blend	将多张用户上传的图像进行混合后生成一张新图像
14	/docs	在Midjourney服务器官方公共频道使用，快速生成用户指南链接
15	/faq	在Midjourney服务器官方公共频道使用，快速生成提示词手册相关板块的查询链接
16	/prefer option	创建或管理用户选项
17	/prefer option set	同上
18	/prefer option list	用于查看用户自定义选项
19	/prefer variability	切换变换模型的阈值，有高低变换两种模式
20	/prefer suffix	在提示词末尾添加指定的参数后缀
21	/prefer remix	打开或关闭重混模式
22	/show	用图像ID恢复指定图像

续表

序号	指令名称	功能解释
23	/invite	生成当前Midjourney服务器的邀请链接
24	/shorten	让Midjourney机器人分析并拆解提供给它的提示词
Discord平台内置指令		
1	/giphy	在GIPHY网站搜索GIF图片
2	/tenor	在Tenor网站搜索GIF图片
3	/tts	使用文字转语音功能给当前正在浏览此频道的用户朗读信息
4	/me	突出显示文字

附录2　Midjourney参数速查表

序号	参数名称	书写格式	功能解释
Midjourney常规参数清单			
1	Aspect Ratios	--aspect --ar	用于设置图像宽高比，不同比例生成效果有差异，常规比例包括16:9、4:3等
2	Chaos	--chaos <0–100>	可以改变生成图像风格的多样性，值越小生成图像的风格、构图越相似；反之则差异越大。取值范围通常为0～100，如--chaos 65
3	Fast	--fast	覆盖当前模式，使用快速模式生图
4	Relax	--relax	覆盖当前模式，使用放松模式生图
5	Turbo	--Turbo	覆盖当前模式，使用涡轮模式生图
6	Image Weight	--iw <0–2>	上传的参考图所占权重，值越大表示生成的图像与参考图越相似，取值范围为0～2
7	No	--no	可理解为反向提示词，如--no fish表示生成图像中不会出现鱼
8	Quality	--quality <.25，.5，or 1> --q <.25，.5，or 1>	用于调整生成图像的质量，值越大生成的时间越长；反之越短。其包括3个取值：.25、.5、.1，如--q .25
9	Repeat	--repeat <1–40> --r <1–40>	表示使用同样的提示词创建多次生成任务，如--r 10
10	Stop	--stop <integer between 10–100>	可以设置Midjourney在指定进度时停止渲染，后面的数字表示百分比，该参数的值越小，生成的图像越模糊。取值范围为0～100的整数。如--stop 60，表示生成进度到60%时停止
11	Style	--style <raw> --style <4a，4b，or 4c> --style <cute，expressive，original，or scenic>	用于切换不同的模型，改变生成图像的风格
12	Stylize	--stylize <number> --s <number>	用于调整生成图像的风格化程度。值越小，越符合提供给Midjourney的提示词；值越大，AI自由发挥的空间越大。取值范围为0～1000中的任意整数，如--s 950
13	Tile	--tile	通过重复平铺来创建无缝衔接的图案，直接作为后缀使用

续表

序号	参数名称	书写格式	功能解释
14	Video	--video	创建正在生成的初始图像的生图动态短片，添加参数后缀后，使用“envelope”（信封）表情符号对已完成的图像做出回复，Midjourney Bot会将视频链接以私信的形式发送给用户
15	Weird	--weird <number 0–3000>	一个实验性参数，用来调整生成图像的风格化程度，取值范围为0～3000的任意整数
Midjourney模型参数清单			
1	Niji	--niji 4	能生成动漫风格的图像，4和5分别代表模型版本，表现略有差异
2		--niji 5	
3	Version	--version <1–5>	Midjourney的过往模型版本，每个版本都有不同的生成风格
4		--v <1–5>	
5		--version 5.1	Midjourney模型V5.1版本，于2023年5月发布，新增“Raw mode”（原始模式）默认风格特征，并且更容易理解人类自然语言，提示词的书写更简单
6		--v 5.1	
7		--version 6	Midjourney模型V6版本，于2023年12月发布，相较之前的版本，生成写实风格图像时细节更多、色彩更丰富，对比度和构图美感也都有所提升，不过目前处于测试阶段，无法使用以往版本的部分功能
8		--v 6.0	